网络及其应用的协同智能管控

宋彤雨 任 婧 王 雄 等／著

Collaborative Intelligent Management and Control of Networks and Their Applications

人 民 邮 电 出 版 社
北 京

图书在版编目（CIP）数据

网络及其应用的协同智能管控 / 宋彤雨等著.
北京 ：人民邮电出版社，2025. -- ISBN 978-7-115
-65569-1

Ⅰ. TP393.07

中国国家版本馆 CIP 数据核字第 2024B1Y177 号

内 容 提 要

本书探讨了深度学习技术在网络及其应用的协同智能管控中的主要实践范式。全书共分为 7 章。第 1 章为概述，介绍网络资源管控模式的发展，分析网络及其应用的协同需要解决的两类问题及其挑战，以及使用深度学习技术应对这些问题的方法，最后简述深度学习在网络资源管控中的已有工作。第 2 章针对 DASH（Dynamic Adaptive Streaming over HTTP）业务中视频码率调整和带宽资源分配联合优化问题，介绍一种利用深度学习和监督学习框架的快速求解方案。第 3 章针对移动边缘计算中任务卸载和计算资源分配联合优化问题，介绍两种基于深度学习和监督学习的快速求解方案。第 4 章针对移动增强现实业务中的计算资源动态分配问题，介绍一种利用单智能体深度强化学习的求解方案，智能体通过对网络中计算资源的分配引导应用调整参数；针对移动增强现实业务中的应用层参数协同调整问题，介绍一种利用多智能体深度强化学习的求解方案，各智能体协同进行应用层参数调整。第 5 章针对多联盟链中路由和带宽资源动态分配问题，介绍一种利用多智能体深度强化学习的求解方案，各智能体先进行路由规划，再由网络层进行带宽资源分配。第 6 章针对无线传感器网络中的动态路由规划问题，介绍一种利用多智能体深度强化学习的求解方案，各智能体首先生成用于路由决策的元数据，然后由网络层产生最终的路由方案。第 7 章对本书内容进行总结，并展望未来可能的研究方向。

本书适合从事网络资源管控、网络智能化技术研究和开发的读者阅读。

◆ 著　　宋彤雨　任　婧　王　雄　等
责任编辑　代晓丽
责任印制　马振武

◆ 人民邮电出版社出版发行　　北京市丰台区成寿寺路 11 号
邮编　100164　　电子邮件　315@ptpress.com.cn
网址　https://www.ptpress.com.cn
固安县铭成印刷有限公司印刷

◆ 开本：700×1000　1/16
印张：12.5　　2025 年 3 月第 1 版
字数：245 千字　　2025 年 3 月河北第 1 次印刷

定价：129.80 元

读者服务热线：(010)53913866　印装质量热线：(010)81055316
反盗版热线：(010)81055315

前　言

随着计算机网络的发展，丰富的网络资源类型和多样的用户需求需要更为灵活和智能的网络资源管控模式。本书讨论了使用深度学习技术进行网络及其应用的协同智能管控。首先，介绍了网络资源管控模式的发展，并针对网络及其应用在协同决策中面临的两类核心问题，分析了利用深度学习技术进行求解的思路。然后，研究了多个典型场景中的协同决策方案，包括 DASH（Dynamic Adaptive Streaming over HTTP）业务中视频码率调整和带宽资源分配快速求解方案；移动边缘计算中任务卸载和计算资源分配快速求解方案；移动增强现实业务中计算资源分配和客户端应用层参数调整动态决策方案；多联盟链中路由和带宽资源分配动态决策方案；无线传感器网络中动态路由规划方案。最后，对全书进行总结与展望。

本书由电子科技大学宋彤雨、任婧、王雄、王晟、徐世中共同完成，总结了作者所在团队老师（任婧、王雄、王晟、徐世中）、博士生（宋彤雨）和硕士生（胡文昱、谈雪彬、郭孝通、郑建功、廖建鑫、孙超）在本领域的研究成果。

本书相关工作得到国家重点研发计划项目“6G 全场景按需服务关键技术”（No.2020YFB1807800）、国家自然科学基金联合基金项目“类生物免疫机制的网络安全防护理论与方法”（No.U20A20156）、国家自然科学基金青年科学基金项目“基于多智能体协同学习的网络资源管控机制研究”（No.62001087）、国家自然科学基金面上项目“面向下一代网络的可编程测量架构及关键测量方法”（No.62072079）等项目的资助，在此一并感谢。

本书在编写过程中，参考、吸收和采用了国内外相关学者的部分研究成果。在此，谨向原作者深表谢意。由于作者水平有限，书中不足之处在所难免，敬请读者不吝指教。

作者

2024 年 6 月

目　录

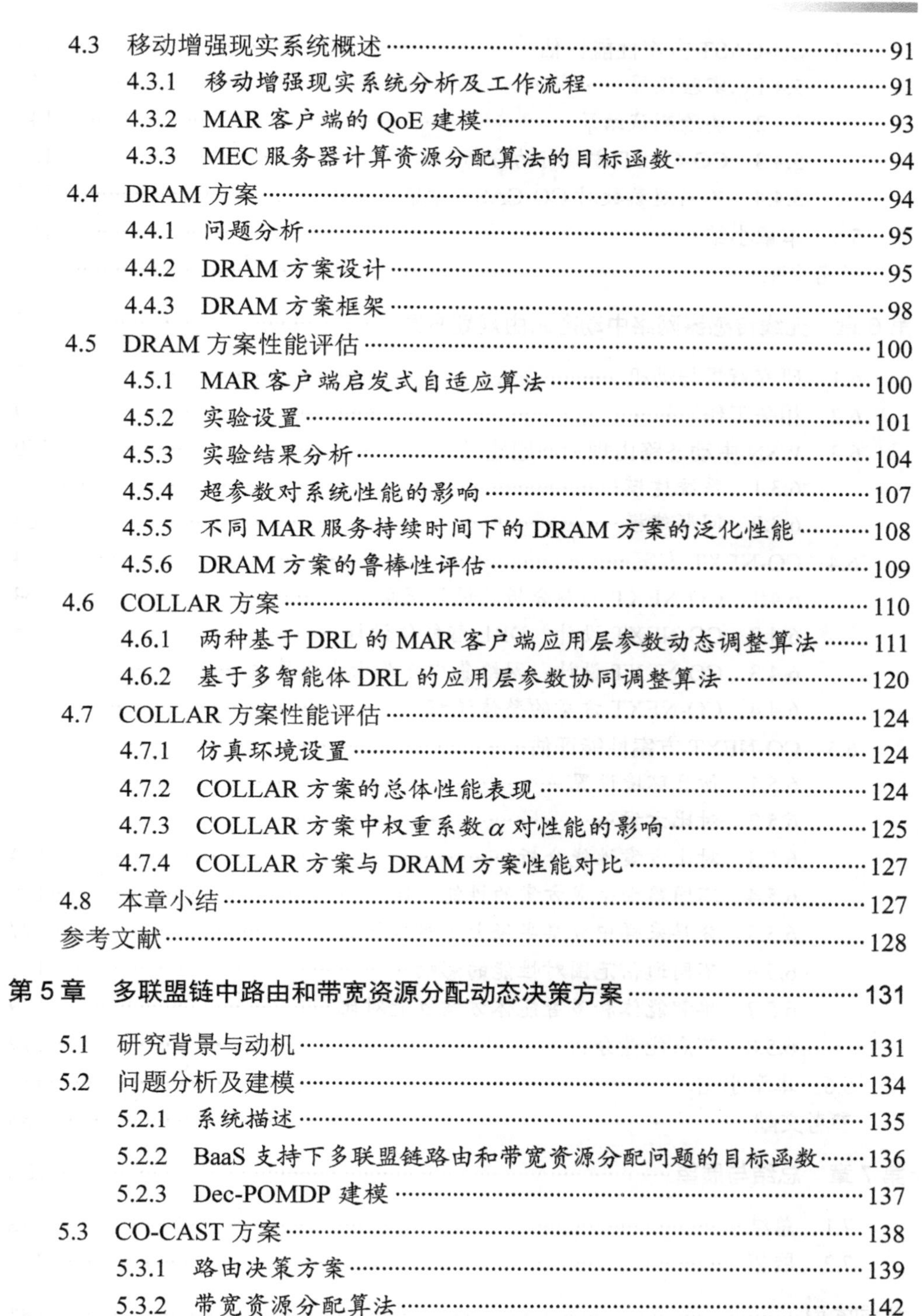

第1章 概述

本章介绍了网络资源管控模式的发展，软件定义网络（Software Defined Network，SDN）为网络及其应用的协同带来的机遇，以及基于 SDN 的资源管控工作及其局限性；分析了网络及其应用的协同需要解决的两类问题，即复杂优化问题和复杂连续决策问题，进而分析了解决这两类问题所面临的挑战与应对方法；概述了深度学习在网络资源管控中的已有工作，并梳理了本书的结构安排。

1.1 网络资源管控模式的发展

计算机网络在发展初期秉持实用性的思路，即网络优先保障连通性和可靠性，直接承载和区分用户应用的能力交由端系统负责[1]。随着互联网的广泛应用和移动互联网的飞速发展，网络中的资源类型逐渐丰富，使用互联网服务的人群数量日益庞大，人们使用的智能终端也更加灵活多样，同时这些终端承载的上层应用种类也日益丰富。在这种情况下，原先的实用性发展思路遇到了越来越多的挑战。产生这种挑战的重要原因在于丰富的网络资源类型和多样的用户需求需要更为灵活和智能的网络资源管控模式及决策方法。下面将概述网络资源管控模式所经历的演变过程。

本书中所探讨的网络资源管控，泛指多种网络场景中对各类资源的管理和控制问题的解决方案。例如以下学术界和工业界关注的热点问题，包括基于 HTTP 的动态自适应流（Dynamic Adaptive Streaming over HTTP，DASH）业务中视频码率调整和带宽资源分配问题[2-6]、移动边缘计算（Mobile Edge Computing，MEC）中任务卸载和计算资源分配问题[7-10]、移动增强现实（Mobile Augmented Reality，MAR）业务中计算资源分配和客户端应用层参数调整问题[11-14]、云计算环境下的多联盟链带宽资源分配和路由问题[15-16]，以及无线传感器网络（Wireless Sensor Network，WSN）中面向能量效率的路由问题[17-19]等。这些问题涉及对包括链路带宽、服务器计算能力和网络设备能量等各类网络资源进行管控。网络资源管控模式的演进如图 1-1 所示。

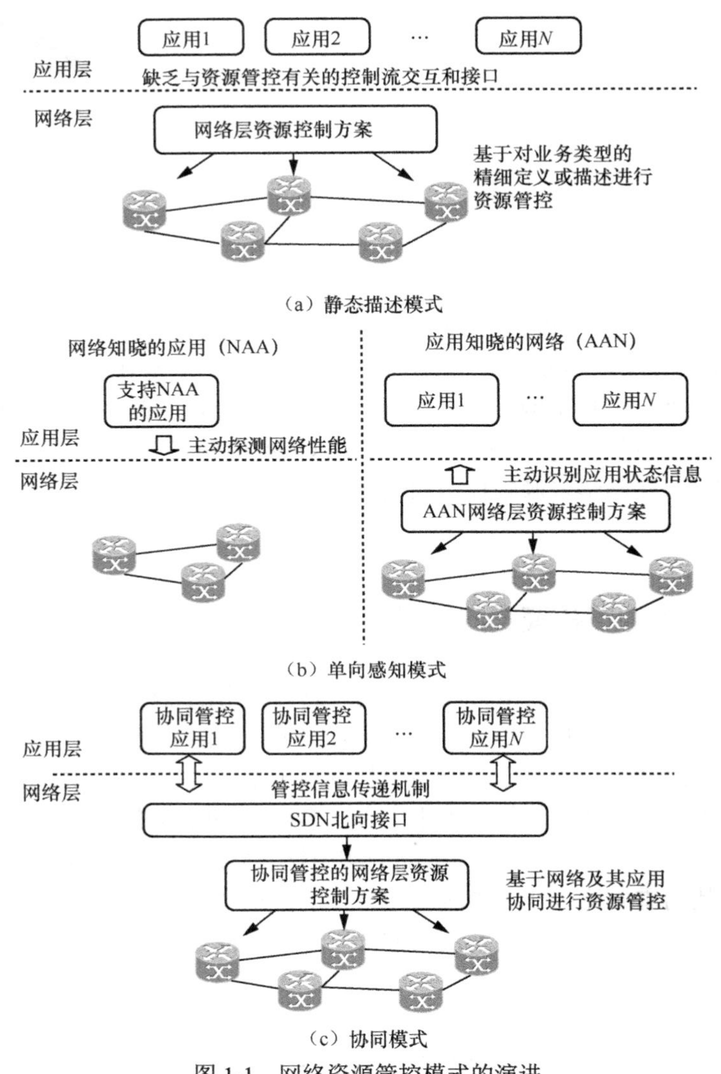

图 1-1　网络资源管控模式的演进

图 1-1（a）所示的是最先发展出来的网络资源管控模式，为了方便描述，本书称之为静态描述模式。在这种模式下，资源控制方案预先对不同的业务类型进行尽可能精细的定义（如异步传输模式（Asynchronous Transfer Mode，ATM）[20]）或精确的描述（如综合服务（Integrated Service，IntServ）[21]和区分服务（Differentiated Service，DiffServ[22]）），然后基于对业务类型和业务流的识别进行

资源的管控操作。考虑目前实际的网络发展情况，这些方案都可以被认为是收益有限且不灵活的，因此难以适应目前人们对于互联网的灵活使用需求。

产生这一困难的原因有两方面，一方面是技术成熟度不够和网络实际操作与维护层面的复杂性；另一方面，也是更重要的原因，即这些预先对业务进行分类和描述的尝试，都蕴含着两个关键假设：面向用户的用户体验质量（Quality of Experience，QoE）指标是可以利用网络层的服务质量（Quality of Service，QoS）指标进行精确描述的；网络所承载的大多数应用在其整个生命周期内对网络资源的需求是相对稳定的。但是，近十几年的实践说明，随着应用类型和使用场景的丰富，QoE 指标在应用层都难以进行统一描述，更何况利用网络层有限的描述维度（如带宽、时延、抖动、丢包等）进行统一的抽象和表达。同时，大多数应用兴起的背后都伴随着使用者对高质量和高时效性资源支持的期望，而应用类型的丰富本身又提升了网络管理者对灵活和多变的资源管理方法的需求。在互联网诞生初期，基于静态描述模式的资源管控方法利用有限的资源提供了尽可能多的服务。发展到当下，在应用层指标难以精确描述和资源需求灵活多变这两个挑战下，网络管理亟须更为有效的资源分配模式。

总体来说，静态描述模式缺乏个性化应用层性能指标、时变的资源使用情况和用户需求与资源管控有关的信息流动。所以如果应用层或网络层能够感知到对方的行动，并主动适应或配合另一方的行动，那么这些与资源管控有关的信息就能够在应用层和网络层之间进行流动。这种流动有两种方向，分别对应近年来业界提出的应用知晓的网络（Application-Aware Network，AAN）[23]与网络知晓的应用（Network-Aware Application，NAA）。本书称这样的网络资源管控模式为单向感知模式。

如图 1-1（b）右半部分所示，AAN 的基本思想是不需要应用层的配合，直接在网络层部署专用的业务流监控系统或专用的网络设备来实现流的识别和分类。例如，文献[24]提出在网络内对流进行分类，并按照预定的策略为不同的业务流提供不同的处理方式。文献[25]利用专用的设备/网元来识别多媒体业务流。文献[26]进一步倡导在网络中更大规模地部署深度包检测（Deep Packet Inspection，DPI）设备，以识别更高层的应用信息。

但是，这种思路非常依赖网络层主动识别应用层的能力，而这种能力具有局限性。现有的系统往往只能感知和识别应用的类型，很难真正感知与用户体验紧密相关的应用状态信息。例如，网络层通过 DPI 可以识别用户的视频流，但却无法感知到用户终端当前的缓存状态和过去的视频清晰度等历史信息。此外，要求网络层理解所有不同类型的应用层语义本身也是不现实的。

如图 1-1（b）左半部分所示，NAA 的基本思想是应用主动探测网络性能（通常是部分节点对之间的端到端时延），并依据探测结果来调整自身行为。例如，

DASH 通过调整编码方案（或者视频码率）来应对网络性能的下降[27]，而 Skype 甚至能利用应用层的重路由来避免业务流经过拥塞的网络部分[28]。文献[29]进一步地设计了适用于任何大型分布式应用的在线调整系统，该系统在响应每一个用户请求时，都会根据探测到的网络性能信息在线选取合适的应用组件来响应，以保证用户端感受到的时延保持在用户满意的水平，减少网络状态变化所造成的影响。

与 AAN 不需要应用层配合的思路类似，NAA 也不需要网络层的配合，但这类单向感知模式存在两方面的缺点。首先，应用层很难准确且全面地对网络性能进行端到端探测。例如，仅依赖于应用层探测，即便发现端到端时延变大，也很难定位真正的原因（发生拥塞的位置）。其次，在没有网络层配合的情况下，应用层能够采取的应对措施有限，而且效率不高。例如，应用层重路由虽然能达到绕开拥塞点的目的，但需要引入额外的协议开销，且效率也不如直接在网络层进行重路由。

显然，网络资源管控模式需要网络及其应用两者协同进行，本书称之为协同模式。如图 1-1（c）所示，协同模式需要网络及其应用之间能够进行更多维度和更为灵活的管控信息传递，同时更为细粒度的资源管控对网络的管控逻辑提出了更高的要求。软件定义网络[30]的出现为新的网络资源管控模式提供了网络架构范式的支持。

1.2 SDN 为网络及其应用的协同带来的机遇

SDN 最初应用于解决网络（特别是企业网和校园网）的资源管控问题[31]。SDN 架构如图 1-2 所示，区别于传统网络模型，SDN 自底向上可划分为数据平面、控制平面和应用实体 3 层。其中，数据平面主要由 SDN 交换机构成，执行数据包转发和处理，承载各类网络资源。这些网络设备受控制平面集中控制，完成数据转发、业务流检测等任务。控制平面可视为传统分层架构中所有网络设备控制逻辑和网络层资源管控程序的集中逻辑抽象，这种抽象体现为网络控制器中的网络操作系统（Network Operation System，NOS）。NOS 之上运行诸如路由规划、带宽资源划分、接入控制、负载均衡等完成网络层资源管控的应用程序，而在 NOS 之下为网络设备的硬件抽象。这些抽象通过“南向接口”对实际的网络设备进行状态的搜集统计并下发网络应用程序所做的决策。SDN 架构的最上层为承载各类用户业务的具体应用实体。

SDN 为这 3 层的联通提供了两套接口，分别为以 OpenFlow 为代表的“南向接口”和面向网络管理人员的包含各类应用程序接口（Application Programming Interface，API）原语的“北向接口”。利用 SDN 提供的灵活管控和对网络设备统一的硬件抽象，网络管理人员可以通过调用北向接口构建网络软件，实现“像软

件编程那样对网络行为进行监测和控制”。同时，如果北向接口也向应用开放，则应用对网络的感知能力势必大大增加。更进一步，若能扩充该接口，允许应用向网络主动告知其运行状态和资源需求等信息，那么网络对应用的感知能力也会突破原有的瓶颈。

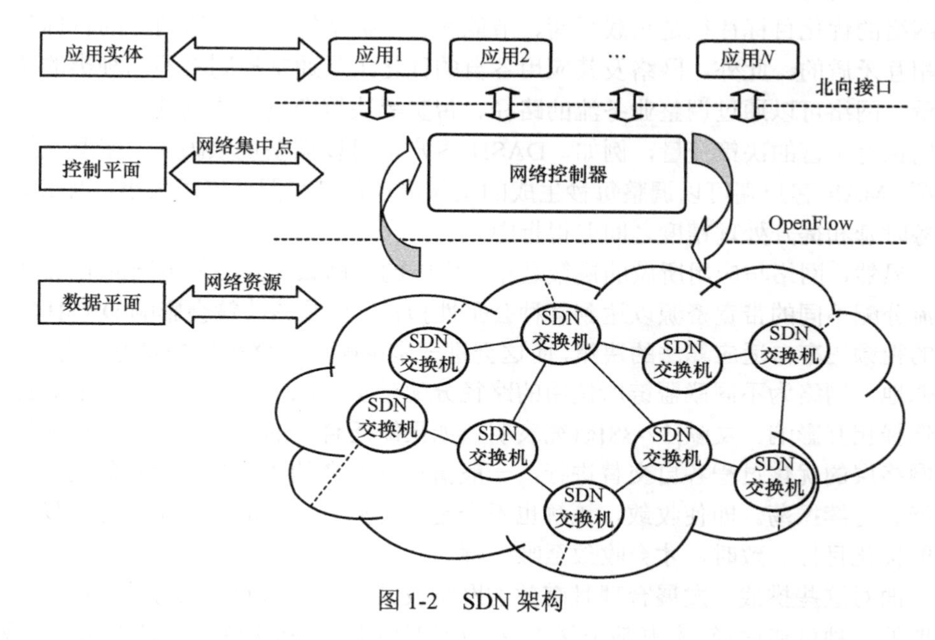

图 1-2 SDN 架构

1.3 基于 SDN 的资源管控工作及其局限性

在这样的背景下，近年来涌现出了一批“基于 SDN 的 AAN”的工作。其中，Google 提出的 B4 业务量控制系统[32]采用基于 SDN 的集中式业务量工程的方法来管理各个数据中心之间的骨干网络。由于预先知道数据流属于哪些上层应用，B4 可以根据这些应用的重要/紧迫程度对数据流进行优先级设置。一旦出现网络过载或者失效，B4 会先丢弃低优先级的分组。这不仅保护了高优先级的业务，而且可以使网络中很多链路的利用率维持在接近 100%的水平上，网络所有链路长时间的平均利用率能够达到 70%。文献[26,33]针对 YouTube 应用分别设计了运行于 OpenFlow 上的软件系统，通过动态监控用户端播放视频的清晰度来指导网络的重路由决策过程，从而使用户观看 YouTube 视频的体验得到改善。文献[34]展示了如果云计算管理系统通过北向接口预先通告虚拟机迁移事件，则即使在迁移过程中，用户的视频流业务仍能维持较高的服务质量。文献[35]基于 SDN 设计了一种由用户体验来驱动业务流调度策略的方法。文献[36]针对 Hadoop 应用，提出了一种利用光交换设备动态构造虚拟拓扑的思路，使网络资源可以动态自适应大数据应用的流量模式。

即使SDN提供了对网络资源灵活管控的能力，在网络的实际运行过程中，网络及其应用的优化目标可能并不一致。应用的优化目标往往是最佳的用户体验，而网络的优化目标往往是负载平衡、节能和避免拥塞等，有时这两者的目标甚至是相互矛盾的。此外，网络及其应用各自的优化工具通常控制着不同种类的决策变量。网络可以通过调整业务流的路径、带宽等决策变量来达到其优化目标。而应用也有丰富的决策变量，例如，DASH客户端可以调整视频码率，来避免播放卡顿；MAR客户端可以调整每秒生成的图像请求数量和图像请求大小，以在降低服务时延和提升处理精度之间取得折中。

显然，网络与应用所做的决策是相互影响的。例如，网络为不同的DASH视频流分配不同的带宽资源以达到某种公平性指标，但是该决策会影响DASH客户端的视频码率自适应算法的决策，而这会进一步影响服务器出口的带宽资源使用。类似地，网络为不同联盟链所使用的路径分配带宽资源，也会与应用层的虚拟拓扑选择相互影响。文献[37-38]研究表明，如果缺乏合适的协同机制，任由应用层与网络层的优化过程各自交替进行，一般情况下两者的决策是不会收敛的，网络性能会持续振荡。即使收敛，该解也不一定是全局意义上的最佳工作点。仅当两者的优化目标一致时，才会收敛至唯一解。

面对这些挑战，发展合理且有效的网络及其应用协同的决策方法是解决这类问题的一种可能途径。本书基于网络及其应用协同进行网络资源的管控这一背景，分析协同决策时所需解决问题的主要形式，进而提出合理且有效的协同决策方法。

1.4 网络及其应用的协同需要解决的两类问题

本节首先引入网络集中点和应用实体的概念，然后分析网络及其应用协同决策方法所呈现出的两类主要问题，即复杂优化问题和复杂连续决策问题。复杂优化问题可由集中点进行集中决策求解，复杂连续决策问题有两种解决方法，一是由集中点对实体进行引导，二是在集中点的支撑下，各实体进行合作。

1.4.1 网络集中点和应用实体

为方便本书的后续论述，在此引入“网络集中点”和“应用实体”这两个概念。“网络集中点”是一个逻辑概念，指某个具体的网络环境中能够进行网络资源管控的唯一实体，如SDN中的控制器、MEC环境中小区的基站控制器等。同时，假设网络集中点能够长期对网络层的全局状态进行收集，并在长时间内学习资源管控策略。“应用实体”对应执行特定应用层业务的一个实例，部署在用户设备中。例如，DASH 业务中，单个 DASH 客户端可被视为一个应用实体。应用实体可以搜集用户设备和对应业务的状态信息。

决定设备行为的决策可以由具有一定自适应能力的应用实体自己做出，也可以由网络集中点提供或与网络集中点合作得到。通过搜集客户端播放的历史信息（视频码率、播放卡顿时间等）以及对带宽、时延等网络信息进行探测，应用实体可以单独对接下来所要请求的视频分辨率进行决策，或者通过北向接口将播放的历史信息传递给网络集中点，经网络集中点决策后，应用实体执行视频分辨率决策。

1.4.2 网络及其应用协同决策方法所呈现出的两种主要问题形式

根据应用实体在决策中的参与程度可以将网络及其应用之间协同背后的问题分为两类：复杂优化问题和复杂连续决策问题。

1. 复杂优化问题

由于在这一类协同决策问题中应用实体的参与程度较低，所以仅通过 SDN 的北向接口将应用层状态信息递交给网络集中点。网络集中点基于这些信息结合网络自身状态信息，进行联合决策，然后将涉及应用层的相关决策返回给各应用实体。以图 1-3 所示的 DASH 业务为例，多个相互竞争的 DASH 视频流将自身应用的状态信息（如播放器可用缓存大小、可选视频码率集合等信息）递交给网关处的网络管理软件（即网络集中点）。网络集中点结合当前可用的网络资源信息（如可用带宽），为各 DASH 视频流选择视频码率，同时在网关处为各 DASH 视频流划分带宽资源，以期在提升 DASH 视频流播放体验的同时，保证一定的用户间公平性。

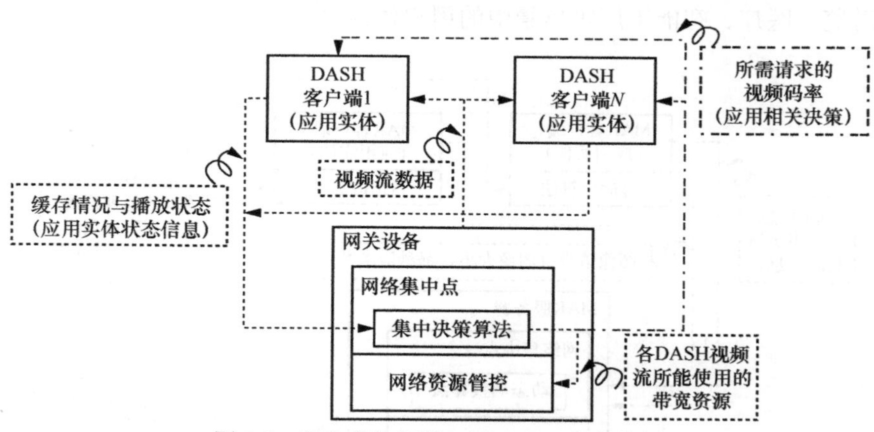

图 1-3 复杂优化问题：以 DASH 业务为例

与 AAN 需要根据网络层的信息对应用的性能指标进行拟合的方式不同，在该协同决策过程中，网络集中点能够获取真实的应用层性能指标，同时能够直接针对应用所关心的性能指标进行优化。

从优化问题的角度分析，应用和网络两侧的决策变量均由网络集中点求解而得；同时自然地，在此方式中应用实体和网络集中点两者的目标会被统一为网络集中点进行决策时的优化目标。这一方式可以降低应用实体做出决策的难度，应用实体只需要将相关信息通过北向接口的 API 原语传递给网络集中点，然后等待网络集中点返回应用实体所需的决策变量取值。从网络集中点的视角来看，虽能实现网络与应用决策目标的统一，但是这种跨层优化的求解往往是非常困难的，同时精细的控制又对决策的求解时间提出了更高的要求。在这种方式下，网络集中点如何解决这两个挑战是值得研究的。

2. 复杂连续决策问题

提高应用实体在协同决策中的参与程度，则各应用实体具有类似 NAA 的行为，通过感知网络状态，自适应地调整自身参数以提高业务指标。而网络集中点在控制层面隐式地影响应用实体的自适应决策，为具有一定自适应决策能力的多个应用实体提供引导。特别是网络集中点在资源受限的情况下，为多个相互竞争的应用实体提供引导，以达到在较长的一段时间内，高效使用网络资源和协调多个应用实体实现系统效用最大化的目的。

如图 1-4 所示，以新兴的 MAR 业务为例。MAR 客户端将由包括摄像机在内的传感器获取的周围环境信息，打包为图像请求上传至附近基站。为保证较高的服务时延要求，这些图像请求由基站处的专用服务器（安装有预置图像处理模型的图形处理单元）进行处理。处理的结果再通过下行信道返回给 MAR 客户端并呈现给用户，以达到对现实环境信息的“增强”效果。这项技术能有效地提升导航、游览、医疗、智能工厂等场景中的用户体验[39]。

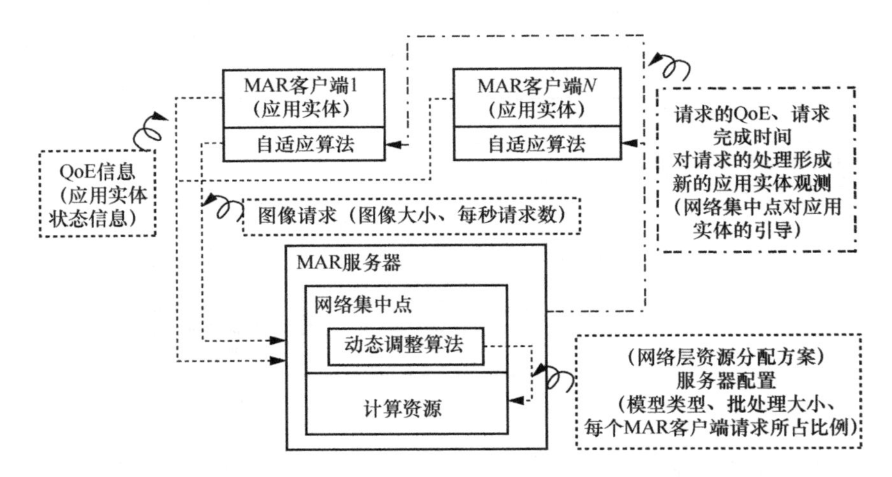

图 1-4　提供引导方式：以 MAR 业务为例

在同一小区中，基站处的服务器处理资源会被多个MAR客户端竞争，同时这些MAR客户端都具有根据网络情况和请求处理情况自适应调整应用层参数（如每秒请求数、图像大小等）的能力。所以在基站处部署的网络集中点，可以与MAR客户端（即应用实体）一起有效地完成网络与应用之间的协同。网络集中点可以对MEC服务器和计算资源进行灵活配置，通过一定的机制引导各MAR客户端（即应用实体）的自适应算法选择适合的应用层参数，达到系统效用最大化的目的。

为进一步提高应用实体的参与程度，此时应用实体需要具有独立的决策策略。面对复杂的网络和应用的跨层优化问题，应用实体和网络集中点在相同优化目标的指引下协同进行解决。从跨层优化的视角（双方交互的方式）分析这一双方共同参与的协作方式，存在3种寻找该联合优化问题解的思路：第一种是网络集中点和应用实体分别对应不同的决策变量，但在部署时可能无法或无须进行交互；第二种是网络集中点和应用实体分别对不同的决策变量进行求解，但由网络集中点进行最后的统合；第三种是应用实体给网络集中点提供用于求解联合优化问题的“元数据”，有效地降低网络集中点直接求解联合优化问题的难度。从连续控制/决策的视角来分析该协作方式，后两种寻找联合优化问题解的方式，都可以看作一种先由应用实体进行一部分决策，然后由网络集中点进行最后决策的序贯决策模式。此时，应用实体决策可以被网络集中点视为应用实体表达自身诉求的“意愿”，而网络集中点的任务则是在统合各个应用实体“意愿”的同时，完成最后的决策。

如图1-5所示，以多联盟链中的路由规划和带宽资源分配的联合优化问题为例。各联盟链的主节点（即应用实体）决策自身的路由规划，并提供给网络集中点。基于这些信息，网络集中点再以最小化各链的最大完成时间为目标，进行带宽资源的分配。

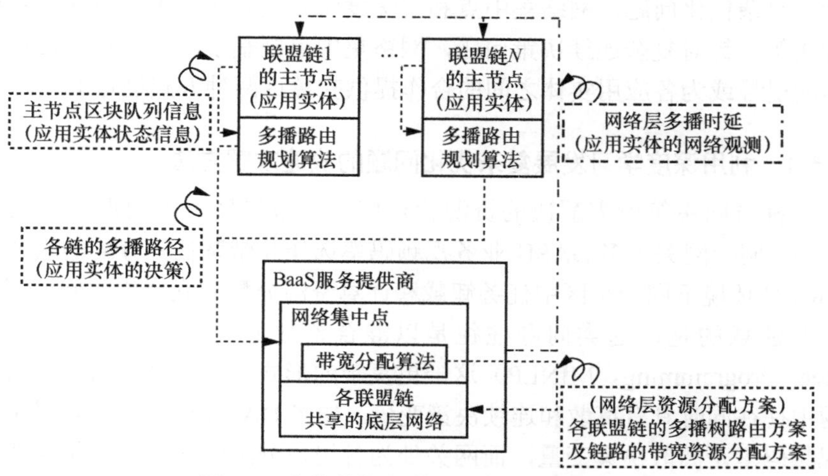

图1-5 合作管控方式：以多联盟链为例

类似地，在 WSN 中进行路由规划时，各传感器节点（即应用实体）将自身对于下一跳路由选择的倾向性（即选择某个节点作为信息汇聚的下一跳的“意愿”）汇报至部署在网关节点处的网络集中点，并由网络集中点对各传感器节点的“意愿”进行统合，形成使整个系统效用最大化的路由方案，提高传感器节点的能量使用效率，从而延长网络存活时间。

在以上两种不同的协同决策问题中，应用和网络两侧的决策变量均为分开求解。但两种方式在应用实体与网络集中点的决策目标又有所不同。在网络集中点为应用实体提供引导这一情形中，应用实体的决策只需要根据对其自身和周围环境的观测，优化自身服务质量，无须对网络层指标和应用实体间的协同负责。这样的好处在于各个应用实体的决策逻辑可以设计得相对简单（如采用简单的启发式自适应算法），而如何协调各应用实体的行为这一复杂的连续决策问题，则交由网络集中点进行解决。

在应用实体与网络集中点合作进行管控这一情形中，应用实体的参与程度最高，具有独立决策策略。同时各应用实体和网络集中点的决策行为，体现出一种完全合作的特性（即应用和网络具有相同的优化目标）。但由于资源管控问题的决策变量分散于各应用实体和网络集中点，网络集中点如何统合各应用实体的决策，以及如何发展应用实体的决策策略，以实现在这种分布式环境中达到网络及其应用的共同目标，是该情形下面对的主要挑战。

1.5 解决这两类问题所面临的挑战与应对方法

针对复杂优化问题，网络集中点利用深度学习发展快速求解方法以对这些问题进行决策；针对复杂连续决策问题，网络集中点则基于深度强化学习通过对应用实体的引导或为各应用实体之间的合作提供支撑这两种方式进行解决。

1.5.1 利用深度学习发展复杂优化问题的快速求解方法

第一种协同决策所需解决的资源管控问题一般呈现为不同形式的最优化问题，例如，同一网关下多 DASH 业务视频码率选择和带宽资源分配的联合优化问题[6]、MEC 环境下同一小区中任务卸载和计算资源分配的联合优化问题[10]。

需要注意的是，这类问题往往是以混合整数非线性规划（Mixed Integer Nonlinear Programming，MINLP）这一更复杂的形式出现。具体而言，需要求解的问题中往往同时具有离散和连续决策变量。如多 DASH 业务竞争场景中，各用户的视频码率是离散决策变量，而网关处为各用户分配的带宽资源是连续决策变量。再如 MEC 中任务卸载和计算资源分配的联合优化问题，移动设备所产生的任务是否进行卸载以及卸载至哪个 MEC 服务器是离散决策变量，而 MEC 服务器为每个任务所分配的计算资源则是连续决策变量。

离散决策变量的引入使针对此类问题的优化算法通常具有较高的计算复杂度[40]。而在网络资源管控实践中又往往要求快速求解这类复杂问题[41]。现有的工作常借助近似算法理论，在优化算法的精度和时间复杂度之间求得折中[40]。但在时间要求更为严苛的场景（如实时的视频业务和 MEC 中的接入控制业务等场景）中，当问题规模稍大时，近似算法的求解时间仍然显得过长。

在设计这些近似算法的过程中，研究人员通过深入研究具体问题的底层结构，不断优化算法的近似效果和运行时间。网络管理员会在不同实际部署场景中调用这些算法。不同的网络参数设置（例如，不同的 DASH 客户端数目、不同的视频码率选择集合等）对应不同的问题实例。

而为每个新的问题实例调用这些算法时，都需要从头开始求解，这种方式是相对低效的。实际上这些算法可以产生大量数据，即问题实例和解决方案二元组。近几年已经出现一些工作，探索通过深度学习技术利用这些数据，对复杂问题的求解以及新的求解算法设计进行改进[42]。这些工作可分为两类，一类可称为“黑盒方法”，即基于大量的问题实例和解决方案二元组，利用监督学习训练合适的机器学习模型以直接求解联合优化问题[43-48]。另一类可称为“灰盒方法”，即利用机器学习指导联合优化问题的求解过程[49-50]。

考虑所讨论的复杂优化问题对快速求解的需求，本书重点关注“黑盒方法”，以充分利用神经网络可以在很短的时间内完成推理过程的特性。同时由于神经网络在多种场景的分类问题中获得了广泛的应用，而且这种分类问题可以自然地看作一种对离散决策变量的求解。而在一般情况下，当离散决策变量确定后，可以使用成熟的算法或求解器对连续决策变量进行求解。考虑神经网络的离线训练过程，深度学习方案的准确性依赖于样本数据集和测试数据集之间的分布差异和方案本身的设计。深度学习方法中离线训练所需的数据集，可以根据实际场景的需要，收集系统在较长一段时间内的运行数据，从而有效减小这种分布差异；基于现有的云计算和 MEC，机器学习模型可以在后台的数据中心中快速完成训练。

基于以上观察，本书试图为这类资源管控问题提供基于监督学习的快速求解框架，并在第 2 章和第 3 章将其应用于不同的决策问题。针对具体的决策问题实例，深度学习模块首先进行特征提取，然后利用训练好的深度神经网络（Deep Neural Network，DNN）给出关于优化问题中离散决策变量的解的元数据，并利用相关后处理算法对这些元数据进行处理，形成离散决策变量的解。在确定了离散决策变量的取值后，采用成熟的求解方法对连续决策变量进行求解，最终得到原始优化问题实例的解。

1.5.2 利用深度强化学习为复杂连续决策问题提供解决方案

第二种协同决策所需解决的资源管控问题呈现为多种形式的连续决策问题。考察网络集中点对应用实体进行引导这一情形，以 MAR 业务中的动态计算资源分配问题为例，网络集中点需要在面对多个具有自适应调整应用层参数能力的应用实体时，能够动态调整 MEC 服务器的各种配置参数以及每个应用实体所能分配到的计算资源。又如多个联盟链共用底层网络带宽资源的情况下，网络集中点需要根据各应用实体交易到达情况和联盟链主节点处的区块队列情况，及时调整各联盟链区块广播所需要的路由及其对应的链路带宽划分。

针对这类连续决策问题，网络集中点在进行资源管控时，会遇到以下挑战。

（1）环境难以建模。不仅网络状态是时变的，应用实体也会根据网络状态变化对自身行为进行调整，如应用实体（即 MAR 客户端）会动态地根据之前发送的图像请求的完成情况（包括时延和准确性），及时调整接下来一段时间的图像大小和每秒请求数。这使 MEC 服务器所面对的请求到达过程将是一个难以预测和建模的随机过程（即使它是平稳的）。

（2）需求维度多样。应用实体的 QoE 维度多样且通常与网络管理者关注的性能指标不同。如 MAR 业务中应用实体关心图像请求的完成时延以及准确性，网络集中点关心用户间公平性和计算资源的高效使用。

（3）追求长期目标。应用实体希望在服务进行的整个过程中用户都能得到较高的 QoE，而网络集中点则需要面对多个应用实体在一段时间内共同竞争网络资源的情况，也需要对一段时间内的用户公平性、资源利用率等指标进行优化。

（4）需要智能策略。由于需要优化长期目标，应用实体和网络集中点都需要有能够应对复杂动态环境的智能策略。如在多联盟链中，各主节点处的应用实体都希望能够最大化交易的吞吐量，同时由于各联盟链交易到达强度的动态变化，网络集中点需要对分配给各联盟链区块广播过程的带宽资源进行动态调整。而应用实体同样需要根据自身观测到的交易到达强度变化实时调整区块广播的路由选择。又如在 MAR 业务中，应用实体需要根据上一轮图像请求被处理的情况动态调整自身参数以适应网络状态的变化。而应用实体的这种动态调整，会导致各应用实体请求到达强度的动态变化，因此 MEC 服务器也需要对自身采用的配置参数和为各应用实体分配的资源进行动态调整。

面对以上挑战，深度强化学习的出现为资源管控这一主题提供了一个可能的决策设计方向。从深度强化学习的算法范型上，考察网络集中点对应用实体提供引导的方式，即网络集中点引导多个具有自适应能力的应用实体，以在实现高质量的服务体验的同时维持应用实体间良好的公平性。例如，MAR 业务中部署于边缘服务器上的动态调度和资源分配算法，通过调整图像识别任务的具体机器学习算法模型以及为每个 MAR 客户端所分配的计算资源，可以影响每个 MAR 客户端对图像请求大小和图像请求发送速率的选择，从而为相互竞争 MEC 服务器资源的各个 MAR 客户端提供高质量且公平的服务。

由于应用实体的自适应算法一般是在线（随着周围环境的变化主动调整应用层参数）和平稳的（在相同环境下做出的调整相同），则面对这些应用实体的网络集中点在进行引导时，所处的环境也是平稳的。需要注意的是，虽然环境是平稳的，但网络集中点所做的具体决策也需要随应用实体决策的变化及时进行调整。

这一情形符合强化学习所解决问题的一般范式。在一个典型的强化学习问题中，包含“智能体”和“环境”两个基本范畴，智能体观察环境状态，及时做出反应（智能体的动作），随后环境针对这一动作给智能体以一定的奖励（由环境中的奖励函数决定），同时环境的状态根据智能体的动作发生迁移。强化学习任务是采用一定的方法得到一种能够最大化长期累计奖励的智能体行动的策略。

对应强化学习这一范式，网络集中点即为“智能体”，具有自适应能力的应用实体以及网络层各种资源则构成智能体所处的“环境”。但如果使用传统的强化学习方法来实现适应性引导方式，则会面临诸如维度灾难（状态空间和动作空间具有高维度和连续性的特点）、智能体所处环境难以解析地进行建模等困难。幸运的是，近年来以深度学习技术作为支撑的深度强化学习可以有效地解决这些困难，因此本书第 4.4 节设计了基于单智能体 DRL 的提供引导方式。

对于应用实体参与程度最高的网络集中点与应用实体合作进行资源管控的情形，各应用实体和网络集中点的决策算法之间不再是简单的独立决策关系，而是共享相同的目标。两者通过各自的本地观测进行部分决策，但是在逻辑上构成一个整体。这种行为方式可以用分布式部分可观测马尔可夫决策过程（Decentralized Partially Observable Markov Decision Process，Dec-POMDP）进行建模。

近年来出现的一些多智能体深度强化学习（Multi-Agent Deep Reinforcement Learning，MADRL）的方法[51]，为网络集中点与应用实体的合作管控方式提供了算法支持。其中有相当一部分 MADRL 的研究工作聚焦于集中式训练与分布式执行（Centralized Training and Decentralized Execution，CTDE）框架[52]。该框架在实验室或仿真器中离线地训练好各智能体所需的连续决策策略，各智能体在具体执行时只需要根据自身观测进行决策。CTDE 中成熟的算法框架需要“全局信息”，不同算法在智能体的训练过程中利用这种信息，或为智能体提供其某个动作相对其他动作在全局意义上的优势（基于反事实的多智能体策略梯度（COMA[53]）），或为智能体的价值评估提供额外维度（如其他智能体动作和全局状态等）的多智能体深度确定性策略梯度（MADDPG[54]），或为智能体提供其他智能体的平均动作以辅助其更新的平均场深度强化学习（Mean-Field DRL[55]）。由于具有丰富的计算能力和网络历史状态信息，网络集中点天然地可以提供CTDE框架所需的全局信息。而在应用实体实际执行时，网络集中点为应用实体提供预先训练好的智能策略。

根据决策变量组成方式的不同，本书尝试了3种思路来实现应用实体和网络集中点的合作管控。第一种为在同一优化目标的指导下，应用实体根据自身观测做出应用层决策，网络集中点根据自身观测做出网络层决策；第二种为应用实体先对一部分决策变量进行求解，网络集中点基于这些信息，做出最后的决策；第三种为应用实体为网络集中点提供用于最后决策的元数据，以降低网络集中点求解优化问题的难度。

1.6 深度学习在网络资源管控中的已有工作

本节对深度学习在网络资源管控中的使用进行评述。主要包括两部分，一为利用深度学习对网络资源管控问题进行快速求解，二为基于深度强化学习的网络资源管控方法。对于本书所关注的DASH、MEC、MAR、联盟链和无线传感器网络等具体业务，其研究工作的介绍将于后续对应章节中进行。

1.6.1 利用深度学习对网络资源管控问题进行快速求解

近年来学术界出现了一些利用深度学习求解经典联合优化问题的工作，这些工作为利用深度学习实现对复杂资源管控问题的快速求解奠定了基础。在对经典联合优化问题进行快速求解方面，目前存在两类方法[42]。

一类方法可称为“黑盒方法”。这类方法为端到端的直接求解，即利用训练好的机器学习模型，将优化问题的实例作为输入，由机器学习模型直接输出解决方案。文献[45]提出了“指针网络”（Pointer Network），用以直接求解旅行商问题（Travelling Salesman Problem，TSP），利用监督学习思路，将预先准备好的TSP的实例和对应的解作为样本数据用以训练指针网络。同样是直接求解TSP，文献[48]使用深度强化学习框架对指针网络进行训练，将TSP中环游的长度作为奖励信号，使用“演员-评论家”（Actor-Critic）方法进行训练。文献[43]研究了另一个经典的联合优化问题，最小k中心问题（也称为工厂选址问题），提出的方案基于监督学习框架，针对问题实例中某个特定的节点，神经网络并不直接针对该节点是否为问题解所包含的点而进行二分类输出，而是给出问题实例中每个点作为问题解中被选中的概率。然后挑选对应概率值较大的一些节点集合生成最后的解。

另一类方法可称为“灰盒方法”。这类方法为利用机器学习技术为复杂联合优化问题的求解过程提供帮助。这种帮助表现为机器学习模型作为求解复杂联合优化问题的整体算法中的一部分，作为一种“子函数”被调用。这种“子函数”的功能在文献[50]中体现为，在面对一个具体的混合整数规划问题时，由机器学习模型决定所采用的问题分解方法，进而根据不同的分解方法使用表现更好的求解器对原问题进行求解。在文献[49]中，机器学习模型被用来进行割平面的选择（MIP Cut Selection），具体表现为利用机器学习模型对某个特定的割平面在目标函数值上的改进程度进行预测。

在此背景下，出现了一些在网络资源管控问题中利用深度学习辅助求解复杂问题的初步尝试。针对虚拟网络嵌入（Virtual Network Embedding，VNE）问题，文献[43]利用监督学习框架设计了一种 VNE 请求的接入控制算法。该算法尝试预测接纳一个特定的 VNE 请求的开销，从而帮助网络管理者在无须实际执行 VNE 算法的情况下，快速判断是否接纳该 VNE 请求。文献[44]利用 Hopfield 网络设计了一种解决 VNE 问题的预处理机制，为每个物理层节点计算其属于 VNE 请求所对应物理子网的概率，以缩小 VNE 算法的搜索空间。进而网络管理者可以在较小的搜索空间中运行时间复杂度较高的 VNE 算法，得到最终的嵌入方案。

作为工厂选址问题的应用，文献[56]研究了 SDN 中分布式控制器的放置问题，期望在网络流量随时间变化的场景中，通过调整控制平面的部署，实现更快的流量特征捕捉并做出网络管控决策。尽管预测的解决方案不能保证最优，但它们可以作为传统复杂算法的初始解。例如，对于本地搜索算法，利用神经网络提供的初始解，算法的总执行时间平均可以减少 50%。

不难发现这些工作大多属于“灰盒方法”，文献[43]仍然需要在进行具体的 VNE 时调用传统求解算法；文献[44,56]虽更进一步为传统优化算法提供了更好的初始解，但求解复杂度仍取决于搜索算法的设计。这些工作的研究背景局限在网络层，缺乏对网络及其应用之间协同决策的场景进行研究，同时也缺乏直接求解资源管控问题的尝试。

1.6.2 基于深度强化学习的网络资源管控方法

深度强化学习已在诸如访问控制、缓存、任务卸载、路由和网络安全等方面得到了广泛应用[57]。例如，在流媒体应用的自适应视频码率调整问题中，文献[58-59]都试图通过深度强化学习方法，赋予 DASH 业务的应用实体智能调整视频码率的能力，以提高用户使用点播视频业务的 QoE。这些应用实体将应用层的状态信息（如已观看视频分片的码率、当前视频内容的缓存情况和播放卡顿时间等）作为输入，分别使用基于深度 Q 网络（Deep Q-Network，DQN）[60]和 A3C（Asynchronous Advantage Actor-Critic）算法[61]做出决策。

在对实时性要求更高的视频直播业务中，为适应网络带宽的变化，文献[62]考虑先将直播视频流推送到边缘服务器，然后对其进行转码以适应用户差异化的设备和带宽需求。部署在网络集中点处的智能体采用用户 QoE（用户对直播时延、频道切换时延和视频码率的偏好）、边缘服务器的转码开销和网络带宽开销作为输入，由 A3C 算法决策由哪一台边缘服务器承载用户直播服务，或将用户直播服务直接交由内容分发网络（Content Delivery Network，CDN）处理。

文献[63]尝试使用 DRL 进行路由优化。通过与网络环境的交互，网络控制器处的智能体为网络中所有的源/目的节点对进行路径规划。系统状态表示为每个源/目节点对之间的带宽请求，奖励函数与平均网络时延有关，动作表示为每条链路的权重，具体的路由方案由该权重得出。该工作使用深度确定性策略梯度（DDPG）[64]算法对智能体进行训练。经过训练的智能体可以灵活地进行实时网络控制。文献[65]对经典的 DDPG 算法做出了两点改进以更好适配流量工程环境。首先，对 DDPG 算法中常用的探索方案做出修改，称为“流量工程知晓的探索”（Traffic Engineering-aware Exploration），具体改动为在智能体进行探索时不再使用纯随机的动作，而是使用最短路或经典优化算法的解并加入随机噪声作为智能体的探索。其次，对经典的带优先级的经验回放（Prioritized Experience Replay，PER）机制进行改进。在该机制中，一个具体经验（Transition）优先级受两个指标影响，一为用以指导评论家网络进行更新的时间差分（Temporal Diffrence，TD）误差，二为用以指导演员网络进行更新的状态动作价值函数的梯度值。该工作中智能体的状态空间定义为每个源/目的节点对之间的吞吐量和时延要求构成的二元组集合。在给定源/目的节点及其候选路径集合的情况下，动作空间为每条路径所需承载总流量的百分比。智能体所获奖励是所有源/目的节点间业务流吞吐量的函数。

现有大部分工作都聚焦于为单个网络实体定制基于 DRL 的决策方案。这些方案都假设网络环境是静态的，以确保策略的学习过程具有良好的收敛速度和稳定性。但是在 5G 异构网络中，多种用户设备和网络设施之间的交互会使网络环境更为复杂并导致特征维度和决策空间显著增加。在此场景下，如果继续采用单智能体为多个网络实体进行决策，不仅需要处理规模庞大的状态和动作空间，更面临可扩展性方面的挑战。如果多智能体各自决策，则每个网络实体面临的环境不再稳定，因此需要多智能体 DRL 框架的支持。

目前已有一些使用多智能体深度强化学习进行网络资源分配的尝试。文献[66]提出了一种基于 DQN 的分布式功率分配算法。在该工作中，每个发射机对应一个智能体，这些智能体共享神经网络参数。每个智能体在时隙开始时进行决策，其神经网络的输入为该智能体对本地无线环境的观测，输出为发射机在本时隙的发射功率。系统中还部署了一个集中点，用以搜集各发射机的历史经验，并根据这些历史经验对神经网络的参数进行更新。由于各发射机会相互干扰，该工作还为每个发射机设计了一种奖励函数。该奖励函数在考虑发射机自己信道增益的基础上，将自身对其他发射机的干扰作为惩罚项。每个发射机的奖励函数也由集中点进行计算。值得注意的是，由于各智能体所在的环境在其他发射机的影响下并不平稳，所以这种类似 A3C 算法的框架，在各智能体处于同一个环境时并不能保证智能体策略的收敛。

文献[67]研究了无线网络中用户关联（User Association）和资源分配联合优化问题。与文献[66]类似，每个用户设备处部署一个智能体，各智能体独立决策，以最大化自身一段时间内的信道质量。由于各智能体之间没有协作机制，该方案也难以保证策略的稳定性和良好的性能表现。

由于在合作情形下的多智能体环境中，简单地在每个智能体处采用相互独立的策略不能保证训练过程的平稳和实际性能，文献[68]改进了 DQN 算法，即在每个智能体的本地观测中加入训练轮数和探索概率这两个信息。实验表明这种改进可以有效改善各 DQN 智能体训练过程的收敛性能和最终的性能表现。文献[69]基于文献[68]的这种改进，探索了车联网环境中的动态频谱资源分配问题。该系统中每个智能体分别对一条车辆间链路进行频带和功率的调整，同时所有的智能体共享一个奖励函数，以优化信道质量。

不难发现，在目前这些网络资源管控问题的研究中，大部分工作还是基于单智能体算法。虽然有少部分多智能体深度强化学习算法的应用，但这些工作都集中在对网络资源进行管控，缺乏对面向用户的具体业务下网络及其应用协同管控问题的研究。如第 1.5.2 节中的分析，在网络及其应用协同管控的场景中，应用实体和网络集中点需要能够优化长期目标的智能策略，这在应用多智能体算法时，对设计智能体系统的系统状态、智能体动作和系统奖励函数提出了更高的要求。

1.7 本书结构安排

网络及其应用协同决策需要解决的问题和对应的研究思路与本书后续章节的对应关系如图 1-6 所示。本书第 2 章和第 3 章探讨了如何使用深度学习快速求解复杂优化问题。基于大量优化问题实例及其对应的解，本书设计了相应的神经网络结构以发掘问题实例和对应解在数据分布意义上的联系，得到对该分布的拟合，进而在遇到新的问题实例时可以直接得到新实例的解。

第 2 章研究多 DASH 业务竞争环境下的视频码率选择和带宽资源分配的联合优化问题，该场景中为尽可能提升 QoE，需统筹考虑用户侧的视频码率选择和网络层为每个用户所分配的带宽资源。当前的学术界研究尚缺乏针对该联合优化问题的高效求解方法，同时也缺乏对于在实际场景中部署高效的联合优化方案的研究。针对这两个问题，首先基于广义 Benders 分解（Generalized Benders Decomposition，GBD）框架，提出求解 DASH 客户端视频码率调整和带宽资源分配联合优化（Joint Optimization of Video Rate Adaptation and Bandwidth Resource Allocation in DASH Client，JRA2）问题的算法，该算法可以求得联合优化问题的最优解。然后利用这一优化算法在基于 ns-3 搭建的测试平台上，产生了一定数量的由联合优化问题实例以及对应的解构成的数据集。基于该数据集，进一步探索并设计了基于监督学习框架的针对该联合优化问题的快速求解方案，简称 FAIR-AREA 方案。经过实验验证，FAIR-AREA 方案能够在毫秒级的时间内完成一次联合优化问题的求解，同时求解的性能接近最优解。

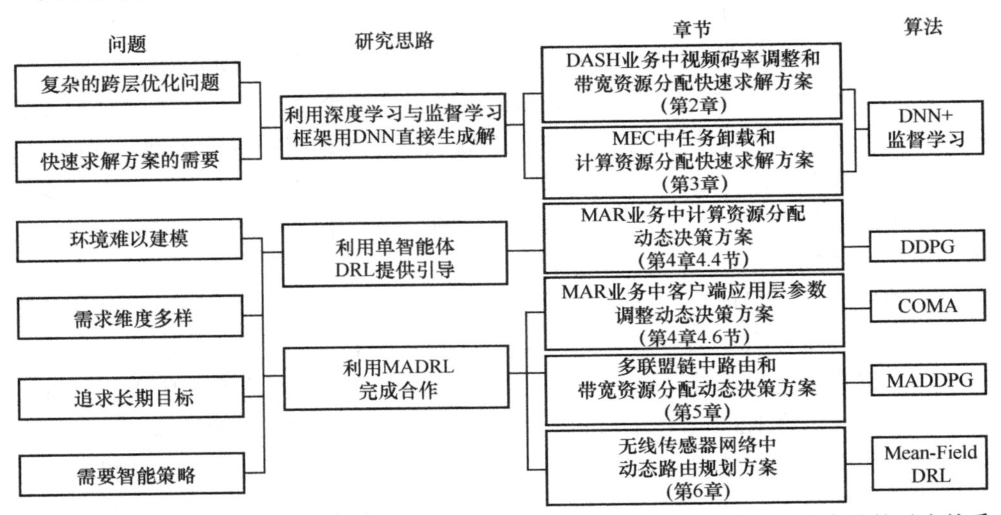

图 1-6　网络及其应用协同决策需要解决的问题和对应的研究思路与本书后续章节的对应关系

第 3 章关注 MEC 中的任务卸载（Task Offloading）问题，共包含两部分内容，针对任务卸载和计算资源分配的联合优化问题进行研究。第 3.4 节在对该联合优化问题进行数学建模的基础上，提出快速人工智能辅助解决方案，简称 FAST-RAM 方案，对原始优化问题进行分解，基于监督学习框架使用 DNN 对其中涉及整数决策变量（任务卸载至某个边缘基站或在本机执行）的优化子问题进行快速求解，然后利用简单的凸优化方法求解联合优化问题中的连续变量（边缘基站为每个计算任务分配的计算资源）。和第 2 章中 JRA2 算法的输入能够直接对应 FAIR-AREA 方案神经网络的输入不同，FAST-RAM 方案的神经网络需要先进行特征设计，将两类不同的离散决策变量整合到一个神经网络能够处理的多分类问题中。第 3.7 节针对服务器具有单一应用类型约束的任务卸载问题，在分析其优化模型的基础上，提出计算资源分配加速方案，简称 ARM 方案，将原始优化问题拆分成“基站着色”子问题和“任务放置”子问题。这两个子问题分别对应基站服务器能够处理的任务类型和用户卸载的计算任务应该交由哪个基站进行处理。和 FAIR-AREA、FAST-RAM 方案所面临的情况不同，此时无法使用单一神经网络同时求解两个子问题，所以在对原问题进行分析的基础上，ARM 方案设计了两个级联的神经网络对这两个子问题进行快速求解。最后在统一的仿真环境下对 FAST-RAM 和 ARM 方案进行了性能评估。实验结果表明，使用 DNN 可以显著加速复杂优化问题的求解，并且对特征空间进行适当的设计，可以在快速求解的同时，达到良好的求解性能和泛化性能。

本书第 4 章到第 6 章探讨了如何使用深度强化学习为复杂连续决策问题提供解决方案，以应对环境难以建模和需求维度多样困难，同时在算法范型上适配这些章节所研究问题场景中对长期目标和智能决策方案的追求。

第 4 章研究 MAR 业务中计算资源分配和客户端应用层参数调整动态决策方案。第 4.4 节探讨了网络集中点对应用实体提供引导的情形，基于 DDPG 算法构建了一种移动增强现实业务中计算资源的动态调度算法，并提出基于 DDPG 算法的资源分配方案，简称 DRAM 方案。该方案针对移动增强现实业务的特点设计了状态和动作空间。站在网络集中点的角度，根据用户的业务请求情况动态调整 MEC 服务器处理用户请求时使用的服务器配置和为每个用户分配的计算资源份额。第 4.6 节在 MAR 业务中尝试让多个应用实体进行协作，即实现应用实体与网络集中点合作进行管控的第一种思路，即在同一优化目标的指导下，应用实体和网络集中点均根据自身观测做出各自的决策。站在应用实体的角度，首先尝试赋予环境中单个 MAR 客户端基于单智能体 DRL 构建的智能决策能力。实验结果表明，这一尝试可以显著增加该应用实体的 QoE。但简单地让各 MAR 客户端不加协作地复用这一智能决策能力，则系统效用反而不如各智能体使用简单自适应算法的情况，这进一步说明了利用多智能体 DRL 框架设计多应用实体协作决策的必要性。本节基于 COMA 算法框架，设计了一种多智能体 DRL 的应用层参数协同调整算法，并提出在 MAR 服务运行时，网络集中点不再对 MAR 客户端进行额外的引导，只使用简单的启发式算法分配 MEC 服务器的计算资源的方案，简称 COLLAR 方案。该算法中各 MAR 客户端在各智能体的 Actor 策略的训练过程中，共享由网络集中点提供的中心 Critic 网络，从而在进行智能体策略更新时能够考虑整个系统的效用，达到各应用实体通过协作对整个系统的效用进行优化的效果。在 MEC 服务器的计算资源调整方面，该方案中只需要简单的启发式调整方法就能够在多个 MAR 客户端共享有限计算资源的情形下，提供高系统效用，同时维护良好的公平性指标。即在 COLLAR 方案中，应用实体和网络集中点在部署时无须进行交互。

第 5 章在多联盟链环境下，路由和带宽资源分配的联合优化问题中，探讨了应用实体与网络集中点合作进行管控的第二种思路，即应用实体和网络集中点分别决策不同变量，并由网络集中点进行统合，利用 MADDPG 框架，提出多智能体协同广播方案，简称 CO-CAST 方案。首先应用实体（即各联盟链的主节点）

根据自身队列中的区块数量和上层交易到达情况，决策各自的区块广播路径；然后网络集中点（即网络资源的管理者）根据这些路径，确定每条链路上为各联盟链分配的带宽资源。仿真实验结果表明，CO-CAST 方案可以显著降低联盟链中区块的广播时延。

针对应用实体与网络集中点合作进行管控的第三种思路，即应用实体给网络集中点提供用于求解联合问题的“元数据”，网络集中点最终做出决策，在第 6 章无线传感器网络中面向节点能量效率的动态路由规划问题中，利用 Mean-Field DRL 框架，提出多智能体协同决策下一跳路由方案，简称 CO-NEXT 方案，以最大化网络的能量使用效率和网络存活时间。该算法的执行也分为两个阶段，首先应用实体（即 WSN 中的每个传感器节点）根据自身能量和历史数据转发情况，决策选择邻域中各节点作为数据汇聚过程的下一跳节点的概率分布；然后网络集中点（即 WSN 中的网关节点）根据这些概率分布，确定数据汇聚阶段具体的路由方案。仿真实验结果表明，CO-NEXT 方案可以显著地提升各传感器节点的能量使用效率从而大幅增加网络存活时间。

第 7 章为本书的总结和未来工作展望。

参考文献

[1] BLUMENTHAL M S, CLARK D D. Rethinking the design of the Internet: the end-to-end arguments vs. the brave new world[J]. ACM Transactions on Internet Technology, 2001, 1(1): 70-109.

[2] LIU L, ZHOU C, ZHANG X G, et al. A fairness-aware smooth rate adaptation approach for dynamic HTTP streaming[C]//Proceedings of the 2015 IEEE International Conference on Image Processing (ICIP). Piscataway: IEEE Press, 2015: 4501-4505.

[3] ZHANG S K, LI B, LI B C. Presto: towards fair and efficient HTTP adaptive streaming from multiple servers[C]//Proceedings of the 2015 IEEE International Conference on Communications (ICC). Piscataway: IEEE Press, 2015: 6849-6854.

[4] ZHAO M C, GONG X Y, LIANG J, et al. QoE-driven cross-layer optimization for wireless dynamic adaptive streaming of scalable videos over HTTP[J]. IEEE Transactions on Circuits and Systems for Video Technology, 2015, 25(3): 451-465.

[5] YIN X Q, BARTULOVIĆ M, SEKAR V, et al. On the efficiency and fairness of multiplayer HTTP-based adaptive video streaming[C]//Proceedings of the 2017 American Control Conference (ACC). Piscataway: IEEE Press, 2017: 4236-4241.

[6] JOSEPH V, BORST S, REIMAN M I. Optimal rate allocation for video streaming in wireless networks with user dynamics[J]. IEEE/ACM Transactions on Networking, 2016, 24(2): 820-835.

[7] TONG L, LI Y, GAO W. A hierarchical edge cloud architecture for mobile computing[C]//Proceedings of the 35th Annual IEEE International Conference on Computer Communications. Piscataway: IEEE

Press, 2016: 1-9.

[8] CHEN M, HAO Y X, QIU M K, et al. Mobility-aware caching and computation offloading in 5G ultra-dense cellular networks[J]. Sensors, 2016, 16(7): 974.

[9] LIU P. XU G C. YANG K. et al. Joint optimization for residual energy maximization in wireless powered mobile-edge computing systems[J]. KSII Transactions on Internet and Information Systems, 2018, 12(12): 5614-5633.

[10] CHEN M, HAO Y X. Task offloading for mobile edge computing in software defined ultra-dense network[J]. IEEE Journal on Selected Areas in Communications, 2018, 36(3): 587-597.

[11] LANE N D, BHATTACHARYA S, GEORGIEV P, et al. DeepX: a software accelerator for low-power deep learning inference on mobile devices[C]//Proceedings of the 2016 15th ACM/IEEE International Conference on Information Processing in Sensor Networks (IPSN). Piscataway: IEEE Press, 2016: 1-12.

[12] HE Y H, REN J K, YU G D, et al. Optimizing the learning performance in mobile augmented reality systems with CNN[J]. IEEE Transactions on Wireless Communications, 2020, 19(8): 5333-5344.

[13] LIU Q, HUANG S Q, OPADERE J, et al. An edge network orchestrator for mobile augmented reality[C]//Proceedings of the IEEE Conference on Computer Communications. Piscataway: IEEE Press, 2018: 756-764.

[14] LIU Q, HAN T. DARE: dynamic adaptive mobile augmented reality with edge computing[C]//Proceedings of the 2018 IEEE 26th International Conference on Network Protocols (ICNP). Piscataway: IEEE Press, 2018: 1-11.

[15] NGUYEN T S L, JOURJON G, POTOP-BUTUCARU M, et al. Impact of network delays on Hyperledger Fabric[C]//Proceedings of the IEEE Conference on Computer Communications Workshops (INFOCOM WKSHPS). Piscataway: IEEE Press, 2019: 222-227.

[16] SONG J, ZHANG P, ALKUBATI M, et al. Research advances on blockchain-as-a-service: architectures, applications and challenges[J]. Digital Communications and Networks, 2022(4): 466-475.

[17] NAKAS C, KANDRIS D, VISVARDIS G. Energy efficient routing in wireless sensor networks: a comprehensive survey[J]. Algorithms, 2020(13): 72.

[18] SHAH R C, RABAEY J M. Energy aware routing for low energy ad hoc sensor networks[C]//Proceedings of the 2002 IEEE Wireless Communications and Networking Conference Record. Piscataway: IEEE Press, 2002: 350-355.

[19] REN F Y, ZHANG J, HE T, et al. EBRP: energy-balanced routing protocol for data gathering in wireless sensor networks[J]. IEEE Transactions on Parallel and Distributed Systems, 2011, 22(12): 2108-2125.

[20] LE BOUDEC J Y. The asynchronous transfer mode: a tutorial[J]. Computer Networks and ISDN Systems, 1992, 24(4): 279-309.

[21] Internet Engineering Task Force. Integrated services in the Internet architecture: an overview: RFC1633[S]. 1994.

[22] Internet Engineering Task Force. An architecture for differentiated services: RFC2475[S]. 1998.
[23] WAMSER F, ZINNER T, IFFLÄNDER L, et al. Demonstrating the prospects of dynamic application-aware networking in a home environment[C]//Proceedings of the 2014 ACM Conference on SIGCOMM. New York: ACM Press, 2014: 149-150.
[24] LAKSHMAN T. SABNANI K. WOO T. Softrouter: an open extensible platform for tomorrow's internet services[M]. Holmdel: Bell Labs, 2007.
[25] KUSCHNIG R, KOFLER I, RANSBURG M, et al. Design options and comparison of in-network H.264/SVC adaptation[J]. Journal of Visual Communication and Image Representation, 2008, 19(8): 529-542.
[26] JARSCHEL M, WAMSER F, HOHN T, et al. SDN-based application-aware networking on the example of YouTube video streaming[C]//Proceedings of the 2013 Second European Workshop on Software Defined Networks. Piscataway: IEEE Press, 2013: 87-92.
[27] STOCKHAMMER T. Dynamic adaptive streaming over HTTP: standards and design principles[C]//Proceedings of the Second Annual ACM Conference on Multimedia Systems. New York: ACM Press, 2011: 133-144.
[28] HOÍFELD T, BINZENHÖFER A. Analysis of Skype VoIP traffic in UMTS: end-to-end QoS and QoE measurements[J]. Computer Networks, 2008, 52(3): 650-666.
[29] HAJJAT M, SHANKARANARAYANAN P N, MALTZ D, et al. Dealer: application-aware request splitting for interactive cloud applications[C]//Proceedings of the 8th International Conference on Emerging Networking Experiments and Technologies. New York: ACM Press, 2012: 157-168.
[30] KREUTZ D, RAMOS F M V, VERÍSSIMO P E, et al. Software-defined networking: a comprehensive survey[EB]. 2015.
[31] MCKEOWN N, ANDERSON T, BALAKRISHNAN H, et al. OpenFlow[J]. ACM SIGCOMM Computer Communication Review, 2008, 38(2): 69-74.
[32] JAIN S, KUMAR A, MANDAL S, et al. B4: experience with a globally-deployed software defined WAN[J]. ACM SIGCOMM Computer Communication Review, 2013, 43(4): 3-14.
[33] EGILMEZ H E, CIVANLAR S, TEKALP A M. An optimization framework for QoS-enabled adaptive video streaming over OpenFlow networks[J]. IEEE Transactions on Multimedia, 2013, 15(3): 710-715.
[34] JARSCHEL M, PRIES R. An OpenFlow-based energy-efficient data center approach[J]. ACM SIGCOMM Computer Communication Review, 2012, 42(4): 87-88.
[35] GEORGOPOULOS P, ELKHATIB Y, BROADBENT M, et al. Towards network-wide QoE fairness using openflow-assisted adaptive video streaming[C]//Proceedings of the 2013 ACM SIGCOMM Workshop on Future Human-Centric Multimedia Networking. New York: ACM Press, 2013: 15-20.
[36] WANG G H, EUGENE NG T S, SHAIKH A. Programming your network at run-time for big data applications[C]//Proceedings of the First Workshop on Hot Topics in Software Defined Networks. New York: ACM Press, 2012: 103-108.

[37] JIANG W J, RUI Z S, REXFORD J, et al. Cooperative content distribution and traffic engineering[C]//Proceedings of the 3rd International Workshop on Economics of Networked Systems. New York: ACM Press, 2008: 7-12.

[38] DIPALANTINO D. JOHARI R. Traffic engineering vs. content distribution: a game theoretic perspective[C]//Proceedings of the IEEE International Conference on Computer Communications. Piscataway: IEEE Press, 2009: 540-548.

[39] SIRIWARDHANA Y, PORAMBAGE P, LIYANAGE M, et al. A survey on mobile augmented reality with 5G mobile edge computing: architectures, applications, and technical aspects[J]. IEEE Communications Surveys & Tutorials, 2021, 23(2): 1160-1192.

[40] KRONQVIST J, BERNAL D E, LUNDELL A, et al. A review and comparison of solvers for convex MINLP[J]. Optimization and Engineering, 2019, 20(2): 397-455.

[41] KELLERER W, KALMBACH P, BLENK A, et al. Adaptable and data-driven softwarized networks: review, opportunities, and challenges[J]. Proceedings of the IEEE, 2019, 107(4): 711-731.

[42] BENGIO Y, LODI A, PROUVOST A. Machine learning for combinatorial optimization: a methodological tour d'horizon[J]. European Journal of Operational Research, 2020, 290(2): 405-421.

[43] BLENK A. KALMBACH P. KELLERER W. et al. O'Zapft is: tap your network algorithm's big data![C]//Proceedings of the Workshop on Big Data Analytics and Machine Learning for Data Communication Networks. New York: ACM Press, 2017: 19-24.

[44] BLENK A, KALMBACH P, ZERWAS J, et al. NeuroViNE: a neural preprocessor for your virtual network embedding algorithm[C]//Proceedings of the IEEE INFOCOM 2018 - IEEE Conference on Computer Communications. Piscataway: IEEE Press, 2018: 405-413.

[45] VINYALS O. FORTUNATO M. JAITLY N. Pointer networks[C]//Advances in Neural Information Processing Systems. Cambridge: MIT Press, 2015: 1-9.

[46] SATO R. YAMADA M. KASHIMA H. Approximation ratios of graph neural networks for combinatorial problems[J]. Advances in Neural Information Processing Systems, 2019(32): 4081-4090.

[47] DAI H J, KHALIL E B, ZHANG Y Y, et al. Learning combinatorial optimization algorithms over graphs[C]//Proceedings of the 31st International Conference on Neural Information Processing Systems. New York: ACM Press, 2017: 6351-6361.

[48] BELLO I, PHAM H, LE Q V, et al. Neural combinatorial optimization with reinforcement learning[J]. arXiv preprint, 2016, arXiv: 1611.09940.

[49] BALTEAN-LUGOJAN R. BONAMI P. MISENER R. et al. Selecting cutting planes for quadratic semidefinite outer-approximation via trained neural networks[R]. 2018.

[50] KRUBER M, LÜBBECKE M E, PARMENTIER A. Learning when to use a decomposition[C]// International Conference on AI and OR Techniques in Constraint Programming for Combinatorial Optimization Problems. Berlin: Springer, 2017: 202-210.

[51] GRONAUER S, DIEPOLD K. Multi-agent deep reinforcement learning: a survey[J]. Artificial

Intelligence Review, 2022, 55(2): 895-943.

[52] ZHANG K, YANG Z R, BAŞAR T. Multi-agent reinforcement learning: a selective overview of theories and algorithms[J]. Handbook of Reinforcement Learning and Control, 2021: 321-384.

[53] FOERSTER J, FARQUHAR G, AFOURAS T, et al. Counterfactual multi-agent policy gradients[EB]. 2018.

[54] LOWE R, WU Y, TAMAR A, et al. Multi-agent actor-critic for mixed cooperative-competitive environments[C]//Proceedings of the 31st International Conference on Neural Information Processing Systems. New York: ACM Press, 2017: 6382-6393.

[55] YANG Y. LUO R. LI M. et al. Mean field multi-agent reinforcement learning[C]//Proceedings of the International Conference on Machine Learning. Palo Alto: ML Research Press, 2018: 5571-5580.

[56] HE M, KALMBACH P, BLENK A, et al. Algorithm-data driven optimization of adaptive communication networks[C]//Proceedings of the 25th International Conference on Network Protocols (ICNP). Piscataway: IEEE Press, 2017: 1-6.

[57] LUONG N C, HOANG D T, GONG S M, et al. Applications of deep reinforcement learning in communications and networking: a survey[J]. IEEE Communications Surveys & Tutorials, 2019, 21(4): 3133-3174.

[58] GADALETA M, CHIARIOTTI F, ROSSI M, et al. D-DASH: a deep Q-learning framework for DASH video streaming[J]. IEEE Transactions on Cognitive Communications and Networking, 2017, 3(4): 703-718.

[59] MAO H Z, NETRAVALI R, ALIZADEH M. Neural adaptive video streaming with pensieve[C]//Proceedings of the Conference of the ACM Special Interest Group on Data Communication. New York: ACM Press, 2017: 197-210.

[60] MNIH V, KAVUKCUOGLU K, SILVER D, et al. Human-level control through deep reinforcement learning[J]. Nature, 2015(518): 529-533.

[61] MNIH V. BADIA A P. MIRZA M. et al. Asynchronous methods for deep reinforcement learning[J]. arXiv preprint, 2016, arXiv: 1602.01783.

[62] WANG F X, ZHANG C, WANG F, et al. Intelligent edge-assisted crowdcast with deep reinforcement learning for personalized QoE[C]//Proceedings of the IEEE Conference on Computer Communications. Piscataway: IEEE Press, 2019: 910-918.

[63] STAMPA G, ARIAS M, SANCHEZ-CHARLES D, et al. A deep-reinforcement learning approach for software-defined networking routing optimization[J]. arXiv preprint, 2017, arXiv: 1709.07080.

[64] LILLICRAP T P. HUNT J J. PRITZEL A. et al. Continuous control with deep reinforcement learning[J]. arXiv preprint, 2015, arXiv: 1509.02971.

[65] XU Z Y, TANG J, MENG J S, et al. Experience-driven networking: a deep reinforcement learning based approach[C]//Proceedings of the IEEE INFOCOM 2018 - IEEE Conference on Computer Communications. Piscataway: IEEE Press, 2018: 1871-1879.

[66] NASIR Y S, GUO D N. Multi-agent deep reinforcement learning for dynamic power allocation

in wireless networks[J]. IEEE Journal on Selected Areas in Communications, 2019, 37(10): 2239-2250.

[67] ZHAO N, LIANG Y C, NIYATO D, et al. Deep reinforcement learning for user association and resource allocation in heterogeneous cellular networks[J]. IEEE Transactions on Wireless Communications, 2019, 18(11): 5141-5152.

[68] FOERSTER J. NARDELLI N. FARQUHAR G. et al. Stabilising experience replay for deep multi-agent reinforcement learning[C]//Proceedings of the International Conference on Machine Learning. Palo Alto: ML Research Press, 2017: 1146-1155.

[69] LIANG L, YE H, LI G Y. Spectrum sharing in vehicular networks based on multi-agent reinforcement learning[J]. IEEE Journal on Selected Areas in Communications, 2019, 37(10): 2282-2292.

第 2 章

DASH 业务中视频码率调整和带宽资源分配快速求解方案

视频业务已占据当前网络中大部分流量，传统基于应用层信息的用户体验优化方案由于缺乏网络层信息，在多 DASH 客户端竞争网络层中的带宽资源时的成效有限，而仅在网络层进行优化也无法有效地转化为用户体验质量的提升，同时对应用层和网络层进行优化有望解决这些问题。

本章研究在 DASH 业务场景中，利用深度学习和监督学习框架，为应用层中多 DASH 业务的视频码率调整和网络层中的带宽资源分配联合优化问题提供快速求解方案。第 2.1 节对 DASH 业务以及该业务下码率适配和资源管控等方面的已有研究进行介绍，然后对本章中联合优化问题的快速求解方案（简称 FAIR-AREA 方案）进行概述。第 2.2 节在多 DASH 客户端竞争有限的带宽资源这一情形下，对 DASH 客户端视频码率调整和带宽资源分配联合优化（JRA2）问题进行建模。第 2.3 节利用广义 Benders 分解（GBD）方法设计了 JRA2 算法，以求解该联合优化问题。大量联合优化问题的实例及其通过 JRA2 算法得到的解，共同构成了 FAIR-AREA 方案在训练过程中所需的高质量样本数据。第 2.4 节概述基于深度学习的监督学习框架，详细介绍 FAIR-AREA 方案的设计和其中深度神经网络的训练过程。第 2.5 节评估 JRA2 算法和 FAIR-AREA 方案的性能。

2.1 研究背景与动机

随着移动通信技术和移动互联网的飞速发展与相关产业生态的成长，作为最为常见的信息传递和内容消费载体，移动视频所占据的网络流量，无论总量和比例都表明了这一业务的重要地位[1]。经过几十年的发展，DASH 已经成为事实上的行业通行做法。网络如何有效地承载视频的分发以提升用户 QoE 已经成为学术界和工业界的研究热点和前沿。

如文献[2-3]所述，在一个典型的 DASH 业务中，用户所请求的流媒体文件通常被分割为固定时间长度的多个分片。每个分片预先被编码为码率不同的多个副本，这些副本具有不同的空间特征（分辨率）或时间特征（每秒帧数）。DASH 客户端中的视频码率自适应算法可以根据当前的网络条件，通过 TCP 所承载的 HTTP GET 请求获取合适的下一个分片的副本。若无特殊说明，本章所提视频码率均为客户端下载视频的码率。文献[4]提出 DASH 业务中最重要和最常用的 QoE 指标包括视频卡顿事件（即视频缓冲区没有可供前端播放器播放的有效内容）的数量、视频码率切换事件（自适应算法所请求的下一个分片的码率与之前不同）的频率和整个 DASH 服务期间的平均视频码率。

随着 DASH 的广泛部署和视频需求的快速增长，多个 DASH 客户端在同一个瓶颈链路（如接入网的出口链路）上竞争资源的情况越来越普遍。在这种情况下，用户将遭受巨大的 QoE 劣化，包括较低的平均视频码率和大量的视频码率切换事件，即播放不稳定；更多的视频卡顿事件，即播放不流畅；不同用户的 QoE 差别较大，即网络资源分配不公平。

为展示该类场景下的 QoE 具体表现，基于 ns-3 平台仿真的 3 个 DASH 客户端共享 2 Mbit/s 带宽时的播放过程如图 2-1 所示，3 个 DASH 客户端共享一条带宽为 2 Mbit/s 的瓶颈链路并依次请求 DASH 视频流。3 个 DASH 客户端浪费在视频卡顿事件上的时间占总播放时间的比例分别为 17.6%、21.1%和 17.1%，平均消耗网络层带宽的相对比例为 1.6:1:1.4。

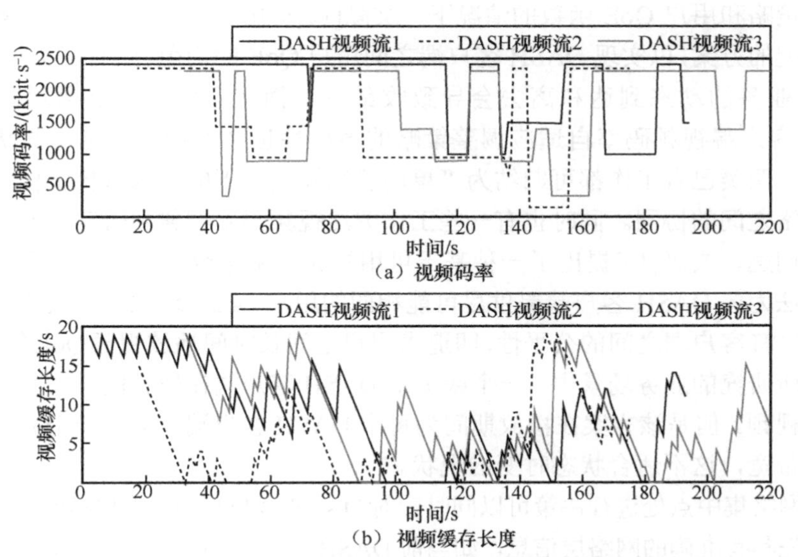

图 2-1　3 个 DASH 客户端共享 2 Mbit/s 带宽时的播放过程

文献[5]的研究表明，QoE 下降源于 DASH 客户端的两个固有缺陷。第一个是每个 DASH 客户端独立且自私地做出视频码率自适应决策，而不知道其他 DASH 客户端的存在；第二个是缺乏准确的物理网络信息，尤其是当背景流量发生变化时，对于某个 DASH 客户端来说，其他 DASH 客户端也贡献了一部分时变的背景流量。这两个缺陷使 DASH 客户端在多个 DASH 客户端竞争有限带宽资源的情形下难以取得较好的用户 QoE 表现，即频繁地遭遇视频卡顿、忍受较低的平均视频码率，以及各 DASH 客户端之间较大的用户 QoE 差异。

现有的相关研究集中于发展更好的视频码率自适应算法（应用层利用搜集到的信息主动适应网络环境的变化）和更灵活的资源分配和访问控制算法（网络层评估应用的资源使用情况）。在优化视频码率方面，为了更准确地估计动态变化的网络条件，很多研究工作基于模型预测控制（Model Predictive Control，MPC）[6]、反馈控制理论[7]等方法或使用用户缓冲区长度等附加信息[8]，设计更智能的视频码率调整方案。尽管通过减少需要更高视频码率的部分激进决策在一定程度上提高了播放过程中视频码率变化过程的稳定性，但上述两个主要缺陷都没有得到解决。

在资源分配和访问控制方面，现有的研究工作侧重于利用收集准确的网络信息，为每个 DASH 客户端分配相等的带宽[9]，在这些方案中为每个 DASH 客户端提升相同的用户 QoE[10]，或为每个 DASH 客户端灵活分配带宽资源[11]。尽管这些方案克服了第二个固有缺陷，但由于缺乏每个 DASH 客户端的可用视频码率集合和视频内容缓冲区的状态信息，这些方案无法为每条 DASH 视频流都分配适当的带宽资源，播放过程中仍然会遭遇卡顿。在预先知道 DASH 客户端视频码率自适应调整策略和用户 QoE 函数的情况下，文献[12]提出了一种在网关路由器处进行带宽分配的方案，以实现 DASH 客户端之间用户 QoE 的均衡。然而在实际应用中，DASH 业务的动态到达和离去会导致收敛到均衡状态的时间显著增加，并且 DASH 客户端视频码率自适应调整策略的多样性也会增加收敛到均衡状态的难度。以上两类已有工作都可归结为“单向感知模式”下的资源管控工作，缺乏应用和网络之间的协同。同时也有一些工作关注视频码率调整和带宽资源分配的联合优化问题，文献[13]提出了一种基于可用视频码率集合和网络状况准确信息的近似算法为各 DASH 客户端提供尽可能相同的用户 QoE。这项工作关注的是长时间内 DASH 客户端之间的公平性，即追求用户之间长时间播放视频 QoE 的公平性。该工作所研究的业务场景中，一个或多个 DASH 客户端在较长的一段时间内会请求多个视频。但是该方案在播放期间为每个 DASH 客户端仅分配一个固定的视频码率和带宽，这不适合状态时变的现状。

在网络集中点处进行决策可以同时应对 DASH 客户端的两个固有缺陷。网络集中点首先具有准确的网络层信息，如当前 DASH 客户端的可用带宽资源。其次可以通过 SDN 的北向接口等方式获取当前系统中 DASH 客户端的数量和每条视频流的播放状态，如可选视频码率集合和当前视频内容缓存状态信息。最后可以通过对 DASH 客户端视频码率调整和带宽资源分配这一联合优化问题的求解，使各 DASH 客户端不再独立地仅为自身的用户 QoE 自私地进行决策，而是可以在网络集中点的集中决策下同时获得高用户 QoE 和 DASH 客户端之间良好的用户公平性指标。

显然，在这种决策情形下，网络集中点面对的主要挑战是如何高效求解这一应用层和网络层的跨层联合优化问题。这种高效不仅体现在具体的性能指标方面，更体现在求解方案的时间开销方面。DASH 客户端的视频码率调整需要较高的实时性，过长的求解时间会直接导致视频码率调整得不及时甚至播放过程的卡顿。所以本章关注在多个 DASH 客户端同时竞争有限的瓶颈链路带宽资源的情况下，网络集中点如何快速且有效地提供网络及其应用相互协作方案，以提高各 DASH 客户端的用户 QoE 总和并维护良好的用户公平性指标。

基于利用深度学习和监督学习框架加速复杂优化问题求解的思路，本章的研究工作分为两部分，分别对应于监督学习框架中的数据集准备和深度神经网络（Deep Neural Network，DNN）的设计及其训练过程。

第一部分工作的目标为研究如何求解联合优化问题以产生高质量数据集，对应数据集的准备阶段。首先，对 DASH 业务的用户缓存行为进行分析，进而对联合优化问题进行建模；然后，利用 JRA2 算法进行求解。通过在 ns-3 搭建的仿真环境中运行该算法，可以产生用于训练第二部分工作中深度神经网络的高质量样本数据集。

第二部分工作的目标为基于监督学习和深度神经网络设计一种快速求解 JRA2 问题的方案，即 FAIR-AREA 方案。首先，对 JRA2 问题进行拆分，构造利用 DNN 和监督学习范式求解离散决策变量（各 DASH 客户端的视频码率）的算法，还设计了一个可行性保证算法以确保 DNN 输出的解决方案是可行解；然后，根据 DNN 的输出结果，利用凸优化工具求解 JRA2 问题中的连续决策变量（各 DASH 客户端可用的带宽资源）；最后，利用 ns-3 搭建了多 DASH 客户端竞争带宽资源的网络仿真环境，验证了 FAIR-AREA 方案能够快速并有效地求解 JRA2 问题，提升 DASH 用户的 QoE 和用户之间的公平性。

2.2　联合优化问题建模

由于管理瓶颈链路带宽资源的网络集中点在实际运行过程中无法预先知晓各 DASH 客户端开启和关闭视频流的时间以及各 DASH 客户端能够使用的带宽资源，所以本节将系统时间划分为连续的时隙（Time Slot），同时假设在同一时间单个 DASH 客户端中只存在一条 DASH 视频流。在一个时隙开始时，网络集中点首先获取当前时隙中所有 DASH 客户端的可用带宽资源、系统中的 DASH 客户端数量以及各 DASH 客户端的应用层信息，然后对本时隙内的各 DASH 客户端的视频码率以及各 DASH 客户端所能够使用的带宽资源进行规划。

JRA2 问题建模主要符号及含义如表 2-1 所示。假设所有时隙具有相同的时间长度 π，时隙 k 中各 DASH 客户端能够使用的总带宽资源为 W_k，时隙 k 中活跃的 DASH 客户端数量为 N_k。网络集中点需要在时隙开始时，对各 DASH 客户端的视频码率 $\boldsymbol{r}_k=\left(r_k^1,r_k^2,\cdots,r_k^{N_k}\right)$ 和带宽资源 $\boldsymbol{w}_k=\left(w_k^1,w_k^2,\cdots,w_k^{N_k}\right)$ 进行选择和分配，即为优化问题的两套决策变量。

表 2-1　JRA2 问题建模主要符号及含义

符号	含义
W_k	时隙 k 中各 DASH 客户端能够使用的总带宽资源
N_k	时隙 k 中活跃的 DASH 客户端数量
π	单个时隙长度
R_i	DASH 客户端 i 的可选视频码率集合
$b_{i,k}$	时隙 k 开始时 DASH 客户端 i 所缓存的视频内容长度
$Q_{i,k}$	时隙 k 中 DASH 客户端 i 的视频码率对用户 QoE 的贡献
$S_{i,k}$	时隙 k 结束时 DASH 客户端 i 所缓存的视频内容长度
$\boldsymbol{r}_k$	时隙 k 中各 DASH 客户端的视频码率
$\boldsymbol{w}_k$	时隙 k 中各 DASH 客户端能够使用的带宽资源

根据第 2.1 节中的分析，为给所有 DASH 用户提供高 QoE 并维持良好的用户间公平性指标，将 JRA2 问题的目标函数定义为：

$$\min\ -\sum_{i=1}^{N_k}[A\cdot Q_{i,k}+B\cdot S_{i,k}]+C\cdot\text{std}(\boldsymbol{r}_k) \tag{2-1}$$

其中，$Q_{i,k}$ 表示时隙 k 中 DASH 客户端 i 的视频码率对用户 QoE 的贡献，$S_{i,k}$ 表示时隙 k 结束时 DASH 客户端 i 所缓存的视频内容长度（单位为 s），$\text{std}(\boldsymbol{r}_k)$ 表示时隙 k 中各 DASH 客户端的视频码率的标准差。目标函数中的 A、B 和 C 均为正实数，作为 DASH 客户端的视频码率、缓存的视频内容长度和各 DASH 客户端平均视频码率标准差的权重系数。

通常播放过程中的视频码率越高，用户所获 QoE 也越高，定义视频码率对用户 QoE 的贡献为：

$$Q_{i,k}=\ln(r_{i,k}+1) \tag{2-2}$$

其中，常数 1 为保证函数值大于零，即 $Q_{i,k} \in \mathbf{R}^{+}$。

在追求高视频码率的同时，DASH 用户也需要流畅无卡顿的播放体验，所以本章中使用 DASH 客户端所缓存的视频内容长度衡量这种流畅程度，其定义为：

$$S_{i,k} = b_{i,k+1} = b_{i,k} + \pi \cdot \left(\frac{w_{i,k}}{r_{i,k}} - 1 \right) \tag{2-3}$$

其中，$b_{i,k}$ 为时隙 k 开始时 DASH 客户端 i 所缓存的视频内容长度（单位为 s），π 为单个时隙长度。DASH 客户端所缓存的内容越多，其能够流畅播放的时间越长。由于需要维护 DASH 用户间良好的公平性，所以网络集中点使用平均视频码率的标准差对公平性进行度量，追求该标准差的值最小化。

该联合优化问题的约束包含以下 3 点。

首先，在时隙 k 中，所有 DASH 客户端能够使用的带宽资源总和不得超过 W_k，表示为：

$$\sum_{i} w_{i,k} \leqslant W_k \tag{2-4}$$

其次，所有 DASH 客户端选择的视频码率必须在其可选的视频码率集合中，表示为：

$$r_{i,k} \in R_i, \forall i = 1, \cdots, N_k \tag{2-5}$$

其中，R_i 为 DASH 客户端 i 的可选视频码率集合。

最后，DASH 客户端保证时隙 k 内的流畅播放所需的最低带宽资源，表示为：

$$w_{i,k} \geqslant \beta_{i,k}, \forall i = 1, \cdots, N_k \tag{2-6}$$

其中，$\beta_{i,k}$ 表示客户端 i 在时隙 k 中的视频码率为 $r_{i,k}$ 时，流畅播放所需的最低带宽要求，根据式（2-3）可得：

$$\beta_{i,k} = \max \left\{ 0, r_{i,k} \cdot \left(1 - \frac{b_{i,k}}{\pi} \right) \right\} \tag{2-7}$$

由 $\beta_{i,k}$ 的定义可知，若当前可用带宽资源不能支持所有 DASH 客户端以最低视频码率进行流畅播放时，该联合优化问题无解。此时网络集中点可以考虑的一种决策方案为，指定各 DASH 客户端为最低视频码率，同时根据这些码率按比例分配各 DASH 客户端所能使用的带宽资源。在本章后续的讨论中默认当前时隙的带宽资源足够，即联合优化问题有可行解。

2.3 联合优化问题求解

本节首先对 GBD 方法进行概述，然后基于 GBD 方法求解 JRA2 问题，为后续 FAIR-AREA 方案提供高质量样本数据集。

2.3.1 GBD 方法概述

GBD 方法所研究的混合整数非线性规划（MINLP）问题的定义为：

$$\min_{\{\boldsymbol{x},\boldsymbol{y}\}} f(\boldsymbol{x},\boldsymbol{y}) \tag{2-8}$$

约束为：

$$\boldsymbol{G}(\boldsymbol{x},\boldsymbol{y}) \leqslant 0 \tag{2-8a}$$

$$\boldsymbol{x} \in \mathcal{X} \tag{2-8b}$$

$$\boldsymbol{y} \in \mathcal{Y} \tag{2-8c}$$

其中，$f(\cdot,\cdot)$ 为目标函数。$\boldsymbol{x}$ 表示包含 n_1 个连续决策变量的向量；$\boldsymbol{y}$ 表示包含 n_2 个离散决策变量的向量；$\boldsymbol{G}(\cdot,\cdot)$ 表示定义在 $\mathcal{X}\times\mathcal{Y}\subseteq \mathbf{R}^{n_1}\times\mathbf{Z}^{n_2}$ 上的约束函数。

如式（2-8）描述的优化问题，在很多网络资源管控场景中均有体现，不仅可以描述本章关注的 DASH 业务中的 JRA2 问题，也可以描述第 3 章 MEC 中的用户任务卸载和服务器计算资源分配的联合优化问题，还可以描述本书没有探讨的很多场景中的优化问题，例如，无线网络中的用户关联和功率分配联合优化问题、无人机航迹规划与资源分配的联合优化问题等。

式（2-8）描述的优化问题的复杂度为 NP-hard，获取最优解需要大量的计算资源和时间开销。常用的 MINLP 问题的求解方法包括 GBD 方法和分支定界法（Branch and Bound Method）。GBD 方法相比后者在计算框架上更为简单，其主要思想为将 MINLP 问题分解为两个子问题：原始问题（Prime Problem）和主问题（Master Problem），通过迭代的方式求解这两个子问题直到收敛。为保证 GBD 方法的收敛性和全局最优性，式（2-8）描述的 MINLP 问题应满足在固定离散决策变量 $\boldsymbol{y}$ 时，原始问题对 $\boldsymbol{x}$ 是凸的，从而原始问题也为凸优化问题。

下面具体描述 GBD 方法一次迭代求解过程。在第 i 轮迭代中，首先固定离散决策变量 $\boldsymbol{y}$ 的值为 $\boldsymbol{y}^{i-1}$（迭代第一轮的值定义为 $\boldsymbol{y}^0$），此时原始问题的目标为求解最优 $\boldsymbol{x}$，具体表示为：

$$\min_{\boldsymbol{x}\in\mathcal{X}} f(\boldsymbol{x},\boldsymbol{y}^{i-1}) \tag{2-9}$$

约束为：

$$G(x, y^{i-1}) \leqslant 0 \tag{2-9a}$$

如果当前原始问题有可行解，令最优解为 x^i，同时将当前迭代轮数 i 加入"可解的原始问题序号集合" $\mathcal{F}$ 中。此时 $f(x^i, y^{i-1})$ 为式（2-8）所代表的原 MINLP 问题的一个上界。由于原始问题是凸优化问题，对其求解可得对应式（2-9a）中约束的最优拉格朗日乘子向量（Optimal Lagrange Multiplier Vector）μ^i。此时的拉格朗日方程可写为：

$$\mathcal{L}(x^i, y, \mu^i) = f(x^i, y) + (\mu^i)^{\mathrm{T}} G(x^i, y) \tag{2-10}$$

如果在第 i 轮迭代中原始问题没有可行解，则将当前迭代轮数 i 加入"不可解的原始问题序号集合" $\mathcal{I}$ 中，同时构造以下优化问题：

$$\min_{\{x,\alpha\}} \alpha \tag{2-11}$$

约束为：

$$G(x, y^{i-1}) \leqslant \alpha \tag{2-11a}$$

$$x \in \mathcal{X} \tag{2-11b}$$

$$\alpha \geqslant 0 \tag{2-11c}$$

称该优化问题为"可行性检查问题"。求解该优化问题可得对应式（2-11a）约束的拉格朗日乘子向量 λ^i。此时对应无可行解的原始问题的拉格朗日方程可写为：

$$\bar{\mathcal{L}}(x^i, y, \lambda^i) = (\lambda^i)^{\mathrm{T}} \left(G(x^i, y) - \alpha \right) \tag{2-12}$$

设置迭代轮数 $i = 0$、最大迭代轮数 M、误差 $\varDelta$、初始值 y^i、表示上界的变量 $\mathrm{UBD}^i = \infty$、表示下界的变量 $\mathrm{LBD}^i = -\infty$。

基于对原始问题在有无可行解两种情况下的拉格朗日方程的描述，GBD 方法中的主问题定义为：

$$\min_{\{y,\eta\}} \eta \tag{2-13}$$

约束为：

$$y \in \mathcal{Y} \tag{2-13a}$$

$$\eta \geqslant \mathcal{L}(x^j, y, \mu^j), \forall j \in \mathcal{F}, \mu^j \geqslant 0 \tag{2-13b}$$

$$0 \geqslant \bar{\mathcal{L}}(x^j, y, \lambda^j), \forall j \in \mathcal{I} \tag{2-13c}$$

其中，式（2-13b）表示的约束称为最优割（Optimality Cut），式（2-13c）表示的约束称为可行割（Feasibility Cut）。同时式（2-13）表示的主问题为 MINLP 问题，求解方法取决于具体的问题形式。对主问题的求解可以得到原 MINLP 问题的一个下界η^*。主问题的解$\boldsymbol{y}^i$用来构造下一轮迭代中的原始问题。综上，GBD 方法的求解流程如算法 2-1 所示。

算法 2-1 GBD 方法的求解流程

1. 设置迭代轮数$i=0$；
2. 设置最大迭代轮数M；
3. 设置误差Δ；
4. 设置初始值$\boldsymbol{y}^i$；
5. 设置表示上界的变量$\text{UBD}^i=\infty$；
6. 设置表示下界的变量$\text{LBD}^i=-\infty$；
7. While$|(\text{UBD}^i-\text{LBD}^i)/\text{LBD}^i|>\Delta$并且$i<M$ do
8. 　　$i=i+1$；
9. 　　$\boldsymbol{y}=\boldsymbol{y}^{i-1}$；
10. 　　构造式（2-9）所示的原始问题；
11. 　　if 原始问题有可行解 then
12. 　　　　求得最优解$\boldsymbol{x}^i$；
13. 　　　　计算$\mathcal{L}(\boldsymbol{x}^i,\boldsymbol{y},\boldsymbol{\mu}^i)$，获取最优割$C^i$；
14. 　　　　$\text{UBD}^i=\min\left(\text{UBD}^{i-1},f(\boldsymbol{x}^i,\boldsymbol{y}^{i-1})\right)$；
15. 　　else
16. 　　　　求解式（2-11）定义的可行性检查问题；
17. 　　　　计算$\overline{\mathcal{L}}(\boldsymbol{x}^i,\boldsymbol{y},\boldsymbol{\lambda}^i)$，获取可行割$C^i$；
18. 　　end
19. 　　将C^i加入式（2-13）定义的主问题中；
20. 　　求解主问题得到η^*和$\boldsymbol{y}^i$；
21. 　　$\text{LBD}^i=\eta^*$；
22. end

2.3.2 基于 GBD 方法的 JRA2 问题求解方案

在时隙k开始时，固定各 DASH 客户端的视频码率$\boldsymbol{r}_k$，JRA2 问题退化为关于各 DASH 客户端可用带宽资源$\boldsymbol{w}_k$的凸优化问题，也即 GBD 方法中的原始问题，表示为：

$$\min -\sum_i S_{i,k} \tag{2-14}$$

约束为：

$$\beta_{i,k} - w_{i,k} < 0, \forall i = 1, \cdots, N_k \tag{2-14a}$$

$$\sum_i w_{i,k} - W_k \leqslant 0 \tag{2-14b}$$

求解该原始问题可得当前最优目标值 ϕ 和当前最优拉格朗日乘子向量 $\boldsymbol{u}^p$，其中 p 表示迭代轮数，从而构成 JRA2 问题的最优割。

JRA2 问题在 GBD 方法中对应的主问题构造如下：

$$\min_r \eta \tag{2-15}$$

约束为：

$$\mathcal{L}(\boldsymbol{w}, \boldsymbol{r}, \boldsymbol{u}^i) \leqslant \eta, \forall i = 1, 2, \cdots, p \tag{2-15a}$$

$$\bar{\mathcal{L}}(\boldsymbol{w}, \boldsymbol{r}, \boldsymbol{\lambda}^j) \leqslant 0, \forall j = 1, 2, \cdots, q \tag{2-15b}$$

其中，$\mathcal{L}$ 表示最优割，$\bar{\mathcal{L}}$ 表示可行割。

$$\mathcal{L}(\boldsymbol{w}, \boldsymbol{r}, \boldsymbol{u}^i) = \inf_w \left\{ -\sum_i \left[A \cdot Q_{i,k} + B \cdot S_{i,k} + C \cdot \mathrm{std}(\boldsymbol{r}) \right] + \boldsymbol{u}^i g(\boldsymbol{r}, \boldsymbol{w}) \right\} \tag{2-16}$$

$$\bar{\mathcal{L}}(\boldsymbol{w}, \boldsymbol{r}, \boldsymbol{\lambda}^j) = \inf_w \left\{ \boldsymbol{\lambda}^j \cdot g(\boldsymbol{r}, \boldsymbol{w}) \right\} \tag{2-17}$$

$$g(\boldsymbol{r}, \boldsymbol{w}) = \sum_i (\beta_{i,k} - w_{i,k}) + \left(\sum_i w_{i,k} - W \right) \tag{2-18}$$

同时可以通过以下分析简化 JRA2 问题中主问题的计算：

$$\bar{\mathcal{L}}(\boldsymbol{w}, \boldsymbol{r}, \boldsymbol{\lambda}^j) \leqslant 0 \Leftrightarrow \inf_w \left\{ \sum_i \left(-\lambda_i^j w_{i,k} + \lambda_{N_k+1}^j w_{i,k} \right) \right\} \leqslant \sum_i (-\lambda_i^j \beta_{i,k} + \lambda_{N_k+1}^j W) \tag{2-19}$$

令不等式左侧为 Λ，计算可得 $w_{i,k}$ 的导数为 $\left(\lambda_{N_k+1}^j - \lambda_i^j\right)$。在给定视频码率向量 $\boldsymbol{r}$ 的情况下，如果 $\lambda_{N_k+1}^j \geqslant \lambda_i^j$，则 Λ 的值在 $w_{i,k} = 0$ 处取得；其余情况 Λ 的值在 $w_{i,k} = W_k$ 处取得。在给定 $\boldsymbol{r}$ 的情况下，式（2-16）中 $Q_{i,k}$ 和式（2-18）中 $\beta_{i,k}$ 都是常数，从而有：

$$\mathcal{L}(\boldsymbol{w}, \boldsymbol{r}, \boldsymbol{u}^i) \Rightarrow \inf_w \left\{ -\sum_i \left(\frac{\pi w_{i,k}}{r_{i,k}} - u_i w_{i,k} + u_{N_k+1} w_{i,k} \right) \right\} \tag{2-20}$$

其中，$\boldsymbol{w}$ 的导数为：

$$\frac{\pi}{r_{i,k}} - u_i + u_{N_k+1}, \forall i = 1, \cdots, N_k \tag{2-21}$$

当 $\boldsymbol{r}_k$ 给定时，为求得式(2-16)的极小值 η^*，当 $\frac{\pi}{r_{i,k}} - u_i + u_{N_k+1} \leqslant 0$ 时，$w_{i,k} = W$，否则 $w_{i,k} = 0$。其中 u_i 表示 u 中的第 i 个元素。

JRA2 问题在 GBD 方法中对应的可行性检查问题构造如下：

$$\min_{w,\alpha} \alpha \tag{2-22}$$

约束为：

$$g(\boldsymbol{r}, \boldsymbol{w}) - \alpha \cdot I \leqslant 0 \tag{2-22a}$$

通过 KKT（Karush-Kuhn-Tucker）条件可求得解 (λ^q, α)，从而构成 JRA2 问题的可行割。综合上述分析，使用 GBD 方法求解 JRA2 问题的流程如算法 2-2 所示。

算法 2-2 GBD 方法求解 JRA2 问题的流程（即 JRA2 算法）

输入： 各 DASH 客户端可选视频码率集合 R_i、能够使用的总带宽资源 W_k

输出： 各 DASH 客户端视频码率 $\boldsymbol{r}_k$、能够使用的带宽资源 $\boldsymbol{w}_k$

1. 设置迭代轮数 $j = 0$；
2. 设置 $p = 1$、$q = 0$；
3. 设置最大迭代轮数 M；
4. 设置误差 Δ；
5. 设置由各 DASH 客户端的最低视频码率构成的初始值 $\boldsymbol{r}^j$ 和最低带宽构成的初始值 $\boldsymbol{w}^j$；
6. 设置表示上界的变量 $\text{UBD}^j = \infty$；
7. 设置表示下界的变量 $\text{LBD}^j = -\infty$；
8. While $|(\text{UBD}^j - \text{LBD}^j) / \text{LBD}^j| > \Delta$ 并且 $j < M$ do
9. $j = j + 1$；
10. $\boldsymbol{r}_k = \boldsymbol{r}^{j-1}$，$\boldsymbol{w}_k = \boldsymbol{w}^{j-1}$；
11.   构造如式（2-14）所示的原始问题；
12.   if 原始问题有可行解 then
13.   求得最优解 $\boldsymbol{w}^j$，目标函数值 ϕ 和拉格朗日乘子向量 $\boldsymbol{u}^p$；
14.   计算 $\mathcal{L}\left(\boldsymbol{w}^j, \boldsymbol{r}_k, \boldsymbol{u}^p\right)$；
15. $p = p + 1$；
16. $\text{UBD}^j = \min(\text{UBD}^{j-1}, \phi)$；
17.   else
18.   求解式（2-22）定义的可行性检查问题；

19. 　　　　计算 $\overline{\mathcal{L}}\left(\boldsymbol{w}^{j},\boldsymbol{r}_{k},\lambda^{q}\right)$；
20. 　　　　$q=q+1$；
21. 　　　end
22. 　　　求解式（2-15）对应的主问题，得到 η^{*} 和 $\boldsymbol{r}^{j}$；
23. 　　　$\mathrm{LBD}^{j}=\eta^{*}$；
24. end

2.4　FAIR-AREA 方案

本节在简单概述基于深度学习的监督学习后，介绍了 FAIR-AREA 方案深度神经网络设计及可行性保证算法，最后给出了该方案的执行流程。

2.4.1　基于深度学习的监督学习概述

本节对发展复杂优化问题的快速求解方法所涉及的两个基本概念（监督学习和深度神经网络）进行概述。

监督学习（Supervised Learning）是一种机器学习（Machine Learning，ML）方法[14]，基本思想是给定一组输入 $\boldsymbol{x}$ 和输出 $\boldsymbol{y}$ 的样本数据集，学习如何关联输入和输出。这种关联可以表现为一个连续的值（回归问题），或是对输入进行归类（分类问题）。常见的监督学习方法包括支持向量机、线性回归、决策树以及基于神经网络等方法。

人工神经网络（Artificial Neural Network，ANN）是一种受生物学中的神经网络（Neural Network，NN）启发而来的计算机科学中的数据处理系统，包括前馈多层感知机（前馈神经网络）、循环神经网络、卷积神经网络和图神经网络等形式。本章主要使用的深度神经网络（Deep Neural Network，DNN）为一种多层感知机（Multilayer Perceptron，MLP），基本结构包含 3 层节点（也称神经元）：输入层、隐藏层和输出层。所有节点可由参数 $\boldsymbol{w}$、$\boldsymbol{b}$ 进行描述，由于各层节点为全连接结构，其接收前一层神经元的输入 $\boldsymbol{x}$，输出可表示为 $\boldsymbol{w}^{\mathrm{T}}\boldsymbol{x}+\boldsymbol{b}$。除了输入层节点，其他节点都由一个非线性函数进行激活（使用线性激活函数会使 MLP 退化为单层感知机）。激活函数一般选用可微的非线性函数，如双曲正切函数 $\tanh$、逻辑函数（Logistic Function）$(1+\mathrm{e}^{-x})^{-1}$、线性整流函数（Rectified Linear Unit，ReLU）$\max(0,x)$ 和 Softmax 函数等。Softmax 函数定义如下：

$$\mathrm{Softmax}(x)_{i}=\frac{\exp(x_{i})}{\sum_{j}\exp(x_{j})} \tag{2-23}$$

式（2-23）表示对输入 $\boldsymbol{x}$ 进行指数化和归一化变换，得到对多个可能取值（分类）的离散型随机变量的分布。

训练 DNN 的常用方法为反向传播（Back Propagation，BP）算法，同时结合随机梯度下降（Stochastic Gradient Descent，SGD）等优化算法。实践中常用的优化算法有 RSMProp、AdaGrad 和 Adam 等。将 DNN 的输出看作定义在数据集输入上的一个分布 $p(y|x;\theta)$，其中 θ 表示 DNN 所有节点的参数集合。根据最大似然原理，优化算法的目标为最小化损失函数，一般使用训练数据和神经网络预测之间的交叉熵（Cross Entropy），定义为：

$$J(\theta) = -\mathbb{E}_{x,y\sim\hat{p}_{\text{data}}} \log p(y \mid x;\theta) \tag{2-24}$$

其中，$\hat{p}_{\text{data}}$ 表示样本数据集上的分布。

为避免 DNN 出现过拟合导致的泛化性能下降（即 DNN 的性能在训练数据集上表现良好，在新数据集上性能较差），一般在损失函数中添加对于 DNN 参数的范数惩罚，通常被称为权重衰减（Weight Decay）。实践中使用 L_2 范数进行惩罚，定义为：

$$\Omega(\theta) = \frac{1}{2} \| w \|_2^2 \tag{2-25}$$

这种惩罚使 DNN 的参数更接近原点。

2.4.2 FAIR-AREA 方案的深度神经网络设计

回顾第 2.3 节中 JRA2 问题在 GBD 方法中的原始问题，即在固定各 DASH 客户端的视频码率 $\boldsymbol{r}$ 时，JRA2 问题退化为如式（2-14）所示的关于各 DASH 客户端能够使用的带宽资源 $\boldsymbol{w}$ 的线性规划问题。由于线性规划问题有多项式解法，所以快速求解 JRA2 问题的难点在于如何快速得到离散决策变量 $\boldsymbol{r}$ 的解。FAIR-AREA 方案核心也在于此，即通过将 $\boldsymbol{r}$ 的求解转化为多个多分类问题的组合，利用 DNN 能够快速进行推理过程的特点，达到对 $\boldsymbol{r}$ 进行快速决策的目标，从而实现对 JRA2 问题的快速求解。

FAIR-AREA 方案中深度神经网络结构如图 2-2 所示，主要包括输入层、隐藏层和输出层，具体如下。

（1）输入层：深度神经网络能够处理的最大 DASH 客户端数目为 N，各 DASH 客户端的应用层信息表示为二元组 (b_i, s_i)。b_i 为 DASH 客户端 i 所缓存的视频内容长度（单位为 s），s_i 为 DASH 客户端 i 在当前时隙开始时的播放状态。s_i 是一个布尔变量，$s_i = 1$ 代表 DASH 客户端 i 正在服务中，需要为其选取合适的视频码率；$s_i = 0$ 代表当前无须为 DASH 客户端 i 选取视频码率。

在 DASH 客户端工作过程中，$b_i = 0$ 可能表示以下 3 种情况之一：DASH 视频流 i 遇到了播放卡顿事件；DASH 视频流 i 是系统中的一条新流；DASH 视频流 i 已结束播放，离开系统。在前两种情况下，应设置 $s_i = 1$，第三种情况下，应设置 $s_i = 0$。除各 DASH 客户端状态，DNN 还需要考虑当前各 DASH 客户端能够使用的总带宽资源 W，所以输入层神经元数量为 $2N+1$。

（2）隐藏层：包含多层神经元，每层之间以全连接方式进行连接。隐藏层中的神经元都使用 ReLU 函数进行激活。

（3）输出层：对应系统能够处理的最大 DASH 客户端数目 N，神经网络的输出层设计为由 N 个输出单元组成。考虑 $s_i = 0$ 的情况，即如果 DASH 客户端 i 无须为其分配视频码率，则需要增加一项表示“无码率”的视频码率选项，从而设计每个输出单元包含的神经元数目为 $\max_i |R_i| + 1$。其中 $\max_i |R_i|$ 为式（2-5）定义的各 DASH 客户端最大可选视频码率集合的大小。每个输出单元均接收隐藏层的输出，经过 Softmax 函数激活，生成 DASH 客户端可选视频码率概率分布。然后选择每个概率分布中对应概率值最大的视频码率作为对应 DASH 客户端的视频码率决策结果，记该视频码率向量为 $\boldsymbol{r}_0$。例如，假设 DASH 客户端 i 的可选视频码率集合 R_i 为 $\{350, 700, 1\,000, 1\,500, 2\,500\}$ kbit/s，Softmax 函数生成的概率分布为 $\{0.05, 0.1, 0.2, 0.6, 0.05\}$，则应选择的视频码率为 1 500 kbit/s。

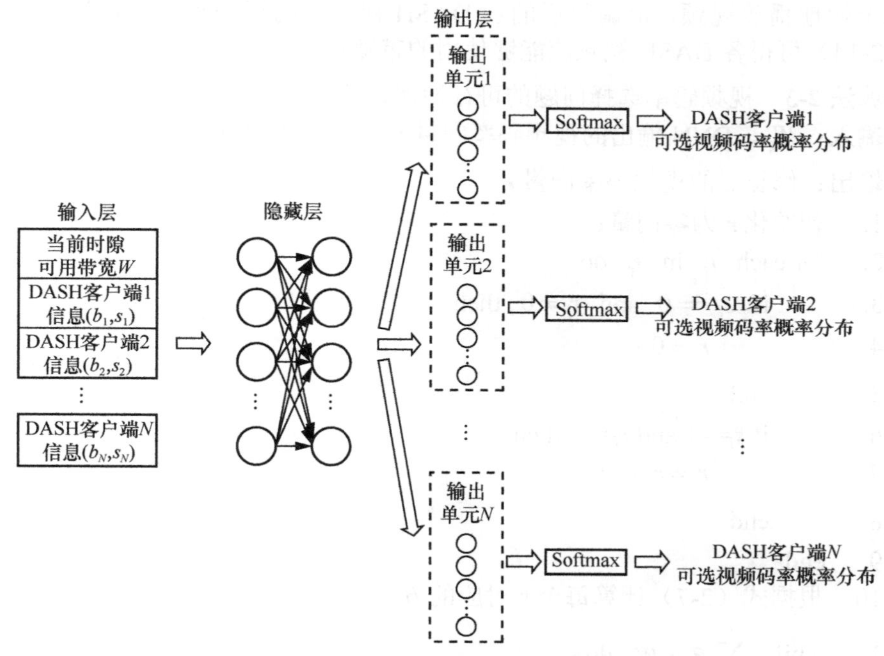

图 2-2　FAIR-AREA 方案中深度神经网络结构

2.4.3 可行性保证算法

深度神经网络不能保证$\boldsymbol{r}_0$是式（2-14）所示带宽分配问题的可行解，表现为以下 3 种情况：DASH 客户端i表征播放状态的布尔变量$s_i=1$，但是视频码率被 DNN 错误地指定为“无码率”；DASH 客户端i表征播放状态的布尔变量$s_i=0$，但是视频码率被 DNN 错误地指定为某个可用码率；DNN 指定的某个 DASH 客户端的视频码率过高，以至于没有足够的带宽资源，能够保证按照当前视频码率向量$\boldsymbol{r}_0$在本时隙无卡顿地播放。从而需要设计一个对$\boldsymbol{r}_0$进行修正的“可行性保证算法”。

视频码率选择问题的可行性保证算法如算法 2-3 所示。算法中R_i表示 DASH 客户端i的可选视频码率集合，r_i^1表示该视频码率集合中的最小视频码率，$r_i^{\max}$表示该视频码率集合中的最大视频码率，0 表示“无码率”。在算法 2-3 第 1 行到第 9 行中，所有$s_i=0$的 DASH 视频流被指定为“无码率”，所有$s_i=1$但被 DNN 误分配“无码率”的 DASH 视频流，被重新分配了其可选视频码率集合中的最小视频码率。在第 10 行到第 15 行中，如果没有足够的带宽资源保证各 DASH 视频流能够以当前视频码率无卡顿地播放，则$\boldsymbol{r}_0$中最大的视频码率会被降低为其视频码率集合中下一个数值更小的视频码率（但不能低于最小视频码率），直到带宽资源足够。重复这种调整直到当前时隙的带宽资源W_k能够保证各 DASH 视频流能够无卡顿地播放视频，记调整后的各 DASH 视频流的视频码率向量为$\boldsymbol{r}$。根据式（2-14）可得各 DASH 视频流能够使用的带宽资源$\boldsymbol{w}_k$。

算法 2-3 视频码率选择问题的可行性保证算法

输入：W_k、DNN 输出的视频码率向量$\boldsymbol{r}_0$、$R_i \doteq \{0, r_i^1, r_i^2, \cdots, r_i^{\max}\}$

输出：修正后的视频码率向量$\boldsymbol{r}$

1. 初始化$\boldsymbol{r}$为零向量；
2. for each r_i in $\boldsymbol{r}_0$ do
3.   if $s_i == 0$ and $r_i \neq 0$ then
4. $r_i = 0$;
5.   end
6.   if s_i==1 and r_i==0 then
7. $r_i = r_i^1$;
8.   end
9. end
10. 根据式（2-7）计算每个r_i对应的β_i；
11. while $\sum_1^N \beta_i > W$ do

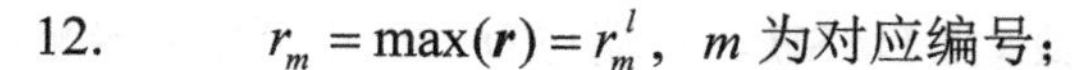

12. 　　$r_m = \max(\boldsymbol{r}) = r_m^l$，$m$ 为对应编号；
13. 　　$r_m = \max\{r_m^{l-1}, r_m^1\}$；
14. 　　更新 β_m；
15. end

2.4.4　FAIR-AREA 方案执行流程

FAIR-AREA 方案执行流程如图 2-3 所示，FAIR-AREA 方案处理一个 DASH 客户端视频码率调整和带宽资源分配联合优化问题实例的流程如下。

（1）从联合优化问题的实例中提取 DNN 输入所需的特征向量。

（2）通过 DNN 处理这些特征向量以生成每个 DASH 客户端在当前时隙可选视频码率的概率分布。将这些分布中具有最大概率值的视频码率指定为对应的 DASH 客户端当前时隙的视频码率，得到视频码率向量 $\boldsymbol{r}_0$。

（3）运行算法 2-3 所示的可行性保证算法对 $\boldsymbol{r}_0$ 进行修正，得到 $\boldsymbol{r}$。

（4）基于 $\boldsymbol{r}$ 求解式（2-14）所描述的带宽资源分配问题，得到各 DASH 客户端在当前时隙能够使用的带宽资源 $\boldsymbol{w}_k$。

（5）至此，$\boldsymbol{r}$ 与 $\boldsymbol{w}_k$ 即为该联合优化问题实例的解。

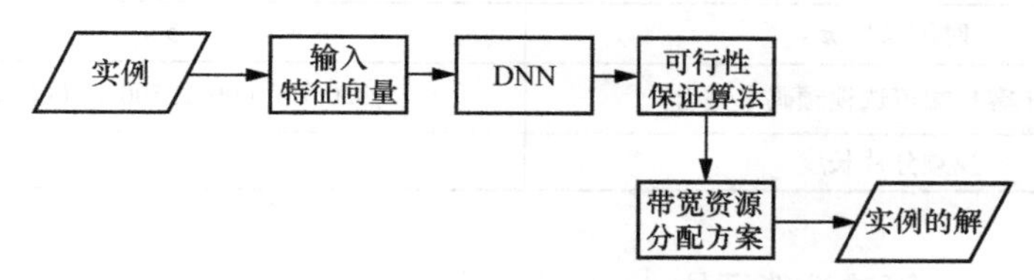

图 2-3　FAIR-AREA 方案执行流程

2.5　FAIR-AREA 方案性能评估

本节首先介绍性能评估所使用的仿真环境设置，然后分别对 JAR2 算法和 FAIR-AREA 方案的性能进行评估。

2.5.1　仿真环境设置

为验证 JRA2 算法和 FAIR-AREA 方案的性能，使用 ns-3 搭建了 DASH 业务仿真环境，如图 2-4 所示，同时对开源的 DASH 模块进行修改，增加了 DASH 客户端（应用实体）向网关处的资源管控软件（网络集中点）发送应用层信息的功能。DASH 客户端与网关设备间的带宽设置为 100 Mbit/s，链路时延设置为 10 ms。网关与 DASH 视频服务器之间的瓶颈链路的链路时延设置为 10 ms，带宽设置在后续具体实验中介绍。仿真环境参数（如 DASH 客户端与 DASH 视频服务器配置参数等）设置如表 2-2 所示。本节中选取常用的 DASH 客户端视频码率自适应算法，包括 OSMF[2]、BBA[8]、AAASH[15]、FDASH[16]、RAAHS[17]和 SFTM[18]作为对比算法。在 JRA2 算法和 FAIR-AREA 方案中，网关处的资源管控软件每个时隙（长度 $\pi = 5$ s）进行一次联合优化问题的求解。

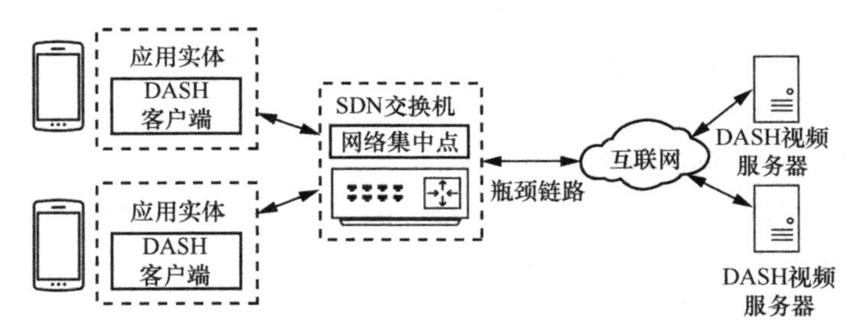

图 2-4　DASH 业务仿真环境

表 2-2　DASH 仿真环境参数设置

参数名称	参数值
DASH 客户端请求视频长度	120 s
时隙长度 π	5 s
DASH 客户端可选视频码率集合	$\{350, 700, 1\,000, 1\,500, 2\,500\}$ kbit/s
视频分片长度	2 s

2.5.2　JRA2 算法性能评估

本节的实验中设置同时播放的 DASH 客户端数量 $N = 5$。关注 JRA2 算法在不同瓶颈链路带宽设置情形下的性能，分别如下。

（1）$W = 2.5$ Mbit/s，此时瓶颈链路仅能支持所有 DASH 客户端同时以最低视频码率（350 kbit/s）进行流畅播放。

（2）$W = 5$ Mbit/s，此时瓶颈链路能够支持所有 DASH 客户端同时以中等视频码率（1 000 kbit/s）进行流畅播放。

（3）$W = 10$ Mbit/s，此时瓶颈链路能够支持所有 DASH 客户端同时以较高视频码率（1500 kbit/s）进行流畅播放。

同时在 OSMF 和 BBA 这两个对比算法的基础上，增加 OSMF-F 和 BBA-F 对这两个经典算法的改进版本。改进之处在于网络集中点为所有 DASH 客户端均分当前所有可用带宽。根据文献[12]中的分析，在各 DASH 客户端均分当前所有可用带宽的情况下，DASH 客户端的自适应算法可以收敛到某个均衡点，各 DASH 客户端从而保持平稳播放。

实验中设置 JRA2 算法目标函数中权重为 A=200、B=1、C=150。在 3 种瓶颈链路带宽情况下均进行了 20 次实验，各算法的性能表现如图 2-5 所示，JRA2 算法具有最高的平均视频码率和最低的平均视频内容缓存长度，说明同其他算法相比，JRA2 算法能够更充分地利用网络资源以提升用户的 QoE。

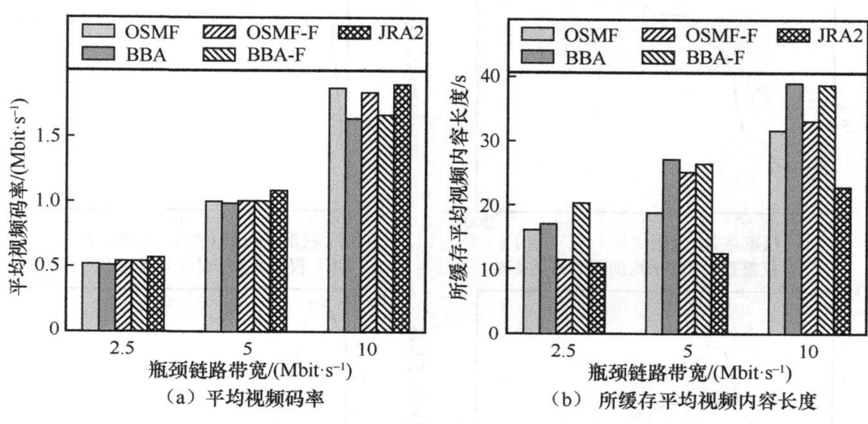

（a）平均视频码率　　（b）所缓存平均视频内容长度

图 2-5　3 种瓶颈链路带宽情况下各算法的性能表现

不同算法的平均卡顿次数对比如表 2-3 所示，即使在 $W = 2.5$ Mbit/s（即带宽资源不足）的情况下，JRA2 算法仍能保证播放过程无卡顿。OSMF-F、BBA-F 与 OSMF、BBA 相比平均卡顿次数显著降低，说明即使在网关处简单地对每个 DASH 客户端均分当前所有可用带宽，都可以大幅提升播放体验，也说明了仅依靠 DASH 客户端的视频码率自适应算法对用户 QoE 的提升有限，需要网络层在带宽资源的分配上进行协同配合。

表 2-3　不同算法的平均卡顿次数对比

算法	平均卡顿次数	
	W=2.5 Mbit/s	W=5 Mbit/s
OSMF	17.1	8
BBA	65.1	17.5
OSMF-F	9.2	0
BBA-F	0	0
JRA2	0	0

下面继续考察 JRA2 算法的目标函数中各部分权重值对算法性能的影响，如图 2-6 所示，首先固定 $B=1$、$C=150$，当 $A<110$ 时，平均视频码率逐渐上升，用户间公平性指标先下降再上升；当 $A\geqslant 110$ 时，用户间公平性指标和平均视频码率保持稳定。固定 A=200、B=1，当 C>50，平均视频码率保持稳定；C<100 时，用户间公平性指标先下降再上升，$C\geqslant 100$ 时保持稳定。由此可以观察到，联合

优化问题对目标函数各部分权重值敏感，在实际部署中，需要网络管理员根据实际情况进行设置。

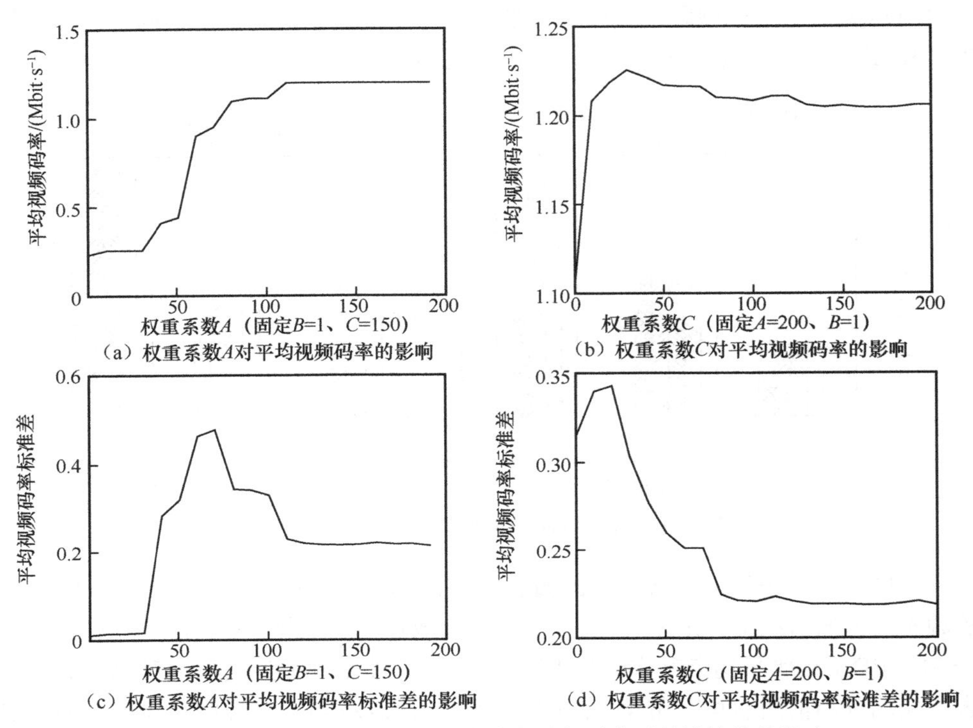

（a）权重系数A对平均视频码率的影响
（b）权重系数C对平均视频码率的影响
（c）权重系数A对平均视频码率标准差的影响
（d）权重系数C对平均视频码率标准差的影响

图 2-6　JRA2 算法的目标函数中各部分权重值对算法性能的影响

2.5.3　FAIR-AREA 方案性能测试

本节首先介绍 FAIR-AREA 方案的数据集准备以及深度神经网络的训练过程，然后展示评估结果，并对结果进行分析。

1. 数据集准备与训练深度神经网络

基于 JRA2 算法，在 4 种目标函数权重参数 (A,B,C) 的配置下，即 (400,1,0)、(400,1,150)、(600,1,0)、(600,1,150)，利用图 2-4 所示仿真实验环境，各进行 100 轮仿真并收集 1×10^4 个（JRA2 问题实例，最优解）二元组，共构成 4 个样本数据集，并称对应这 4 种目标函数权重参数配置的数据集为数据集 1、数据集 2、数据集 3 和数据集 4。每轮仿真中 DASH 客户端的数量 N 均为 10，瓶颈链路的带宽 W 设置为[7.5,12.5] Mbit/s 之间的随机数。该区间中的带宽数值仅能支持所有 DASH 客户端以低至中等码率流畅播放，同时该设置便于在后续对 FAIR-AREA 方案的泛化性能进行评估。FAIR-AREA 方案中 DNN 的训练过程所使用的超参数如表 2-4 所示。

表 2-4　FAIR-AREA 方案中 DNN 的训练过程所使用的超参数

参数类型	参数值
输入层神经元数量	21 个
输出层神经元数量	60 个
隐藏层神经元数量	128 个 × 128 个
RMSprop 优化器学习率	1×10^{-3}
L_2 正则权重	1×10^{-3}

使用配置 Intel E5-2620 的 6 核 2.4 GHz CPU 的设备，JRA2 算法生成这 4 个数据集所花费的平均求解时间如表 2-5 所示。JRA2 算法求解一个 JRA2 问题实例需要花费数秒时间，与实验中一个时隙的长度（5 s）相当，这也反映了设计快速求解方案的必要性。每个数据集中 80%的二元组构成训练集，剩余 20%构成测试集。需要说明的是，在利用 JRA2 算法生成数据集时，当需要调用 JRA2 算法进行计算时，ns-3 的运行会被暂停，待 JRA2 算法求解结束之后继续运行，同时由于 GBD 方法的求解过程被证明能够收敛，故为了方便描述，后用“最优解”替代“JRA2 算法的解”。

表 2-5　JRA2 算法生成这 4 个数据集所花费的平均求解时间

数据集	平均求解时间/ms		
	W=5 Mbit/s	W=10 Mbit/s	W=15 Mbit/s
数据集 1	4 200	5 050	6 500
数据集 2	4 160	4 960	6 620
数据集 3	4 220	4 920	6 340
数据集 4	3 990	4 240	6 700

2. 实验结果及分析

性能评估中，首先在测试集上评估 FAIR-AREA 方案的性能，FAIR-AREA 方案所得 JRA2 问题的解与最优解性能比较如图 2-7 所示。在所有测试数据集上，就目标函数的值而言，FAIR-AREA 方案在 100%测试数据集上达到了 84%的最优解性能，并在超过 95%的测试数据集上达到了 90%的最优解性能。此外，当 C 增加时，即意味着 DASH 客户端之间的用户 QoE 指标权重更大时，FAIR-AREA 方案具有更好的性能。

将按照 FAIR-AREA 方案训练完成的神经网络利用 CPU 进行实现，该 CPU 与产生数据集时的 CPU 相同，FAIR-AREA 方案平均求解时间如表 2-6 所示。FAIR-AREA 方案求解 JRA2 问题的平均求解时间仅为 10 ms 左右，而如表 2-5 所示，JRA2 算法获得最优解需要数秒。这一快速求解的特性使 FAIR-AREA 方案能够部署在实际的网络环境中，同时得到近似最优解的视频码率分配和带宽资源分配方案。

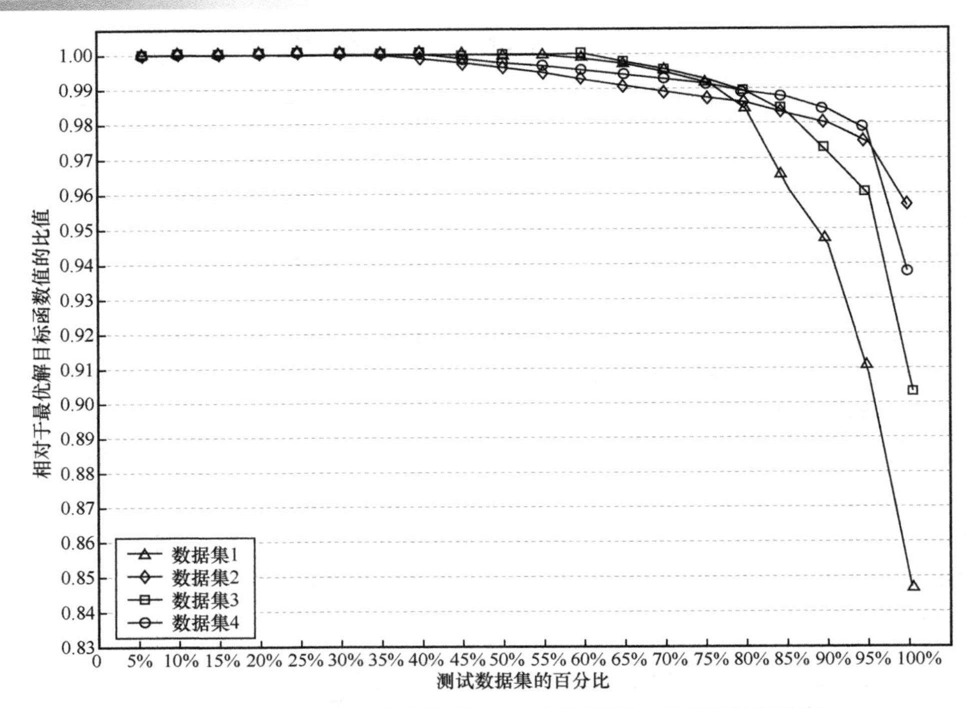

图 2-7 FAIR-AREA 方案所得 JRA2 问题的解与最优解性能比较

表 2-6 FAIR-AREA 方案平均求解时间

数据集	平均求解时间/ms		
	W=5 Mbit/s	W=10 Mbit/s	W=15 Mbit/s
数据集 1	11.3	10	9.4
数据集 2	11.2	10.2	9.8
数据集 3	12	10	10.6
数据集 4	11.1	9.8	9.4

最后在 ns-3 仿真环境下评估 FAIR-AREA 方案的性能。得益于 FAIR-AREA 方案能够快速地对 JRA2 问题进行求解，使用 ns-3 仿真时无须像生成数据集时暂停仿真软件的运行。下面设置了 3 种瓶颈链路带宽值，分别是 5 Mbit/s、10 Mbit/s 和 15 Mbit/s，其中 10 Mbit/s 处于训练 DNN 所使用数据集的带宽范围，即[7.5, 12.5] Mbit/s，5 Mbit/s 和 15 Mbit/s 这两种带宽设置超出了该范围的下界和上界，用以测试 FAIR-AREA 方案的泛化性能。

在评估中，对 OSMF 和 BBA 算法分别在 3 种网络环境中各进行 100 次仿真实验。JRA2 算法分别在 3 种网络环境和 4 个数据集对应的目标函数权重参数设置下，共进行了 12 组实验，每组实验同样运行 100 次。FAIR-AREA 方案在 4 个数据集下训练得到的 4 个 DNN，分别在 3 种网络环境中进行实验，各运行 100 次。

实验中考虑以下 4 个指标：所有 DASH 客户端播放卡顿持续时间的均值、所有 DASH 客户端平均视频码率、所有 DASH 客户端所缓存的平均视频内容长度以及各 DASH 客户端平均视频码率标准差。

所有 DASH 客户端播放卡顿持续时间的均值如表 2-7 所示。在网络资源不足（瓶颈链路带宽为 5 Mbit/s）的情况下，OSMF 和 BBA 算法都存在显著的播放卡顿情况，并且这两种自适应视频码率调整方案在瓶颈链路带宽资源相对充足的情况下仍会出现播放卡顿。JRA2 算法和 FAIR-AREA 方案在所有 12 种实验场景下均可以提供无卡顿的视频播放体验。

表 2-7　所有 DASH 客户端播放卡顿持续时间的均值

算法或方案	播放卡顿持续时间的均值/ms		
	W=5 Mbit/s	W=10 Mbit/s	W=15 Mbit/s
OSMF	156.96	42.43	24.47
BBA	180.69	32.61	30.1
AAASH	70.2	112	65.3
FDASH	0	0	0
RAAHS	148	0	0
SFTM	15.3	0	24.7
JRA2	0	0	0
FAIR-AREA	0	0	0

不同算法或方案 DASH 客户端平均视频码率、所缓存的平均视频内容长度、平均视频码率标准差分别如图 2-8～图 2-10 所示。

当瓶颈链路带宽为 10 Mbit/s 时，由于该带宽设置处于 FAIR-AREA 方案训练过程中所用数据集的带宽范围内，FAIR-AREA 方案在所有目标函数权重参数设置上的性能与 JRA2 算法几乎相同，说明了 FAIR-AREA 方案的有效性。JRA2 算法和 FAIR-AREA 方案均在避免播放卡顿的前提下，提供了高平均视频码率，并将所缓存的平均视频内容长度保持在较低水平，并且 FAIR-AREA 方案在所有平均视频码率的标准差上也呈现出与 JRA2 算法相似的公平性能。

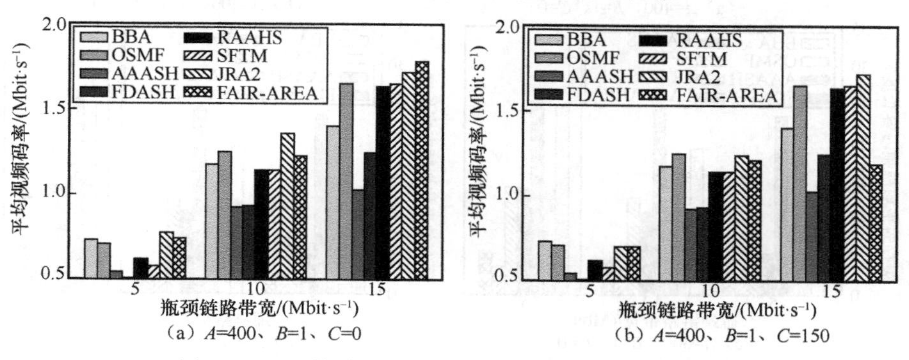

（a）A=400、B=1、C=0　　（b）A=400、B=1、C=150

图 2-8　不同算法或方案 DASH 客户端平均视频码率

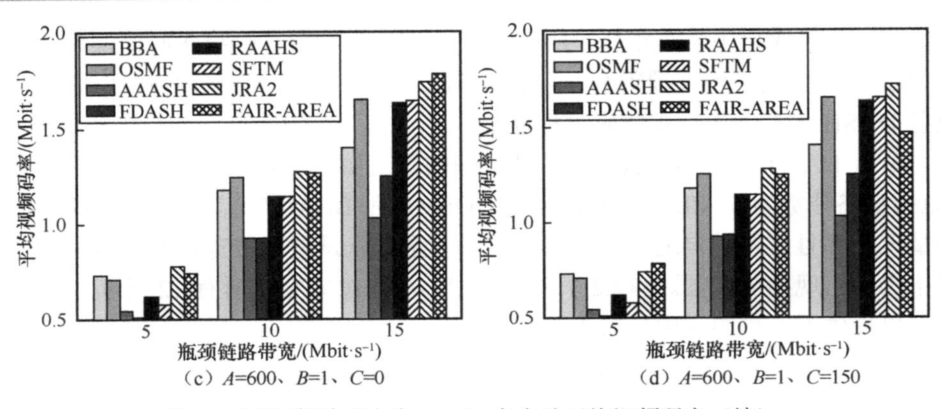

（c）A=600、B=1、C=0

（d）A=600、B=1、C=150

图 2-8　不同算法或方案 DASH 客户端平均视频码率（续）

当瓶颈链路带宽为 5 Mbit/s 时，虽然该带宽设置处于 FAIR-AREA 方案训练过程中所用数据集的带宽下界（7.5 Mbit/s）之外，但 FAIR-AREA 方案表现出良好的泛化性能，仍能获得与 JRA2 算法相似的效果。在避免播放卡顿的前提下，尽可能提供高平均视频码率并将 DASH 客户端所缓存的平均视频内容长度保持在较低水平，在平均视频码率标准差方面，当 A=400、B=1、C=0 时，FAIR-AREA 方案表现最佳，其余情况与 JRA2 算法类似。

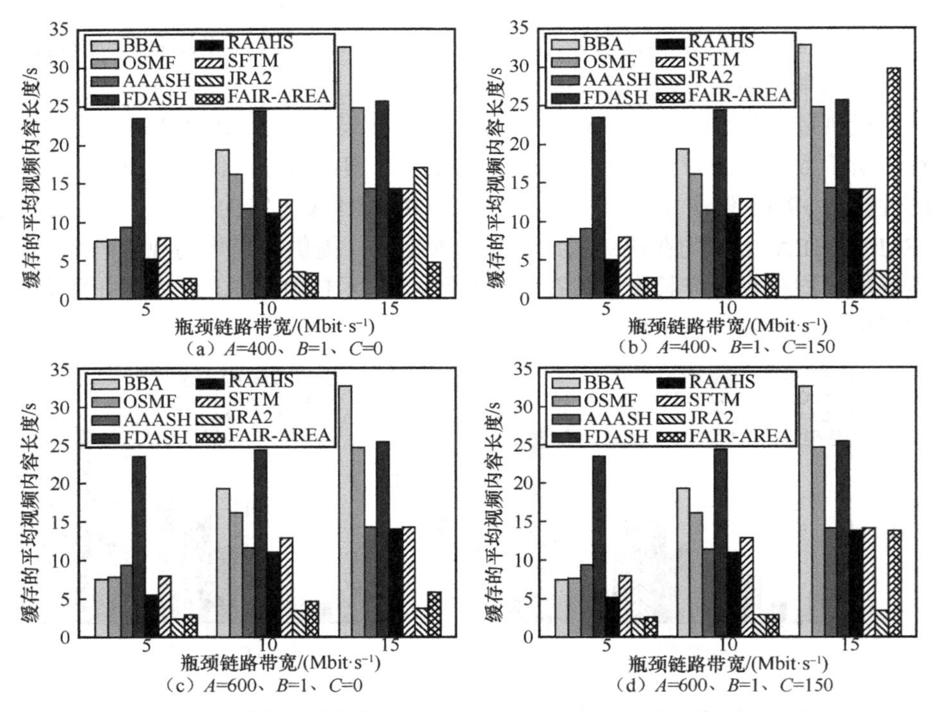

（a）A=400、B=1、C=0

（b）A=400、B=1、C=150

（c）A=600、B=1、C=0

（d）A=600、B=1、C=150

图 2-9　不同算法或方案 DASH 客户端所缓存的平均视频内容长度

当瓶颈链路带宽为 15 Mbit/s 时，该带宽设置处于 FAIR-AREA 方案训练过程中所用数据集的带宽上界（12.5 Mbit/s）之外。在目标函数中反映公平性指标权重的参数 $C=0$ 时，FAIR-AREA 方案表现出良好的泛化性能，为各 DASH 客户端提供了高平均视频码率并将 DASH 客户端所缓存的平均视频内容长度保持在较低水平。当目标函数中反映公平性指标权重的参数 $C=150$ 时，FAIR-AREA 方案倾向于选择相对较低的视频码率，DASH 客户端所缓存的平均视频内容长度较大，泛化性能一般，与两类自适应算法的性能类似。

与其他作为对比的算法相比，首先考察播放卡顿持续时间。能够实现无卡顿播放的对比算法仅有 FDASH 算法和较高带宽环境下的 RAAHS 算法。在瓶颈链路带宽低于训练过程中所用数据集的带宽上界时，这两个算法在平均视频码率上小于 FAIR-AREA 方案，在 DASH 客户端所缓存的平均视频内容长度大于 FAIR-AREA 方案，在 DASH 客户端平均视频码率的标准差方面弱于 FAIR-AREA 方案。而其他在平均视频码率方面较高的对比算法，则都出现了较为严重的视频卡顿现象。

实验结果表明，FAIR-AREA 方案具有与能够求得最优解的 JRA2 算法接近的性能，同时具有良好的泛化性能。在进行 FAIR-AREA 方案的训练时，所使用的数据集应尽可能覆盖高可用带宽资源的情况。

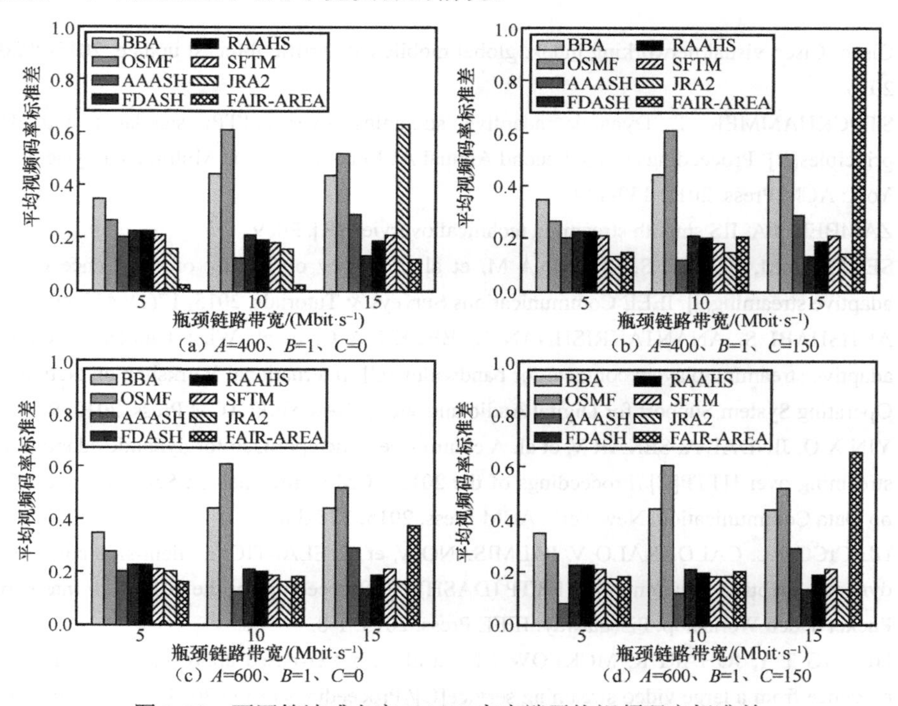

（a）A=400、B=1、C=0　（b）A=400、B=1、C=150

（c）A=600、B=1、C=0　（d）A=600、B=1、C=150

图 2-10　不同算法或方案 DASH 客户端平均视频码率标准差

2.6 本章小结

本章研究在 DASH 业务场景中，利用深度学习和监督学习框架，为应用层中的多 DASH 客户端的视频码率调整和网络层中的带宽资源分配联合优化问题提供快速求解的 FAIR-AREA 方案。首先，对该联合优化问题进行建模；然后，利用 GBD 方法求解该问题，为 FAIR-AREA 方案生成样本数据集。该方案使用 DNN 对优化问题中的整数决策变量（各 DASH 客户端的视频码率）进行快速求解；再次，利用优化工具求解优化问题中连续决策变量（各 DASH 客户端能够使用的带宽资源）。实验结果表明，FAIR-AREA 方案能够在毫秒级的时间内完成一次联合优化问题的求解，在提供高用户 QoE 的 DASH 服务的同时还能够维持良好的用户间公平性指标。在本章所探讨的问题中，原问题的输入可以直接对应神经网络的输入，这样的网络场景在管控方式设计上相对容易。在第 3 章将探讨两种无法简单直接对应，而需要进一步处理的情况。

参考文献

[1] Cisco. Cisco visual networking index: global mobile data traffic forecast update, 2015-2020[R]. 2016.

[2] STOCKHAMMER T. Dynamic adaptive streaming over HTTP: standards and design principles[C]//Proceedings of the Second Annual ACM conference on Multimedia Systems. New York: ACM Press, 2011: 133-144.

[3] ZAMBELLI A. IIS smooth streaming technical overview[R]. 2009.

[4] SEUFERT M, EGGER S, SLANINA M, et al. A survey on quality of experience of HTTP adaptive streaming[J]. IEEE Communications Surveys & Tutorials, 2015, 17(1): 469-492.

[5] AKHSHABI S, ANANTAKRISHNAN L, BEGEN A C, et al. What happens when HTTP adaptive streaming players compete for bandwidth?[C]//International Workshop on Network and Operating System Support for Digital Audio and Video. New York: ACM Press, 2012: 9-14.

[6] YIN X Q, JINDAL A, SEKAR V, et al. A control-theoretic approach for dynamic adaptive video streaming over HTTP[C]//Proceedings of the 2015 ACM Conference on Special Interest Group on Data Communication. New York: ACM Press, 2015: 325-338.

[7] DE CICCO L, CALDARALO V, PALMISANO V, et al. ELASTIC: a client-side controller for dynamic adaptive streaming over HTTP (DASH)[C]//Proceedings of the 2013 20th International Packet Video Workshop. Piscataway: IEEE Press, 2013: 1-8.

[8] HUANG T Y, JOHARI R, MCKEOWN N, et al. A buffer-based approach to rate adaptation: evidence from a large video streaming service[C]//Proceedings of the 2014 ACM Conference on

SIGCOMM. New York: ACM Press, 2014: 187-198.
[9] LIU L, ZHOU C, ZHANG X G, et al. A fairness-aware smooth rate adaptation approach for dynamic HTTP streaming[C]//Proceedings of the 2015 IEEE International Conference on Image Processing (ICIP). Piscataway: IEEE Press, 2015: 4501-4505.
[10] ZHANG S K, LI B, LI B C. Presto: towards fair and efficient HTTP adaptive streaming from multiple servers[C]//Proceedings of the 2015 IEEE International Conference on Communications (ICC). Piscataway: IEEE Press, 2015: 6849-6854.
[11] ZHAO M C, GONG X Y, LIANG J, et al. QoE-driven cross-layer optimization for wireless dynamic adaptive streaming of scalable videos over HTTP[J]. IEEE Transactions on Circuits and Systems for Video Technology, 2015, 25(3): 451-465.
[12] YIN X Q, BARTULOVIĆ M, SEKAR V, et al. On the efficiency and fairness of multiplayer HTTP-based adaptive video streaming[C]//Proceedings of the 2017 American Control Conference (ACC). Piscataway: IEEE Press, 2017: 4236-4241.
[13] JOSEPH V, BORST S, REIMAN M I. Optimal rate allocation for video streaming in wireless networks with user dynamics[J]. IEEE/ACM Transactions on Networking, 2016, 24(2): 820-835.
[14] RUSSELL S, NORVIG P. Artificial intelligence: a modern approach[M]. 3rd ed. Upper Saddle River: Prentice Hall Press, 2009.
[15] MILLER K, QUACCHIO E, GENNARI G, et al. Adaptation algorithm for adaptive streaming over HTTP[C]//Proceedings of the 2012 19th International Packet Video Workshop (PV). Piscataway: IEEE Press, 2012: 173-178.
[16] VERGADOS D J, MICHALAS A, SGORA A, et al. A fuzzy controller for rate adaptation in MPEG-DASH clients[C]//Proceedings of the 2014 IEEE 25th Annual International Symposium on Personal, Indoor, and Mobile Radio Communication (PIMRC). Piscataway: IEEE Press, 2014: 2008-2012.
[17] LIU C H, BOUAZIZI I, GABBOUJ M. Rate adaptation for adaptive HTTP streaming[C]//Proceedings of the Second Annual ACM Conference on Multimedia Systems. New York: ACM Press, 2011: 169-174.
[18] LIU C H, BOUAZIZI I, HANNUKSELA M M, et al. Rate adaptation for dynamic adaptive streaming over HTTP in content distribution network[J]. Image Communication, 2012, 27(4): 288-311.

第 3 章 MEC 中任务卸载和计算资源分配快速求解方案

基于 5G 技术和边缘网络设施的超密集部署，MEC 通过在网络边缘部署计算和存储资源，支持用户在网络边缘完成复杂计算任务，满足更多时延敏感型业务的需求。当前的 MEC 研究工作缺乏联合考虑任务卸载策略、计算资源分配策略和适配多服务器场景这 3 个关键因素。本章继续采用基于深度学习的监督学习方案，研究 MEC 场景中任务卸载和计算资源分配联合优化问题的快速求解方案。第 3.1 节首先对 MEC 这一新兴网络架构进行介绍，然后概述 MEC 中涉及任务卸载和计算资源分配的已有研究工作，最后概述本章设计的两种快速求解方案。

第一个为 MEC 中任务卸载和计算资源分配的快速人工智能辅助解决方案，简称 FAST-RAM 方案，第 3.2 节介绍该方案所针对的单小区中多用户任务卸载和 MEC 服务器计算资源分配联合优化（Joint Optimization Multi User Task Offloading and MEC Server Computing Resource Allocation）问题，简称 JTORA 问题。由于该问题复杂度为 NP-hard，第 3.3 节中设计了一种启发式算法以快速产生大量样本数据集。第 3.4 节详细阐述了方案中 DNN 的设计和快速求解 JTORA 问题的执行流程。随后通过仿真实验在第 3.5 节中验证了 FAST-RAM 方案在求解性能和运行时间开销方面的良好表现。

第二个为 MEC 中计算资源分配加速方案，简称 ARM 方案。在该方案中，小区内的多个 MEC 服务器仅能处理单一应用类型。在此约束下的任务卸载和计算资源分配联合优化问题被称为 JTORA-SA 问题。第 3.6 节对这一联合优化问题的模型进行描述。第 3.7 节介绍该方案中两个级联的 DNN 设计和 ARM 方案的执行流程。第 3.8 节通过仿真实验验证了 ARM 方案的求解性能和运行时间开销。第 3.9 节对本章进行小结。

3.1 研究背景与动机

近年来，移动设备数量出现爆炸式增长[1]，同时也出现了一批新兴移动应用服务[2–5]，如增强现实（Augmented Reality，AR）、虚拟现实（Virtual Reality，VR）、车联网服务和物联网系统等。这些应用不仅需要强大的计算能力，而且有较高的时延要求。普通云计算环境下将计算任务放置于远端云计算中心的方案已很难满足这些应用的要求，这催生出对新一代移动网络中通信和计算范式的需求。

在 5G 技术的支持和边缘网络设施的超密集部署下，MEC 已成为应对这种需求的重要手段[6]。MEC 的核心思想是将丰富的计算和存储等资源部署在靠近用户的移动网络边缘。例如，在超密集网络的一个小区（Cell）中，通常部署一个宏小区基站（Macro Cell Base Station）和多个微小区基站（Small Cell Base Station），这些基站处又可以部署商用服务器和存储资源。得益于现有移动网络中已有较大数量的基站（Base Station，BS），通过部署 MEC，网络边缘即可成为用户与网络计算和数据交互的枢纽，同时用户数据经历的时延更小，能够满足更多时延敏感型业务的需求[7]，本章中假设每个基站处均部署了 MEC 服务器。

移动边缘计算中资源管控的基本框架如图 3-1 所示，应用实体位于用户设备处，网络集中点位于宏小区基站处，两者的交互过程如下。

① 应用实体通过其连接的微小区基站向网络集中点传输设备信息和计算任务信息，发出任务卸载请求。

② 微小区基站汇总所有用户计算任务信息、设备信息、移动网络的信道状态和各 MEC 服务器的状态信息，周期性地向宏小区基站处的网络集中点汇报。

③ 宏小区基站处的网络集中点根据这些信息求解用户任务卸载和 MEC 服务器计算资源分配联合优化问题，并将任务卸载策略和计算资源分配策略发送至各微小区基站和用户设备。

④ 用户设备向对应 MEC 服务器卸载任务，接收 MEC 服务器的处理结果。

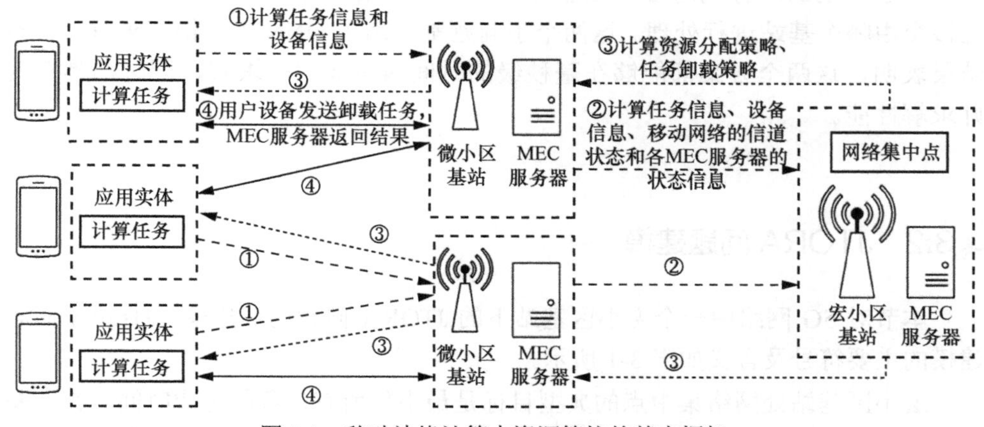

图 3-1　移动边缘计算中资源管控的基本框架

MEC 中网络资源管控问题涉及 3 个关键要素，分别是任务卸载策略、计算资源分配策略和适配多服务器场景。文献[8]设计了在多服务器场景下，任务卸载的启发式算法，但未考虑服务器资源受限多用户竞争的情况。文献[9]同时设计了任务卸载策略和计算资源分配策略，但是仅考虑了单个服务器的场景。文献[10]研究在多用户多服务器场景下的任务卸载策略，并证明求解该策略是一个 NP-hard 问题，但未考虑计算资源分配策略。这 3 个研究均未包含 MEC 网络资源管控问题的全部 3 个关键要素。文献[11]对包含全部 3 个关键要素的 MEC 网络资源管控问题（即多用户和多服务器场景中的任务卸载和计算资源分配联合优化问题）进行了建模，并证明整个联合优化问题为 NP-hard 问题。作者将原放置问题分解成两个子问题，即用户是否上传和上传至哪一个服务器，然后使用启发式算法迭代求解。但是拆分以后的问题仍然是 NP-hard 问题，求解过程中迭代收敛次数不固定，时间开销依然很大。文献[12]对 MEC 中任务卸载和计算资源分配联合优化问题进行了分析。该优化问题具有非凸和组合优化等特性，使直接求解的算法复杂度很高，同时 MEC 所承载业务对时延的高要求，凸显了发展快速求解方案的必要性。

本章的研究目标为设计能够快速且有效地求解 MEC 中任务卸载和计算资源分配联合优化问题的算法。本章主要内容包括两部分。第一部分工作中，首先设计了一种求解该联合优化问题的启发式算法，以产生足够数量的样本数据集，然后设计了基于 DNN 的 FAST-RAM 方案。该方案使用 DNN 快速求解优化问题中的离散决策变量（任务卸载至某个边缘基站或在本机执行），然后利用简单的凸优化方法求解联合优化问题中的连续决策变量（边缘基站为每个任务分配的计算资源）。第二部分工作考虑在服务器具有单一应用类型的约束下，任务卸载和计算资源分配联合优化问题的求解，设计了 ARM 方案。首先将该联合优化问题拆分成基站着色（BS-Color）子问题和任务放置（Task Placement）子问题。这两个子问题的解分别对应基站服务器能够处理的任务类型和用户卸载的任务应该交由哪个基站进行处理。这两个子问题都利用了 DNN 进行快速求解。实验结果表明，这两个方案都能够在毫秒级的时间内完成问题求解，同时都具有良好求解性能。

3.2 JTORA 问题建模

本节对 5G 网络中一个宏小区基站下的 JTORA 问题进行建模。JTORA 问题建模的主要符号及含义如表 3-1 所示。

宏小区基站处网络集中点的典型目标是最小化所有任务的完成时间。在此基础上首先分析单个任务的完成时间。如果一个任务 i 被卸载到 MEC 服务器 j 进行

处理，该任务的完成时间由传输时延 $t_{\mathrm{t}}^{\mathrm{C}}$ 和处理时延 $t_{\mathrm{p}}^{\mathrm{C}}$ 组成，表示为：

$$t_{\mathrm{t}}^{\mathrm{C}}+t_{\mathrm{p}}^{\mathrm{C}}=\frac{s_i}{r_{i,j}}+\frac{u_i}{k_{i,j}C_j} \tag{3-1}$$

其中，u_i 表示任务 i 所需的计算资源，$k_{i,j}$ 表示为任务 i 分配的计算资源占 MEC 服务器 j 总计算资源的比例，C_j 为 MEC 服务器 j 的总计算能力，s_i 为任务 i 需要向 MEC 服务器传输的数据总量，$r_{i,j}$ 表示任务 i 卸载至 MEC 服务器 j 的数据传输速率。

表 3-1 JTORA 问题建模的主要符号及含义

对比项	符号	含义
输入参数	N	用户任务总数
	B	MEC 服务器总数
	s_i	任务 i 需要向 MEC 服务器传输的数据总量
	u_i	任务 i 所需的计算资源
	$r_{i,j}$	任务 i 卸载至 MEC 服务器 j 的数据传输速率
	C_j	MEC 服务器 j 的总计算能力
	C_i^{L}	任务 i 本地设备的计算能力
决策变量	$x_{i,j}$	任务 i 是否卸载至 MEC 服务器 j
	$x_{i,\mathrm{L}}$	任务 i 是否由本地设备进行处理
	$k_{i,j}$	为任务 i 分配的计算资源占 MEC 服务器 j 总计算资源的比例

如果一个任务由本地设备自行处理，其任务完成时间为：

$$t_{\mathrm{p}}^{\mathrm{L}}=\frac{u_i}{C_i^{\mathrm{L}}} \tag{3-2}$$

其中，C_i^{L} 为任务 i 本地设备的计算能力。

JTORA 问题的目标函数为：

$$\min\sum_{i=1}^{N}\left\{t_{\mathrm{p}}^{\mathrm{L}}x_{i,\mathrm{L}}+\sum_{j=1}^{B}\left[\left(t_{\mathrm{p}}^{\mathrm{C}}+t_{\mathrm{t}}^{\mathrm{C}}\right)x_{i,j}\right]\right\} \tag{3-3}$$

其中，$x_{i,\mathrm{L}}$ 为布尔变量，表示任务 i 是否由本地设备进行处理，$x_{i,j}$ 也是布尔变量，表示任务 i 是否卸载至 MEC 服务器 j。

JTORA 问题的约束条件包含以下两项。

（1）假设 JTORA 问题中的任务不能再被划分为更小的任务，则有：

$$\sum_{j=1}^{B} x_{i,j} + x_{i,\mathrm{L}} = 1, \forall i \in \{1,2,\cdots,N\} \tag{3-4}$$

（2）考虑 MEC 服务器的计算能力具有上限，则有：

$$\sum_{i=1}^{N} k_{i,j} \leqslant 1, \forall j \in \{1,2,\cdots,B\} \tag{3-5}$$

根据以上分析，JTORA 问题的优化问题形式如下：

$$\min \sum_{i=1}^{N} \left\{ t_{\mathrm{p}}^{\mathrm{L}} x_{i,\mathrm{L}} + \sum_{j=1}^{B} \left[\left(t_{\mathrm{p}}^{\mathrm{C}} + t_{\mathrm{t}}^{\mathrm{C}} \right) x_{i,j} \right] \right\} \tag{3-6}$$

约束为：

式（3-4）、式（3-5）

$$x_{i,j}, x_{i,\mathrm{L}} \in \{0,1\}, k_{i,j} \in [0,1] \tag{3-6a}$$

该问题为一个 MINLP 问题，求解其最优解的时间复杂度为 NP-hard。求解小规模 JTORA 问题实例的最优解所需时间如表 3-2 所示，即使问题规模较小（3 个 MEC 服务器和 10 个左右的任务数量），使用 Intel E5-26206 核 2.4 GHz CPU，求解一个 JTORA 问题实例也需要几十甚至上百秒的时间。

表 3-2　求解小规模 JTORA 问题实例的最优解所需时间

任务数量/个	平均求解时间/ms
8	559.712
9	2 143.78
10	8 347.549
11	31 631.866
12	147 139.301

3.3　JTORA 问题求解

为了求解大规模 JTORA 问题实例，本节首先将 JTORA 问题进行分解，然后

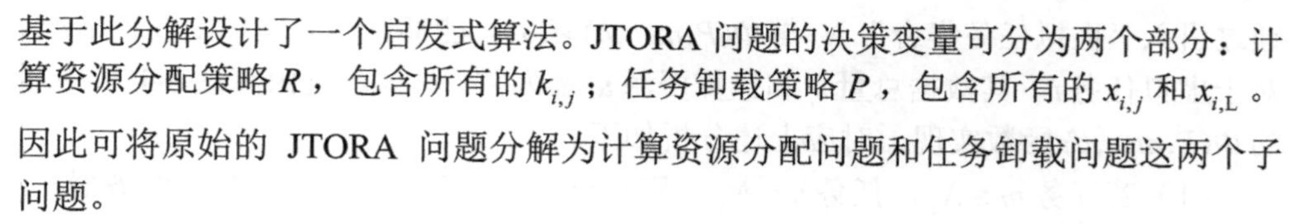

基于此分解设计了一个启发式算法。JTORA 问题的决策变量可分为两个部分：计算资源分配策略 R，包含所有的 $k_{i,j}$；任务卸载策略 P，包含所有的 $x_{i,j}$ 和 $x_{i,\mathrm{L}}$。因此可将原始的 JTORA 问题分解为计算资源分配问题和任务卸载问题这两个子问题。

在给定可行的任务卸载策略 P 的情况下，式（3-6）表示的原始 JTORA 问题退化为一个凸优化问题：

$$\min J(P)=\sum_{j=1}^{B}\sum_{i\in o_j}\left[\frac{u_i}{k_{i,j}C_j}+\frac{s_i}{r_{i,j}}\right] \tag{3-7}$$

约束为：

$$\sum_{i\in o_j}k_{i,j}=1,\forall j\in\{1,2,\cdots,B\} \tag{3-7a}$$

其中，o_j 表示所有分配到 MEC 服务器 j 的任务集合。根据 KKT 条件，最优计算资源分配策略 $R^*(P)=\left\{k_{i,j}^*\right\}$ 通过式（3-8）获得：

$$k_{i,j}^*=\frac{\sqrt{u_i}}{\sum_{i\in o_j}\sqrt{u_i}}=\frac{\sqrt{u_i}}{\sum_{i=1}^{N}\left(\sqrt{u_i}\cdot x_{i,j}\right)} \tag{3-8}$$

而在得到 $k_{i,j}^*$ 后，代入式（3-6），则原始的 JTORA 问题可改写为：

$$\min\sum_{i=1}^{N}\left\{\frac{u_i}{C_i^{\mathrm{L}}}x_{i,\mathrm{L}}+\sum_{j=1}^{B}\left[\left(\frac{\sqrt{u_i}\sum_{i=1}^{N}\left(\sqrt{u_i}x_{i,j}\right)}{C_j}+\frac{s_i}{r_{i,j}}\right)x_{i,j}\right]\right\} \tag{3-9}$$

即为给定计算资源分配策略 R 时的任务卸载问题。

为了在 FAST-RAM 方案中有效地训练 DNN，需要生成大量包含 JTORA 问题实例和相应解决方案的数据样本。基于上述分解 JTORA 问题时所作的分析，本节设计了一种启发式算法，称为 JTORA-H 算法，以期能以较低的时间复杂度求解 JTORA 问题。该启发式算法的主要设计思路包括两点。第一，控制时间复杂度；第二，能够逐步对当前任务卸载策略 P 进行改进。

对于第一个目标，JTORA-H 算法通过限制能够卸载至 MEC 服务器进行处理的任务数量上限 M 以及算法最大尝试次数 Ω 来实现对时间复杂度的控制。

对于第二个目标，假设当前任务卸载策略为 P，则对其目标函数 $J(P)$ 的一次改进有且仅有以下 3 种情况：将某个用户任务卸载至某个 MEC 服务器；将某个 MEC 服务器处的任务退回本地进行处理；前两种情况同时发生。JTORA-H 算法通过引入“虚拟任务集合”N_v与$\Phi(P,m,n,b)$函数，能够同时处理以上3种情况。对于虚拟任务i，其数据总量s_i和计算资源u_i都为零。具体改进由算法3-1所描述的$\Phi(P,m,n,b)$函数实现，对应上述分析如下。

（1）若任务$m \in N_r$，任务$n \in N_v$，则相当于仅任务m卸载至MEC服务器b。

（2）若任务$m \in N_v$，任务$n \in N_r$，则相当于仅任务m退回本地进行处理。

（3）若任务$m \in N_r$，任务$n \in N_r$，则相当于所有MEC服务器处理的任务总数不变，任务m卸载至MEC服务器b，任务n退回本地进行处理。

算法 3-1 JTORA-H算法中的Φ函数

输入： P、m、n、b

输出： 改进后的任务卸载策略P'

1. 设置$x_{m,\mathrm{L}}=0, x_{m,b}=1$；
2. 设置$x_{n,j}=0, \forall j \in \{1,2,\cdots,B\}$；
3. 设置$x_{n,\mathrm{L}}=1$；

JTORA-H算法如算法3-2所示，在初始化时，构造包含M个虚拟任务的集合N_v，并将其与当前问题实例的任务集合N_r合并。同时初始化任务卸载策略P_0为所有实际用户任务在本地进行处理，所有虚拟任务在第一个MEC服务器处理。在算法进行时，不断利用算法3-1尝试对当前P进行调整，直到算法最大尝试次数Ω。每次改进后，如果改进后的策略P'对应式（3-7）所表示的目标函数$J(P')$比当前策略的$J(P)$低足够多（通过算法精度的参数$\epsilon \in (0,1)$来控制），则更新当前策略P。

算法 3-2 JTORA-H算法

输入： 能够卸载至MEC服务器进行处理的任务数量上限M、ϵ、任务集合N_r、算法最大尝试次数Ω

输出： 任务卸载策略P

1. 构造包含M个虚拟任务的集合N_v；
2. 初始化尝试次数$k=0$；
3. $N=N_r \cup N_v$；
4. $x_{i,j}=0, x_{i,\mathrm{L}}=0, \forall i \in \{1,2,\cdots N\}, \forall j \in \{1,2,\cdots N\}$；
5. $x_{i,1}=1$，其中$i=N+1,N+2,\cdots,N+M$；
6. $P \leftarrow P_0=\{x_{i,j}\}$；
7. while 存在三元组(m,n,b)，有$x_{m,\mathrm{L}}=1$且$\exists x_{n,j}=1, j \in \{1,2,\cdots,B\}$ do
8.   if $J(\Phi(P,m,n,b)) \leqslant (1-\epsilon)J(P)$ then
9. $P \leftarrow \Phi(P,m,n,b)$；
10.   end

```
11.        k = k + 1;
12.        if  k > Ω  then
13.            break;
14.        end
15. end
```

3.4　FAST-RAM 方案

本节首先通过引入虚拟 MEC 服务器的方式对 JTORA 问题进行变形，以满足监督学习范式的需求。然后阐述 FAST-RAM 方案中 DNN 的设计，最后介绍 FAST-RAM 方案的工作流程。

3.4.1　深度神经网络设计

使用监督学习框架的关键在于构建一个分类或拟合问题并准备一定量的训练数据。第 3.3 节将 JTORA 问题分解为计算资源分配问题和任务卸载问题两个子问题。其中计算资源分配子问题的决策变量 $k_{i,j}$ 是连续决策变量，而任务卸载子问题的决策变量 $x_{i,j}$ 和 $x_{i,\mathrm{L}}$ 是离散决策变量。通过将离散决策变量（任务卸载策略 P）的求解转化为 DNN 善于应对的多分类问题。而在给定任务卸载策略 P 后，最优计算资源分配策略可以由式(3-8)计算得到。因此本节将尝试利用 DNN 来求解任务卸载子问题。

但在任务卸载子问题中有两种不同类型的决策变量（$x_{i,\mathrm{L}}$ 和 $x_{i,j}$），这两种变量构成了两个级联的多分类问题。$x_{i,\mathrm{L}}$ 对应一个二分类问题，即任务 i 是否要被卸载。如果任务 i 需要被卸载到网络边缘，则需决策 $x_{i,j}$，即具体由哪个 MEC 服务器处理该任务。为了简化 FAST-RAM 方案中 DNN 的设计，本节引入一个虚拟 MEC 服务器。有了这个虚拟 MEC 服务器，可以消除决策变量 $x_{i,\mathrm{L}}$，并将任务卸载问题转化为一个单一的多分类问题。

引入一个虚拟 MEC 服务器（服务器节点编号为 $B+1$）来模拟处理所有需要在本地处理的任务，则虚拟 MEC 服务器的计算能力等于当前所有需要处理本地任务的本地设备的计算能力总和。由于每次决策中，需要在本地处理的任务是变化的，则虚拟 MEC 服务器的总计算能力 C_{B+1} 是一个变量，而不是常数。为解决该问题，现将虚拟 MEC 服务器的计算能力设置为一个较大的正数，则处理时延趋于 0。将上传任务 i 至虚拟 MEC 服务器的数据传输速率定义为：

$$r_{i,B+1}=\frac{s_i\cdot C_i^{\mathrm{L}}}{u_i},\forall i\in\{1,2,\cdots,N\} \tag{3-10}$$

此时，原本的本地处理时间等价为传输时延，即可以用一个虚拟 MEC 服务器来处理所有原本需要本地处理的任务。

通过引入虚拟 MEC 服务器，式（3-9）描述的任务卸载问题可以表述为：

$$\min\sum_i\sum_j\left[\left(\frac{\sqrt{u_i}\sum_{i=1}^{N}\left(\sqrt{u_i}x_{i,j}\right)}{C_j}+\frac{s_i}{r_{i,j}}\right)\cdot x_{i,j}\right] \tag{3-11}$$

约束为：

$$\sum_{j=1}^{B+1}x_{i,j}=1,\forall j\in\{1,2,\cdots,B+1\} \tag{3-11a}$$

$$x_{i,j}\in\{0,1\} \tag{3-11b}$$

通过对数学形式的改写，原始优化问题中的任务卸载问题可看作一个典型的多分类问题，基于此，FAST-RAM 方案中快速求解任务卸载问题的 DNN 结构如图 3-2 所示。主要结构包括输入层、隐藏层和输出层 3 个部分，具体如下。

（1）输入层：定义 FAST-RAM 方案一次能够处理的 JTORA 问题实例中包含的用户任务总数为 N，MEC 服务器总数为 B。DNN 的输入特征包含这 N 个任务的任务描述 $(u_i,\boldsymbol{t}_i)$。u_i 是任务 i 所需的计算资源，$\boldsymbol{t}_i$ 定义如下：

$$\frac{s_i}{r_{i,1}},\frac{s_i}{r_{i,2}},\cdots,\frac{s_i}{r_{i,B}},\frac{u_i}{C_i^{\mathrm{L}}} \tag{3-12}$$

表示卸载任务 i 到包括虚拟 MEC 服务器在内的各 MEC 服务器所需的时间开销。故输入层维度为 $[1+(B+1)]\cdot N$。

（2）隐藏层：包含多层神经元，每层之间以全连接方式进行连接。隐藏层中的神经元都使用 ReLU 函数进行激活。

（3）输出层：对应 DNN 能够处理的用户任务总数 N，神经网络的输出层设计为由 N 个输出单元组成。每个输出单元均接收隐藏层的输出，经过 Softmax 函数激活，生成对应任务卸载至特定服务器（包括虚拟服务器）的概率分布。然后选择每个概率分布中对应概率值最大的 MEC 服务器作为当前 JTORA 问题实例的任务卸载策略。输出层的神经元总数为 $(B+1)\cdot N$。

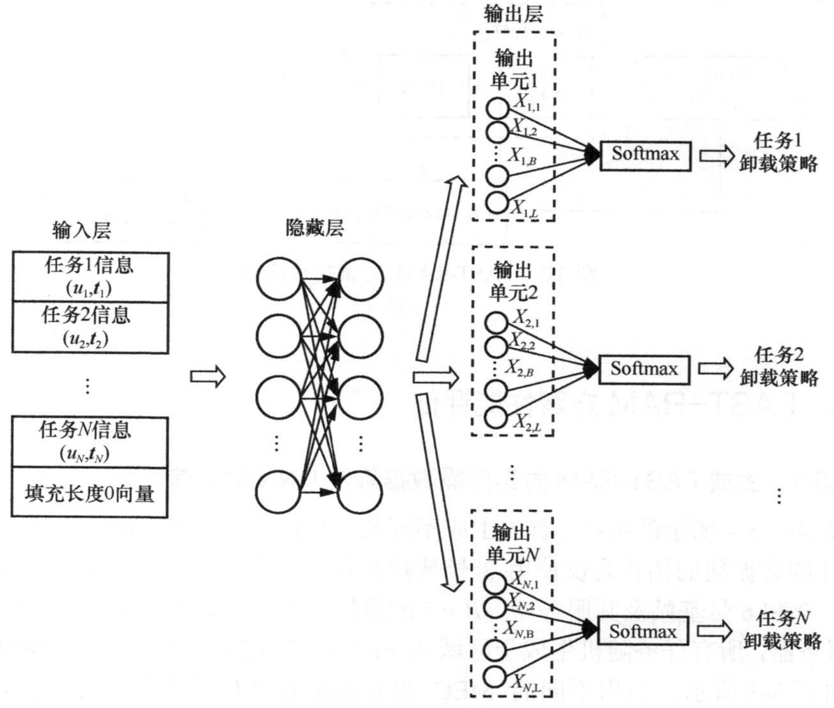

图 3-2　快速求解任务卸载问题的 DNN 结构

3.4.2　FAST-RAM 方案执行流程

FAST-RAM 方案执行流程如图 3-3 所示，包括任务卸载算法和计算资源分配算法，分别求解两个子问题的决策变量。FAST-RAM 方案处理一个 JTORA 问题实例的流程如下。

（1）网络集中点在收集所有任务信息以及当前网络信道状态信息后，生成一个 JTORA 问题实例，其中包含表 3-1 中的所有输入参数。

（2）FAST-RAM 方案对原始问题实例进行分解和变换后得到如式（3-7）和式（3-11）描述的两个子问题，然后任务卸载算法提取输入特征。

（3）任务卸载算法中的 DNN 生成每个用户任务直接本地处理或卸载至某个 MEC 服务器对应的概率分布。

（4）选择上述分布中概率最大的 MEC 服务器（或本地设备）来处理任务，得到任务卸载策略 $x_{i,j}$。

（5）基于上述 $x_{i,j}$，计算资源分配算法根据式（3-8）求解最优计算资源分配策略 $k_{i,j}^*$。

（6）至此，$x_{i,j}$ 与 $k_{i,j}^*$ 即为该 JTORA 问题实例的解。

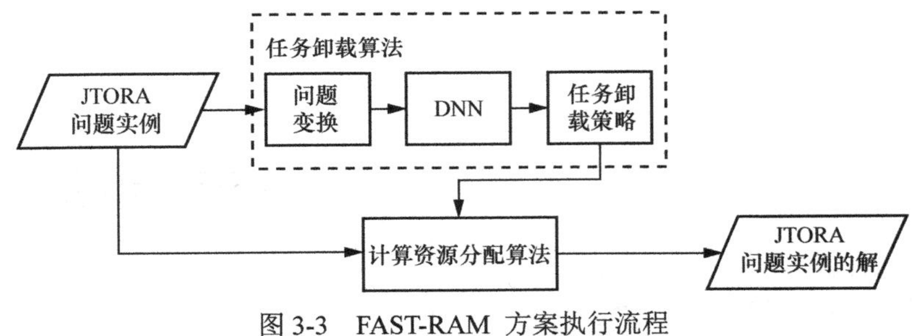

图 3-3　FAST-RAM 方案执行流程

3.5　FAST-RAM 方案性能评估

3.5.1　生成 FAST-RAM 方案所需数据集及 DNN 的训练

根据图 3-4 所示的拓扑，首先生成不同问题规模的两类 JTORA 问题实例，其中 $B=1$ 的数据集的拓扑为仅使用 3 号基站及其服务器，$B=3$ 的数据集的拓扑为使用 1、2 和 6 号基站及其服务器，$B=7$ 的数据集的拓扑为使用 0～6 号所有基站及其服务器，所有任务随机生成于区域 A～L 中，不同规模的 JTORA 问题数据集参数如表 3-3 所示。使用不同的 MEC 服务器总数 B 和用户任务总数 N，共计生成 15 个数据集。

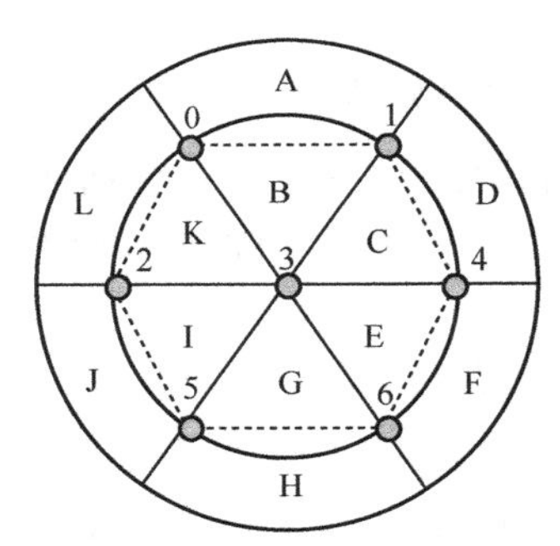

图 3-4　FAST-RAM 与 ARM 方案生成数据集所用拓扑

表 3-3　不同规模的 JTORA 问题数据集参数

对比项	MEC 服务器数量 B	任务总数 N
小规模数据集	1	(10,15,20)
	3	(8,9,10,11,12)
大规模数据集	7	(20,30,40,50,60,70,80)

所有的基站处都假设具有一个 MEC 服务器，所有 MEC 服务器具有相同的计算

能力，$C_j = 50\ \text{GHz}$，所有用户的移动设备也具有相同的计算能力，$C_{i,\text{L}} = 10\ \text{GHz}$。任务描述参数$\{u_i, s_i, r_{i,j}\}$与文献[11]中相同。每个数据集中均包含$2\times10^4$个（JTORA问题实例，解决方案）二元组。数据集中80%的实例作为训练数据集，其余为测试数据集。在小规模数据集中，通过枚举所有可行的任务放置策略获得最优解。在大规模数据集中，使用JTORA-H算法产生近似解。

FAST-RAM方案在DNN训练过程中使用的超参数如表3-4所示。实验共设置3种对比场景，所使用的算法及参数如下。JTORA-G算法；JTORA-H算法（$\epsilon = 0.05$、$M = N$）；JTORA-H算法（$\epsilon = 0.001$、$M = N$）。在JTORA-G算法中，所有的任务都被卸载到具有最大数据传输速率的MEC服务器上，并且基于式(3-8)得到计算资源分配策略$k_{i,j}^*$。评价指标为每个算法求解JTORA问题所得目标函数值与最优解对应的目标函数值（大规模数据集场景下为JTORA-H算法在$\epsilon = 0.001$，$M = N$时所得的目标函数值）之间的比率。

表 3-4 FAST-RAM 方案在 DNN 训练过程中所使用的超参数

参数类型	参数值
隐藏层神经元	256个×256个
RMSprop 优化器学习率	1×10^{-5}
L_2 正则权重	5×10^{-3}
Dropout 概率	0.3

3.5.2 FAST-RAM 方案性能测试

不同算法或方案在小规模数据集和大规模数据集上的性能表现分别如图3-5和图3-6所示。

1. 小规模数据集场景

当$B = 1$和$N = 20$时，如图3-5（a）所示，FAST-RAM方案所得解的目标函数值与最优解最为接近。所有测试实例上解的性能与最优解的差距都低于5%。同时，JTORA-H算法（$\epsilon = 0.001$、M=N）的性能优于JTORA-H算法（$\epsilon = 0.05$、M=N）。而当$B = 3$和$N = 12$时，如图3-5（b）所示，FAST-RAM方案、JTORA-H算法（$\epsilon = 0.001$、M=N）和JTORA-H算法（$\epsilon = 0.05$、M=N）都具有良好的性能，在95%的测试数据集问题实例上与最优解的目标函数值差距小于20%。

值得注意的是，在这两种B和N的设置下，使用枚举法获取最优解的平均时间分别为11 231.238 ms和147 139.301 ms。巨大的时间成本限制了在更大规模的JTORA问题实例上无法通过枚举法寻求最优解，因此使用JTORA-H算法（$\epsilon = 0.001$，$M = N$）来生成大规模数据集并评估FAST-RAM方案的性能。

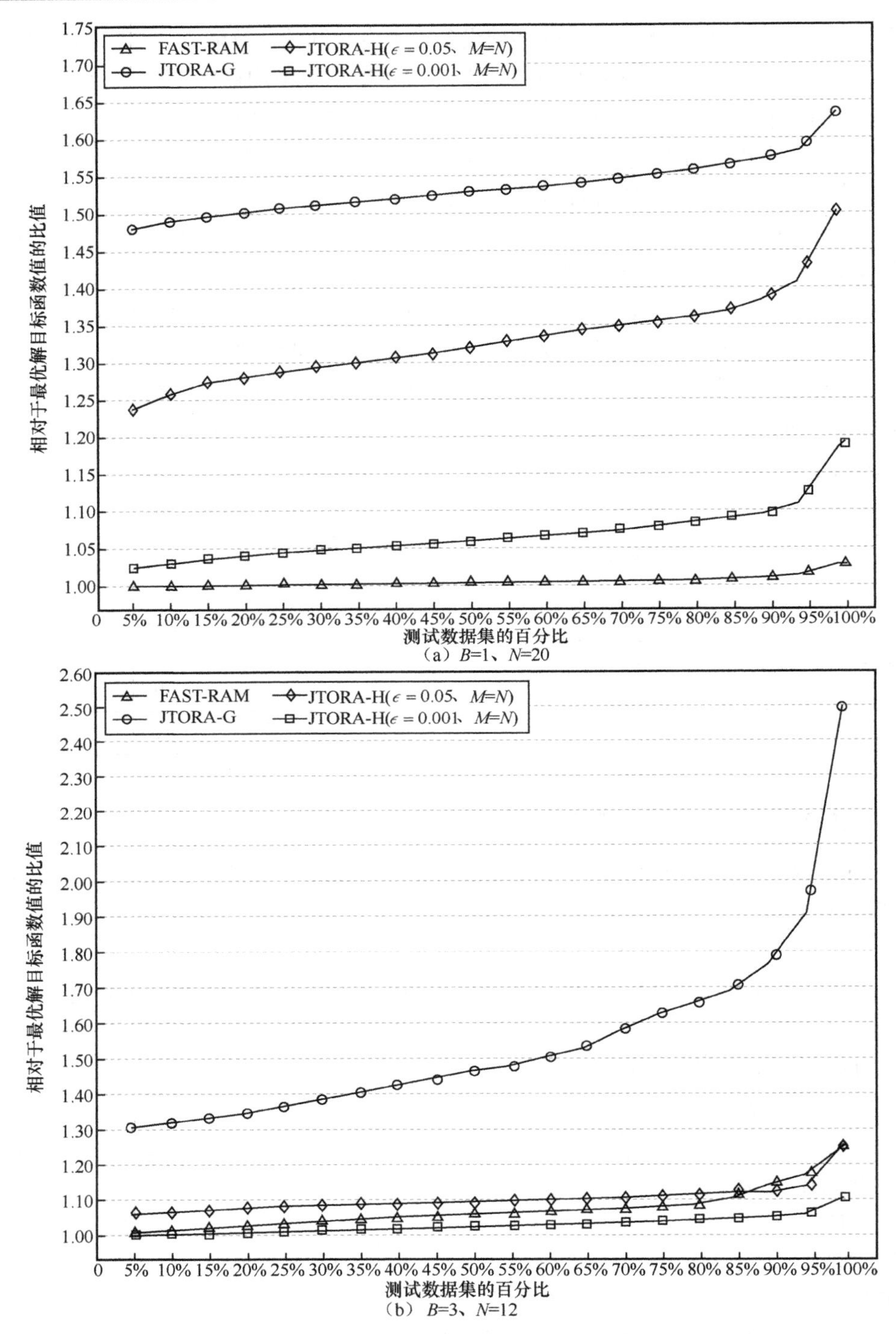

图 3-5　不同算法或方案在小规模数据集上的性能表现

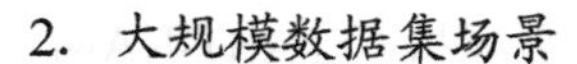

2. 大规模数据集场景

首先使用最大规模数据集（$B=7$、$N=80$）对 FAST-RAM 方案中的 DNN 训练，然后测试其在从 $N=20$ 到 $N=80$ 共 7 个数据集所构成的混合数据集上的表现。

如图 3-6 所示，N 取值从 20 到 80，就目标函数值而言，FAST-RAM 方案和 JTORA-H 算法（$\epsilon=0.001$、M=N）所得解在目标函数值的均值上相差小于 30%。此外，当 N>70 时，FAST-RAM 方案的性能变得更加稳定，即使在最坏的情况下，在目标函数值上的差距也小于 20%，而 JTORA-G 算法和 JTORA-H 算法（$\epsilon=0.05$、M=N）在 N>60 时与目标函数值的差距均超过 100%。

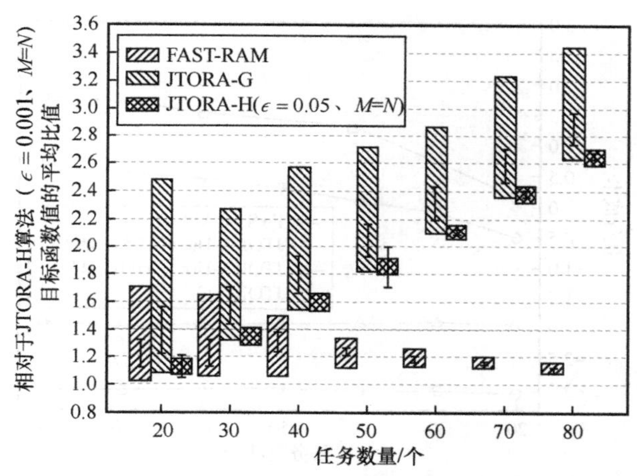

图 3-6　不同算法或方案在大规模数据集上的性能表现

不同算法或方案在不同规模的 JTORA 问题实例上的平均求解时间如表 3-5 所示，FAST-RAM 方案的平均求解时间与 JTORA-G 算法接近，同时在不同任务数量的 JTORA 问题实例上都能够有毫秒级的快速求解性能。而 JTORA-H 算法的平均求解时间随着任务数量的增加会快速增加。

表 3-5　不同算法或方案在不同规模的 JTORA 问题实例上的平均求解时间

算法或方案	平均求解时间/ms						
	N=20	N=30	N=40	N=50	N=60	N=70	N=80
JTORA-G	0.07	0.1	0.13	0.17	0.2	0.22	0.24
FAST-RAM	1.14	1.19	1.23	1.15	1.18	1.13	1.35
JTORA-H（$\epsilon=0.05$、M=N）	22.24	69.66	157.45	289.77	472.9	721.01	1 060.2
JTORA-H（$\epsilon=0.001$、M=N）	84.32	403.4	991.64	1 871.52	3 028.81	4 441.59	6 104.15

进一步地，通过引入算法执行成本来评估在边缘实际执行 FAST-RAM 方案与对比算法的开销。该指标定义为 $\lg\frac{t_e}{t_c}$，其中 t_e 为求解一个 JTORA 问题实例的时间，t_c 为该实例中所处理的用户任务的平均完成时间，可反映在真实环境中部署不同算法的可行性。不同算法或方案执行成本对比如图 3-7 所示，随着任务数量的增加，部署 FAST-RAM 方案仅额外引入了 1%的任务完成时间，而 JTORA-H 算法在上述两种参数设置下均引入了数十到数百倍的任务完成时间。这些结果意味着即使部署启发式算法也是不现实的，同时更加突出了 FAST-RAM 方案的可行性。

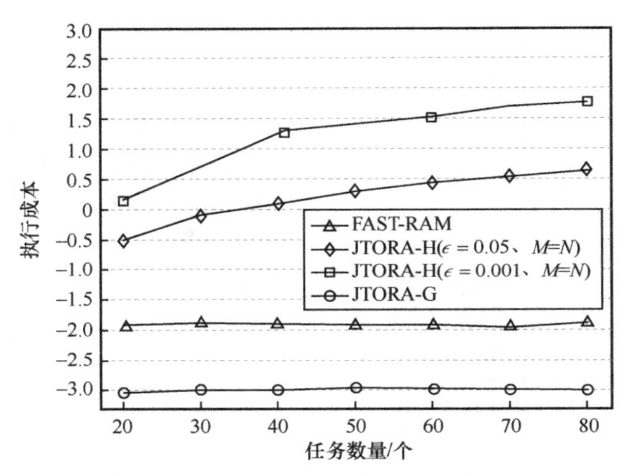

图 3-7　不同算法或方案执行成本对比

3.6　JTORA-SA 问题建模

本节研究第 3.2 节中 JTORA 问题的扩展，加入单个 MEC 服务器在一次 JTORA 问题的求解中只能处理单一任务类型这一约束，称为 JTORA-SA 问题。JTORA-SA 问题建模主要符号及含义如表 3-6 所示。

考虑单个 MEC 服务器所处理的任务类型相同，此时 MEC 服务器可以采用批处理的方式以提升处理效率，即待所有需要卸载至当前 MEC 服务器的任务上传完毕后再进行集中处理，所以从 MEC 服务器 j 的视角看，所有任务的上传时间可以定义为：

$$\max_i \frac{s_i}{r_{i,j}} \cdot x_{i,j} \tag{3-13}$$

表 3-6　JTORA-SA 问题建模主要符号及含义

对比项	符号	含义
输入参数	N	用户任务总数
	B	MEC 服务器总数
	M	用户任务所属类型总数
	m_i	任务 i 所属类型
	s_i	任务 i 需要向 MEC 服务器传输的数据总量
	u_i	任务 i 所需的计算资源
	$r_{i,j}$	任务 i 卸载至 MEC 服务器 j 的数据传输速率
	C_j	MEC 服务器 j 的总计算能力
决策变量	$x_{i,j}$	任务 i 是否卸载至 MEC 服务器 j
	$y_{m,j}$	MEC 服务器 j 是否处理任务类型 m

所有任务的处理时间定义为：

$$\frac{\sum_{i=1}^{N} u_i \cdot x_{i,j}}{C_j} \tag{3-14}$$

其中，$x_{i,j}$ 表示任务 i 是否卸载至 MEC 服务器 j。

由于所有任务采用集中处理方式。定义 JTORA-SA 问题的目标为最小化所有任务的最大完成时间，可表示为：

$$\min\left[\max_j\left(\max_i \frac{s_i}{r_{i,j}} \cdot x_{i,j} + \frac{\sum_{i=1}^{N} u_i \cdot x_{i,j}}{C_j}\right)\right] \tag{3-15}$$

引入变量 m_i 表示任务 i 所属类型，以及决策变量 $y_{m,j}$，表示 MEC 服务器 j 是否处理任务类型 m。从而 MEC 服务器处理单一任务类型这一约束可描述为：

$$\sum_{i=1}^{N} x_{i,j} = 1, x_{i,j} = \{0,1\} \tag{3-16}$$

$$y_{m_i,j} = 1, \forall x_{i,j} = 1 \tag{3-17}$$

$$\sum_{m=1}^{M} y_{m,j} = 1, \forall j \in \{1,2,\cdots,B\} \tag{3-18}$$

即 MEC 服务器 j 应该能够处理所有卸载至此的任务类型，但同时该 MEC 服务器仅能支持单一任务类型的处理。

3.7 ARM 方案

本节首先对 JTORA-SA 问题进行分解，将原始优化问题拆分成“基站着色”（BS-Color）问题和“任务放置”（Task Placement）问题。然后分别阐述快速求解这两个子问题的 DNN 设计，最后介绍 ARM 方案的工作流程。

3.7.1 计算资源分配问题的分解

一般来说，实际的优化问题中输入参数和决策变量的数量是可变的，而 DNN 的输入层和输出层具有固定的维度。这种矛盾体现为决策变量的数量是用户任务总数 N、用户任务所属类型总数 M 和 MEC 服务器总数 B 的函数。实际部署中，在一个宏小区基站内，拓扑结构（MEC 服务器总数）和网络能够承载的服务类型通常是不变的。从而 JTORA-SA 问题分解为以下两个子问题。

（1）BS-Color 问题：决定基站处的 MEC 服务器应该处理的任务类型。由于任务类型的数量和基站的数量在特定的宏单元中是固定的，因此该子问题的输出数量也是固定的。

（2）Task Placement 问题：决定一个特定任务应该卸载至哪个 MEC 服务器进行处理。即给定 BS-Color 问题的解（即 $y_{m,j}$）和所有任务的信息，求解每个任务的任务放置决策（即 $x_{i,j}$）。

3.7.2 快速求解 BS-Color 问题的 DNN 设计

ARM 方案中快速求解 BS-Color 问题的 DNN 结构如图 3-8 所示，包括输入层、隐藏层和输出层 3 个部分，依次介绍如下。

（1）输入层：该 DNN 的输入层特征需要包含 JTORA-SA 问题实例中所有的任务描述信息 (u_i,s_i) 和任务 i 卸载至 MEC 服务器 j 的数据传输速率 $r_{i,j}$。同时应结合两个直观的 BS-Color 问题解的性质，即需要更多计算资源的任务类型应占用数量更多的 MEC 服务器；MEC 服务器应该更倾向于处理上传时间较短的任务。所以该 DNN 的输入特征设计如下。

- 向量 $\boldsymbol{U} \in \mathbf{R}^M$，各类型任务所需计算资源的总和表示为：

$$U_m = \sum_i u_i, \forall m_i = m \tag{3-19}$$

- 矩阵 $\boldsymbol{T} \in \mathbf{R}^{M \times B}$，将所有类型为 m 的任务卸载到 MEC 服务器 j 所花费的平均上传时间表示为：

$$T_{m,j}=\sum_{i}\frac{s_i/r_{i,j}}{N_m},\forall m_i=m \tag{3-20}$$

其中，N_m 表示类型为 m 的任务数量，故输入层维度为 $|\boldsymbol{U}|+(M\cdot B)$。

（2）隐藏层：包含多层神经元，每层之间以全连接方式进行连接。隐藏层中的神经元都使用 ReLU 函数进行激活。

（3）输出层：对应 DNN 能够处理的最大 MEC 服务器总数 B，神经网络的输出层设计为由 B 个输出单元组成。每个输出单元均接收隐藏层的输出，经过 Softmax 函数激活，生成对应 MEC 服务器 j 处理各任务类型 $y_{m,j}$ 的概率分布。输出层的神经元总数为 $M\cdot B$。

由于 BS-Color 算法中 DNN 的输出是 MEC 服务器处理某种类型任务的概率，因此仅选择具有最大概率的类型可能导致不可行的解决方案（某个任务类型没有对应的 MEC 服务器进行处理）。BS-Color 问题的可行性保证算法如算法 3-3 所示，该算法的输入包括 MEC 服务器总数 B、用户任务所属类型总数 M，以及 DNN 的输出 $\boldsymbol{P}$。DNN 的输出记为矩阵 $\boldsymbol{P}\in\mathbf{R}^{M\times B}$，同时满足约束 $\sum_{m}p_{m,j}=1,\forall j=1,\cdots,B$。$\boldsymbol{P}$ 中每一行对应 DNN 中一个输出单元经 Softmax 函数处理后的输出，其中 $p_{m,j}$ 表示 MEC 服务器 j 处理类型为 m 的任务的倾向性（概率值）。

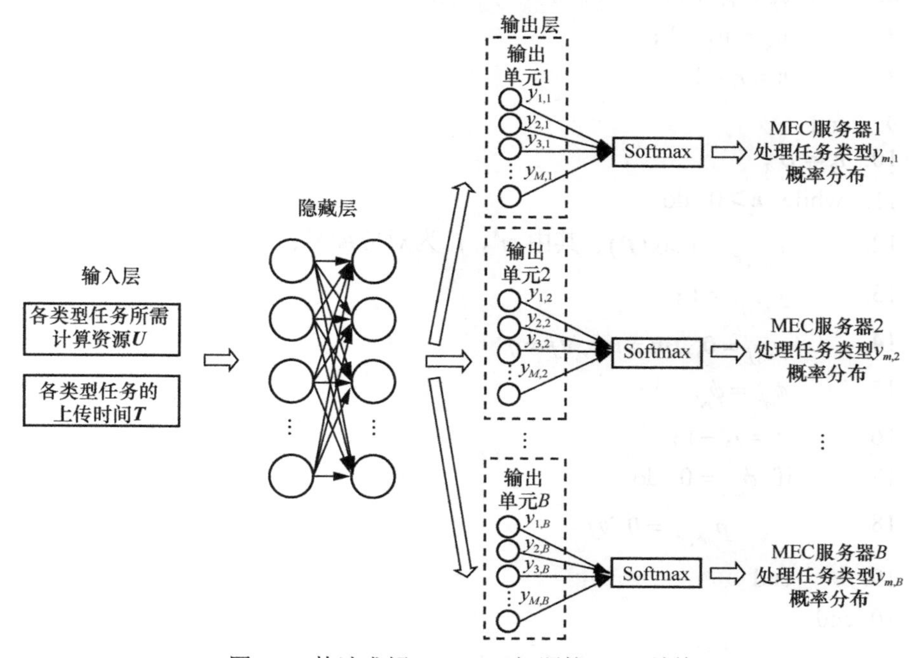

图 3-8　快速求解 BS-Color 问题的 DNN 结构

该算法的执行过程可分为两部分：算法第一部分即第 1～9 行，确定每种类型的基站数量。其中 ϕ_m 表示分配给任务类型 m 的 MEC 服务器数量，w_m 表示任务类型 m 的权重，即各 MEC 服务器处理类型为 m 的任务的倾向性之和。算法第 1 行中的初始化操作通过为每种任务类型分配至少一个 MEC 服务器来保证解决方案的可行性。在第 4～9 行中，算法通过贪婪地为当前权重最大的任务类型增加对应的 MEC 服务器数量，直至到达 MEC 服务器数量上限；算法第二部分即确定 BS-Color 问题的解决方案 $\boldsymbol{Y}$ 。在第 10～20 行中，通过贪婪地选择 DNN 输出矩阵 $\boldsymbol{P}$ 中最大的概率值，即 p_{m^k,j^k}，指定 MEC 服务器 j^k 能够处理的任务类型为 m^k，从而得到 BS-Color 问题的解 $\boldsymbol{Y}$ 。

算法 3-3 BS-Color 问题的可行性保证算法

输入： B、M、$\boldsymbol{P}$

输出： $\boldsymbol{Y} \triangleq \{y_{k,j}\}$

1. $\boldsymbol{\Phi} \triangleq \{\phi_m\}, \phi_m = 1, \forall m = \{1,2,\cdots,M\}$ ；
2. $\boldsymbol{W} \triangleq \{w_m\}, w_m = \sum_j p_{m,j}, \forall m = \{1,2,\cdots,M\}$ ；
3. $r_1 = B - M$ ；
4. while $r_1 > 0$ do
5. $\quad$ $w_k = \max(\boldsymbol{W})$ ，其中 k 为对应编号；
6. $\quad$ $\phi_k = \phi_k + 1$ ；
7. $\quad$ $w_k = w_k - 1$ ；
8. $\quad$ $r_1 = r_1 - 1$ ；
9. end
10. $r_2 = B$ ；
11. while $r_2 > 0$ do
12. $\quad$ $p_{m^k,j^k} = \max(\boldsymbol{P})$，其中 m^k、j^k 为对应编号；
13. $\quad$ $y_{m^k,j^k} = 1$ ；
14. $\quad$ $y_{m,j} = 0, \forall m \neq m^k, \forall j = j^k$ ；
15. $\quad$ $\phi_{m^k} = \phi_{m^k} - 1$ ；
16. $\quad$ $r_2 = r_2 - 1$ ；
17. $\quad$ if $\phi_{m^k} = 0$ do
18. $\quad\quad$ $p_{m^k,j^k} = 0, \forall j$ ；
19. $\quad$ end
20. end

3.7.3 快速求解 Task Placement 问题的 DNN 设计

Task Placement 算法的任务是：已知所有类型为 m_i 的所有任务的信息和由

BS-Color 算法确定的各 MEC 服务器能够处理的任务类型，确定 $x_{i,j}$，即任务 i 是否卸载至 MEC 服务器 j。ARM 方案中快速求解 Task Placement 问题的 DNN 结构如图 3-9 所示，包括特征输入层、隐藏层和输出层 3 个部分，依次介绍如下。

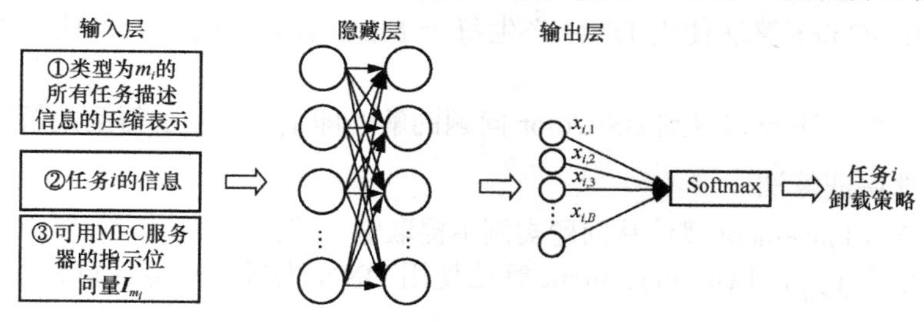

图 3-9　快速求解 Task Placement 问题的 DNN 结构

（1）输入层：由三部分特征构成，针对任务 i，第一部分是类型为 m_i 的所有任务描述信息的"压缩表示"。该压缩表示包括类型为 m_i 的任务数量 N_{m_i}；这些任务计算资源的统计信息 $\Lambda_u \doteq f(u_i), \forall e_i = k$；这些任务向 MEC 服务器 j 上传任务所需时间的统计信息 $\Lambda_j \doteq f(t_{i,j}), \forall j = 1, \cdots, B$，其中 $t_{i,j} \doteq \frac{s_i}{r_{i,j}}$。受文献[9]启发，$f(\cdot)$ 表示提取输入信息的中位数、均值、标准差、偏度和峰度这 5 个统计数据的函数。

第二部分是任务 i 的信息，包括所需计算资源 u_i，及其相对所有其他具有相同类型任务的计算需求最大值（定义为 $u_{\max}^{m_i}$）的比值 $u_i / u_{\max}^{m_i}$；卸载至各 MEC 服务器所需上传时间，$t_{i,j}, \forall j = 1, \cdots, B$，及其相对所有其他具有相同类型任务的上传时间最大值（定义为 $t_{\max}^{m_i}$）的比值 $t_{i,j} / t_{\max}^{m_i}$。

第三部分是根据算法 3-3 结果提取的各 MEC 服务器是否处理任务类型 m_i 的位向量（Bit-Vector），记为 $\boldsymbol{I}_{m_i}$。该位向量的长度为 M，值为 1 的位表示对应的 MEC 服务器可以处理此类任务。

故输入层维度为 $11 + B + 4$。

（2）隐藏层：包含多层神经元，每层之间以全连接方式进行连接。隐藏层中的神经元都使用 ReLU 函数进行激活。

（3）输出层：对应 MEC 服务器总数 B，神经网络的输出层包含 B 个神经元。输出层接收隐藏层的输出，经过 Softmax 函数激活，生成任务 i 卸载至各 MEC 服务器的概率分布。然后选择 $\boldsymbol{I}_{m_i}$ 指示的可用 MEC 服务器中概率值最大 MEC 服务器作为处理任务 i 的服务器。

3.7.4　ARM 方案执行流程

如图 3-10 所示，ARM 方案求解一个 JTORA-SA 问题实例的执行流程如下。

（1）网络集中点在收集任务信息配置文件和当前网络信道状态后，生成一个 JTORA-SA 问题实例。

（2）BS-Color 算法从问题实例中提取输入特征。

（3）BS-Color 算法使用 DNN 产生每个 MEC 服务器所需处理任务类型的概率分布。

（4）使用上述分布得到 BS-Color 问题的解，即 $y_{m,j}$，并在得到的解不可行时调用可行性保证算法。

（5）Task Placement 算法从问题实例中提取输入特征。

（6）结合 $y_{m,j}$，Task Placement 算法使用 DNN 为每个任务计算各 MEC 服务器处理此任务的概率分布。

（7）选择上述分布中对应概率值最大的 MEC 服务器处理该任务，即 $x_{i,j}$。

（8）至此，$y_{m,j}$ 与 $x_{i,j}$ 即为该 JTORA-SA 问题实例的解。

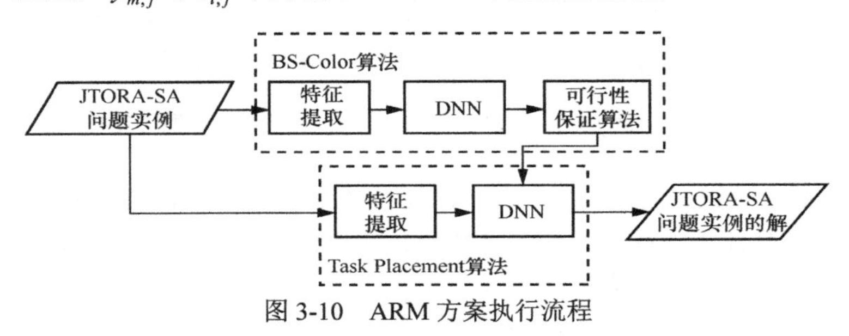

图 3-10　ARM 方案执行流程

3.8　ARM 方案性能评估

本节首先介绍性能评估所需数据集的产生方法以及 DNN 的训练设置，然后给出 ARM 方案和对比算法的性能评估。

3.8.1　生成 ARM 方案所需数据集及 DNN 的训练

本节中生成 JTORA-SA 问题实例数据集所使用的网络拓扑如图 3-4 所示，每个基站处都部署一个 MEC 服务器，共有 $B=7$ 个服务器。用户的计算任务随机产生于整个区域中。任务描述参数 $\{u_i, s_i, r_{i,j}\}$ 与文献[11]中相同，任务类型 m_i 随机设置为 3 种类型之一，即 $M=3$。所有 MEC 服务器具有相同的计算能力，即 $C_j = C, \forall j = 1, \cdots, B$。

不同规模 JTORA-SA 问题实例如表 3-7 所示，通过设置不同的 C 和 N，共生成 8 个数据集。$N=20$ 的数据集包含 2×10^4 个（JTORA-SA 问题实例，最优解）二元组。其他数据集均包含 5×10^3 个二元组。最优解通过使用 GUROBI 求解器获得。

表 3-7　不同规模 JTORA-SA 问题实例

N	求解最优解所需时间/ms	
	C=50 GHz	C=500 GHz
20	9 010	260
35	110 200	1 970
40	134 940	5 060
50	288 950	16 450

定义 D_j^i 表示为 $C=i$ 和 $N=j$ 的数据集。当 C 固定时，最优解的平均求解时间会随着 N 的增加而显著增加。当 N 固定时，如果计算资源相对不足（$C=50$ GHz），平均求解时间相对于计算资源充足的实例（$C=500$ GHz）也会显著增长，这都凸显了设计快速计算资源分配算法的必要性。ARM 方案中 DNN 训练过程所使用的超参数如表 3-8 所示。

表 3-8　ARM 方案中 DNN 训练过程所使用的超参数

对比项	参数类型	参数值
BS-Color 算法中 DNN 训练过程的超参数	输入层神经元数量	24 个
	输出层神经元数量	21 个
	隐藏层神经元数量	128 个×128 个
	RMSprop 优化器的学习率	1×10^{-4}
	L_2 正则权重	1
Task Placement 算法中 DNN 训练过程的超参数	输入层神经元数量	22 个
	输出层神经元数量	7 个
	隐藏层神经元数量	128 个×128 个
	RMSprop 优化器的学习率	1×10^{-5}
	L_2 正则权重	1×10^{-3}

3.8.2　ARM 方案性能测试

首先测试 BS-Color 算法的性能，使用 D_{20}^{50} 和 D_{20}^{500} 各 80%的数据集实例用作训练集，训练两个 DNN。在具有不同任务总数 N 的数据集中测试这两个 DNN 的性能，BS-Color 算法与最优解的性能对比如图 3-11 所示，性能指标为 BS-Color 算法与 GUROBI 生成的 Task Placement 解决方案的组合所对应的目标函数值和最优解目标函数值的比值。在 $C=50$ GHz 的数据集上，BS-Color 算法在 80%的测试数据集上，相对最优解目标函数值的比值小于 1.5，在 98.75%的测试数据集上小于 2。在 $C=500$ GHz 的数据集上，BS-Color 算法在 80%的测试数据集上，相对最优解目标函数值的比值小于 1.5，在 98.25%的测试数据集上小于 2。同时在具有不同任务总数 N 的数据集上性能稳定，具有良好的泛化性能。

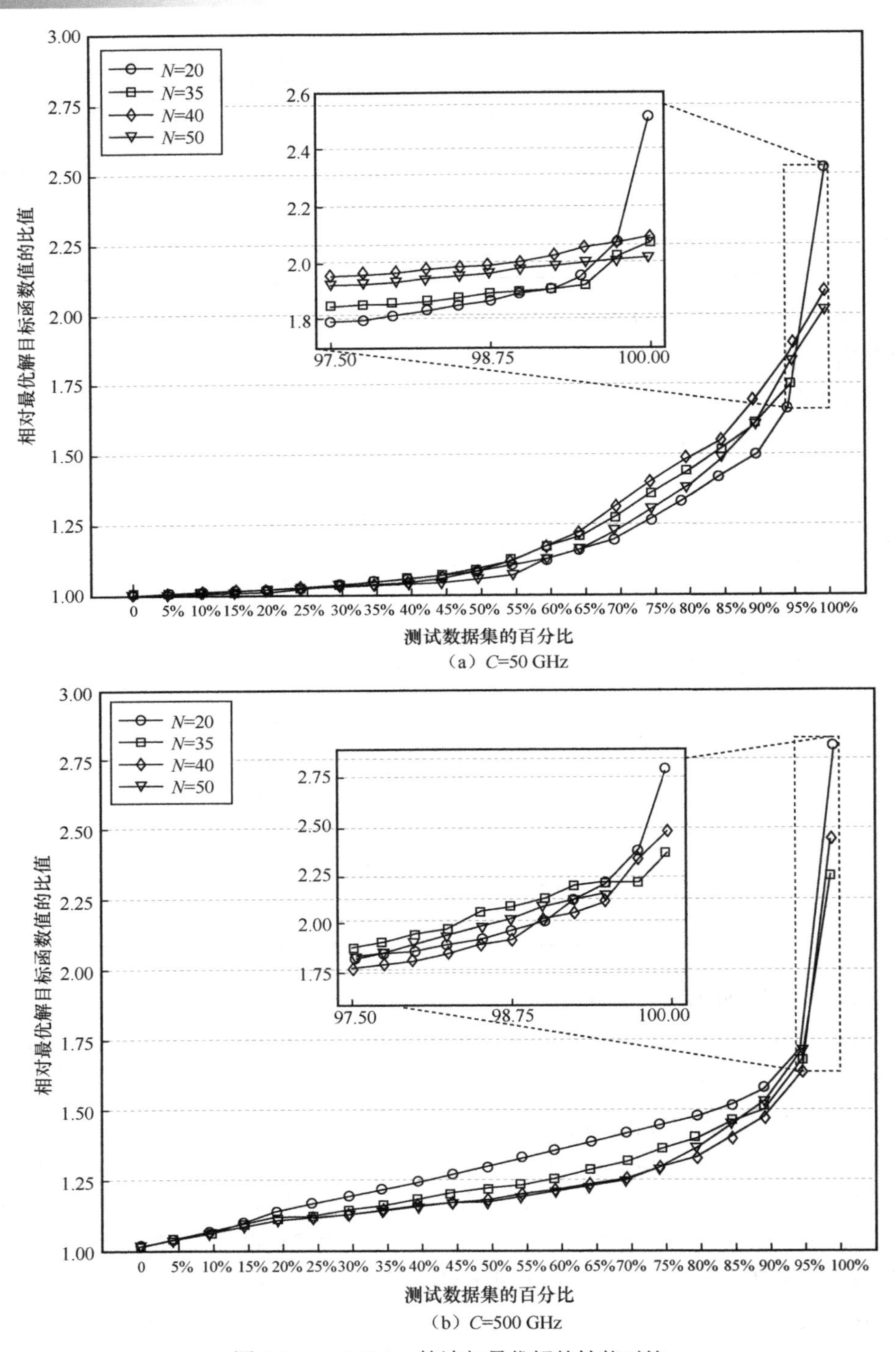

（a）C=50 GHz

（b）C=500 GHz

图 3-11　BS-Color 算法与最优解的性能对比

然后测试 Task Placement 算法的性能，同样使用 D_{20}^{50} 和 D_{20}^{500} 各 80%的数据集实例用作训练集，训练两个 DNN。在具有不同任务总数 N 的数据集中测试这两个 DNN 的性能，Task Placement 算法与最优解的性能对比如图 3-12 所示。

性能指标为由 GUROBI 产生的最优解中每个 MEC 服务器的最佳任务类型与 Task Placement 算法的输出两者的组合所对应的目标函数值和最优解目标函数值的比值。在 $C=50$ GHz 的数据集上，Task Placement 算法在 85%的测试数据集上，相对最优解目标函数值的比值小于 1.5，在 99.75%的测试数据集上小于 2。在 $C=500$ GHz 的数据集上，Task Placement 算法在 85%的测试数据集上，相对最优解目标函数值的比值小于 1.5，在 95%的测试数据集上小于 2。同时在具有不同任务总数 N 的数据集上性能稳定，具有良好的泛化性。

在具有不同任务总数 N 的数据集中测试 ARM 方案的性能，如图 3-13 所示。在 $C=50$ GHz 的数据集上，包含 BS-Color 与 Task Placement 两个算法的 ARM 方案在 70%的测试数据集上，相对最优解目标函数值的比值小于 1.5，在 98.75%的测试数据集上小于 2。在 $C=500$ GHz 的数据集上，ARM 方案在 60%的测试数据集上，相对最优解目标函数值的比值小于 1.5，在 97.50%的测试数据集上小于 2。同时在具有不同任务总数 N 的数据集上性能稳定，具有良好的泛化性能。如表 3-9 所示，ARM 方案的平均求解时间小于 5 ms，能够满足 MEC 中对网络资源管控问题快速求解的要求。

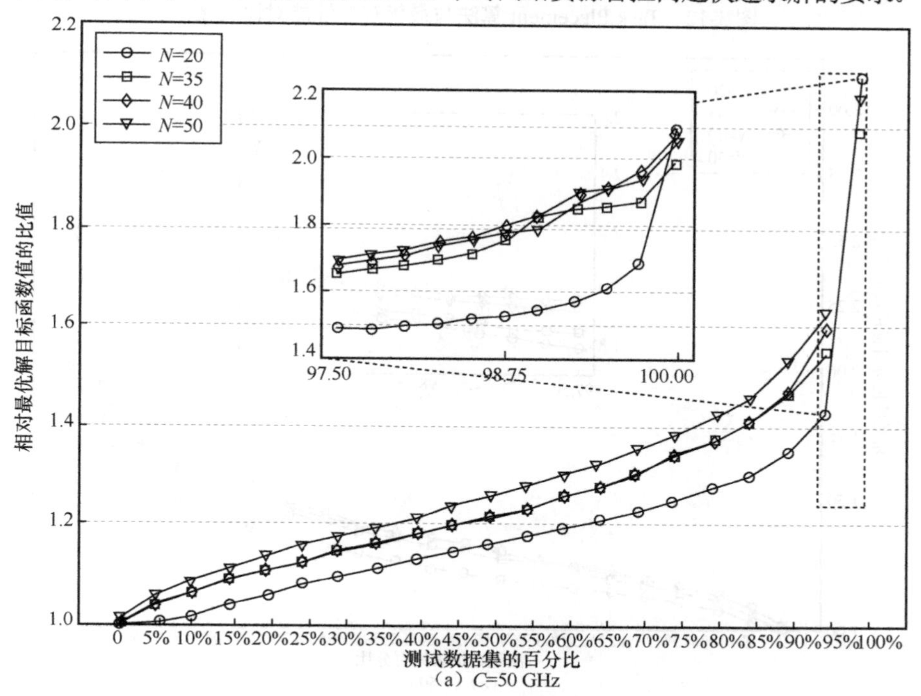

（a）C=50 GHz

图 3-12　Task Placement 算法与最优解的性能对比

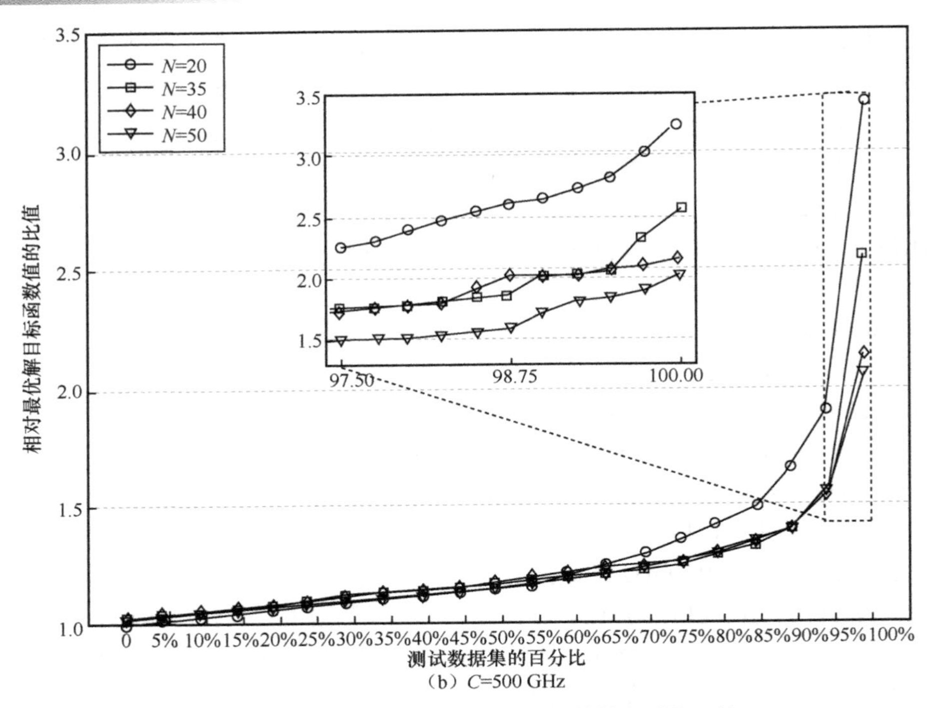

（b）C=500 GHz

图 3-12　Task Placement 算法与最优解的性能对比（续）

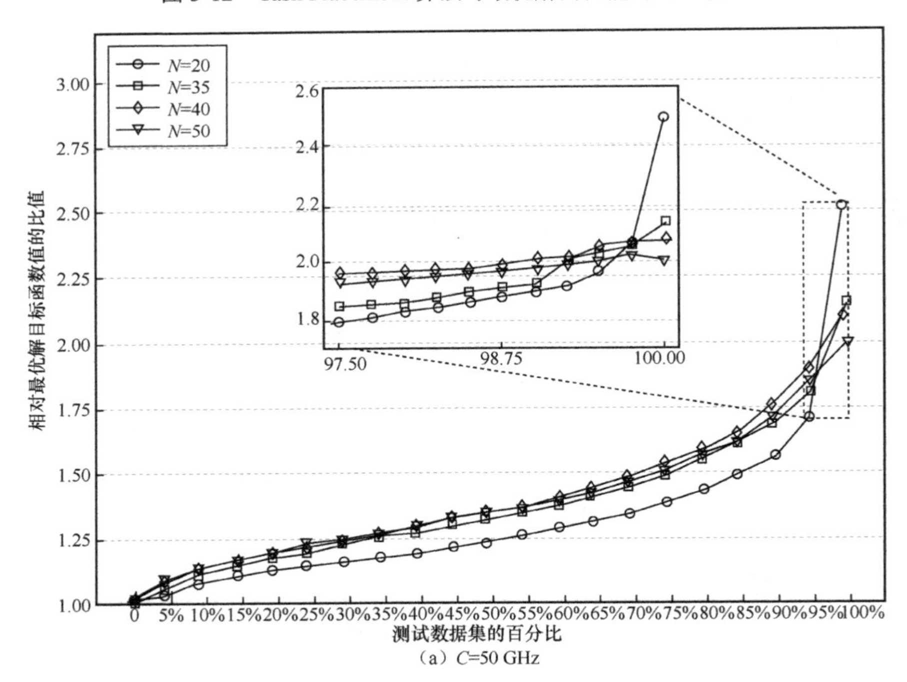

（a）C=50 GHz

图 3-13　ARM 方案与最优解的性能对比

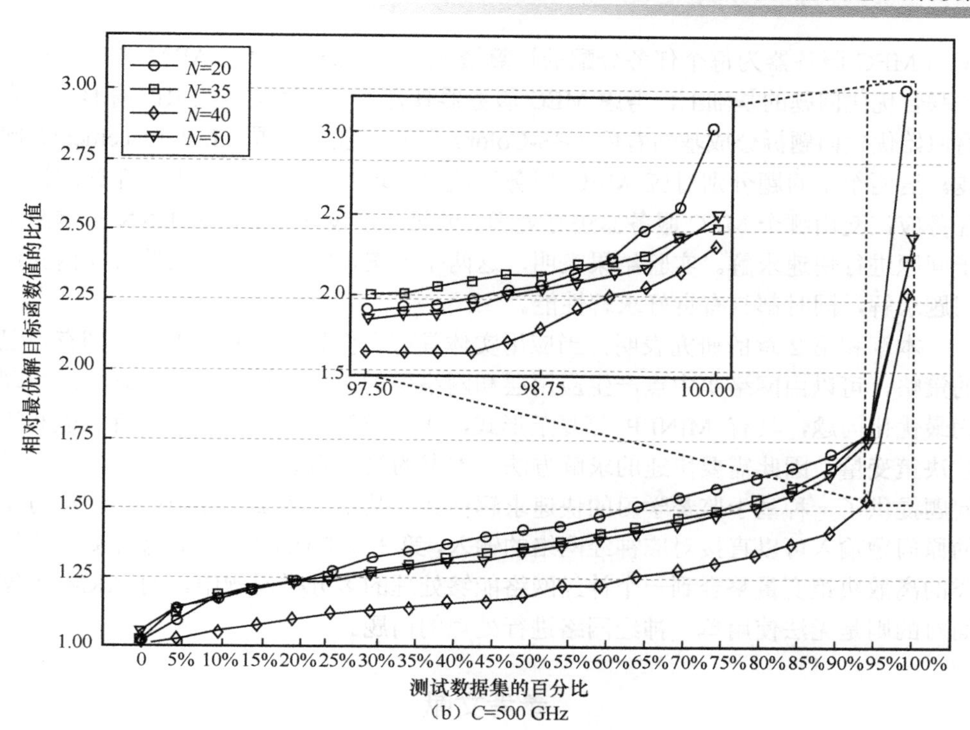

（b）C=500 GHz

图 3-13　ARM 方案与最优解的性能对比（续）

表 3-9　ARM 方案平均求解时间

N	平均求解时间/ms	
	C=50 GHz	C=500 GHz
20	3.20	3.20
35	3.53	3.74
40	3.70	3.83
50	3.81	3.89

3.9　本章小结

本章研究在 MEC 场景中，利用深度学习和监督学习框架研究任务卸载和计算资源分配联合优化问题的快速求解方法。第一部分对应 FAST-RAM 方案，首先对该联合优化问题进行建模，然后对该问题进行分解，使用 DNN 对其中涉及离散决策变量（任务卸载至某个边缘基站的 MEC 服务器或在本地执行）的子问题进行快速求解，进而利用凸优化方法求解联合优化问题中的连续决策变量（边缘基站 MEC 服务器为每个任务分配的计算资源）。第二部分对应 ARM 方案，在上述联合优化问题的基础上，考虑 MEC 服务器具有单一应用类型约束的情形。首先将原始优化问题拆分成基站着色（BS-Color）问题和任务放置（Task Placement）问题。这两个子问题分别对应 MEC 服务器能够处理的任务类型和用户卸载的计算任务应该交由哪个 MEC 服务器进行处理。进而分别设计了对应的 DNN 对这两个子问题进行快速求解。实验结果表明，这两个方案都能够在毫秒级的时间内完成问题求解，同时都具有良好求解性能。

本章和第 2 章的研究表明，当应用实体具有合作意愿，并且不需要拥有自己的策略，可以由网络集中点产生应用层和网络层的决策，这类优化问题一般呈现为最优化问题，具有 MINLP 等复杂形式，需要求解的问题中同时具有离散和连续决策变量，因此需要快速的求解方法。本书的第 2 章和第 3 章为这类资源管控问题提供了一种基于监督学习的快速求解框架。其中，第 2 章 FAIR-AREA 方案的原问题输入可以直接对应神经网络的输入，第 3 章 FAST-RAM 方案需要将不同类的离散决策变量整合到一个神经网络能够处理的多分类问题中，而 ARM 方案面对的则是无法使用单一神经网络进行处理的问题。

参考文献

[1] Cisco. Cisco visual networking index: global mobile data traffic forecast update, 2015–2020[R]. 2016.

[2] CHEN Z, HU W L, WANG J J, et al. An empirical study of latency in an emerging class of edge computing applications for wearable cognitive assistance[C]//Proceedings of the Second ACM/IEEE Symposium on Edge Computing. New York: ACM Press, 2017: 1-14.

[3] TALEB T, KSENTINI A, CHEN M, et al. Coping with emerging mobile social media applications through dynamic service function chaining[J]. IEEE Transactions on Wireless Communications, 2016, 15(4): 2859-2871.

[4] TIAN D X, ZHOU J S, SHENG Z G, et al. Robust energy-efficient MIMO transmission for cognitive vehicular networks[J]. IEEE Transactions on Vehicular Technology, 2016, 65(6): 3845-3859.

[5] TIAN D X, ZHOU J S, SHENG Z G, et al. Self-organized relay selection for cooperative transmission in vehicular ad-hoc networks[J]. IEEE Transactions on Vehicular Technology, 2017, 66(10): 9534-9549.

[6] GE X H, TU S, MAO G Q, et al. 5G ultra-dense cellular networks[J]. IEEE Wireless Communications, 2016, 23(1): 72-79.

[7] TALEB T. KSENTINI A. JANTTI R. Anything as a service for 5G mobile systems[J]. IEEE Network, 2016, 30(6): 84-91.

[8] TONG L, LI Y, GAO W. A hierarchical edge cloud architecture for mobile computing[C]//

Proceedings of the IEEE INFOCOM 2016 - The 35th Annual IEEE International Conference on Computer Communications. Piscataway: IEEE Press, 2016: 1-9.

[9] CHEN M, HAO Y X, QIU M K, et al. Mobility-aware caching and computation offloading in 5G ultra-dense cellular networks[J]. Sensors, 2016, 16(7): 974.

[10] LIU P, XU G C, YANG K, et al. Joint optimization for residual energy maximization in wireless powered mobile-edge computing systems[J]. KSII Transactions Internet Information Systems (TIIS), 2018(12): 5614-5633.

[11] CHEN M, HAO Y X. Task offloading for mobile edge computing in software defined ultra-dense network[J]. IEEE Journal on Selected Areas in Communications, 2018, 36(3): 587-597.

[12] MAO Y Y, YOU C S, ZHANG J, et al. A survey on mobile edge computing: the communication perspective[J]. IEEE Communications Surveys & Tutorials, 2017, 19(4): 2322-2358.

第 4 章 MAR 业务中计算资源分配和客户端应用层参数调整动态决策方案

第 2 章和第 3 章介绍了如何利用深度学习发展复杂优化问题的快速求解方法，本章以移动增强现实（Mobile Augmented Reality，MAR）业务为例，探讨如何利用深度强化学习为复杂连续决策问题提供解决方案，如图 1-4 所示，在 MAR 业务场景下，应用实体为各 MAR 客户端，网络集中点为 MEC 服务器，所分配的资源是 MEC 网络提供的计算资源。不同于“求解复杂优化问题”中网络集中点直接确定应用实体的具体行为，在第 4.4 节中，应用实体具有自适应调整能力，可以自己做出决策（例如选择数据发送速率），并且应用实体还可以自行选择与网络集中点不一样的优化目标。网络集中点对计算资源进行动态分配，通过自身行为间接引导应用实体的行为。在第 4.6 节中，网络集中点对各 MAR 客户端的应用层参数进行协同调整。此时网络集中点利用所掌握的全局信息和丰富的计算资源，直接为各应用实体训练能够在同一系统目标下进行协同决策的智能体。在实际执行过程中，应用实体仅需根据自身的观测即可做出能够满足系统整体利益的应用层决策，同时网络集中点只需关注网络层的计算资源分配。

第 4.1 节对本章的研究背景与动机进行概述；第 4.2 节概述本章中所运用的深度强化学习基本知识和算法框架；第 4.3 节对移动增强现实系统进行概述；第 4.5 节和第 4.7 节对本章所设计的两个方案分别进行性能评估；第 4.8 节对本章进行小结。

4.1 研究背景与动机

随着移动设备和无线通信技术的发展，MAR 业务已成为一种得到广泛关注的新兴应用。移动设备可以将虚拟信息（例如检测出的目标对象位置等信息）与真实环境进行结合，增强使用者对周边世界的感知[1]。然而，由于 MAR 应用需要大量计算资源且能耗较高，这极大影响了 MAR 应用在移动设备中的部署。MEC 和 5G 技术的发展在一定程度上消除了部署 MAR 应用的障碍。MEC 通过在网络边缘部署计算和存储资源[2]，结合 5G 中的超低时延技术[3]，为终端用户提供低时延、高带宽和高性能的网络服务。移动设备可以将复杂的计算任务卸载（Offloading）到网络边缘的 MEC 服务器中，相比于直接在移动设备本地处理，这样任务在付出极小时延代价的情况下能得到高性能计算服务。MAR 业务的典型工作流程如图 4-1 所示，多个移动设备上的 MAR 客户端持续地向 MEC 服务器发送图像请求。每个请求包含一个由摄像机等传感器捕获的图像数据。MEC 服务器在收到请求后，利用专用的计算硬件，如图形处理单元（Graphic Processing Unit，GPU）和软件（如计算机视觉算法）来处理这些数据。由于采用了并行化方式成批处理多个图像请求，以及使用了成熟的 DNN 模型，MEC 服务器能够提供比移动设备本地处理更高的图像处理效率和准确性。最后 MEC 服务器将结果（比如对目标对象的识别分类或获取的空间坐标信息等）返回给移动设备。

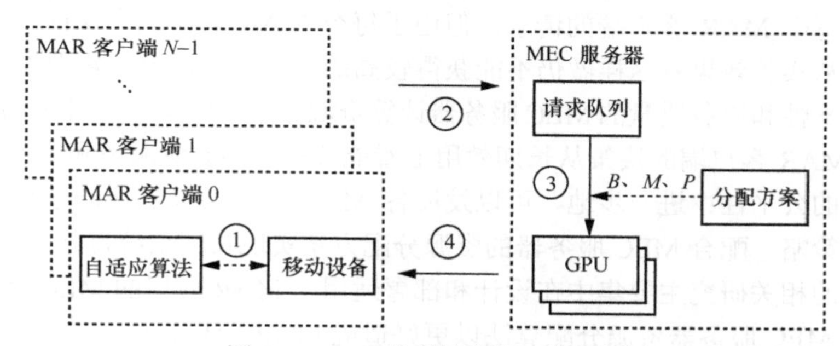

图 4-1　MAR 业务的典型工作流程

和传统 MEC 场景中的应用[4–7]不同，MAR 应用涉及 MAR 客户端和 MEC 服务器之间的频繁交互。由于网络状态和用户行为随时间动态变化，MAR 客户端和 MEC 服务器需要在每次发送和处理数据时，各自根据本地观测独立做出决策。通常，MAR 客户端根据自己的观测（历史请求的完成时间、QoE 和数据上传速率等信息），使用自适应算法调整未来一段时间内所发送图像的大小和图像请求发送速率。MEC 服务器同样根据本地观测（请求队列情况、各客户端的 QoE 等信息）调整接下来 GPU 的配置参数（如具体的 DNN 图像处理算法模型 M、批处理的大小 B 和每个 MAR 客户端请求所占比例 P）。MAR 客户端和 MEC 服务器的决策都将影响用户的 QoE，并对双方未来的决策产生影响。尤其是当多个 MAR 客户端竞争同一个 MEC 服务器资源时，它们的相互影响将变得更加复杂。具体来说，MAR 客户端的应用层参数调整和 MEC 服务器的计算资源分配问题需要应对以下两个挑战。

（1）如何实时地在两个相互冲突的服务质量指标（即数据处理准确性和低时延）之间进行权衡。MAR 客户端和 MEC 服务器的选择都会影响这两个 QoE 相关的指标。例如，MAR 客户端选择的图像请求发送速率越高和图像数据量（图像大小）越大，数据处理准确性（比如图像识别结果准确性）和单位时间的累计 QoE 也越高，但相应的上传时延也越大。MEC 服务器选择的图像处理模型越复杂，数据处理也越准确，但处理时延也会增加。考虑 MAR 客户端和 MEC 服务器之间的频繁交互，设计一种能够权衡复杂服务质量指标的在线资源分配方案并非易事。

（2）多个 MAR 客户端竞争资源时如何在提供高质量服务的同时维持 MAR 客户端之间的公平性。本章所考虑的 MAR 客户端具有自主决策能力。单个 MAR 客户端的优化目标是最大化自身的 QoE。但如果没有引导，多个独立决策的 MAR 客户端的行为将与 DASH 客户端的行为类似。由于任一 MAR 客户端都不知晓其他 MAR 客户端行为和网络层信息，在没有引导也没有协同的情况下，会出现各 MAR 客户端网络资源占用不公平、所有 MAR 客户端总体服务质量不高的问题。一种直观的方法是，在 MEC 服务器处根据各 MAR 客户端的请求数量严格公平地依次处理每个 MAR 客户端的请求。但由于每个 MAR 客户端图像请求的发送速率不同，从实验效果看这样做仍不能获得较高的总 QoE。因此，需要发展一个考虑长期公平性和服务质量的 MEC 服务器计算资源分配算法来引导各个 MAR 客户端，使各 MAR 客户端的决策从长期效用上看能够提供高质量服务和维持 MAR 客户端之间的公平性；进一步地，可以发展各 MAR 客户端能够协同进行应用层参数调整的策略，配合 MEC 服务器的资源分配方案实现长期系统目标。

现有的相关研究主要集中在设计和部署适用于 MAR 应用的 MEC 架构[8-10]，以及设计 MEC 服务器资源分配算法以更好适应 MAR 应用特性[11-12]（使用单向感知模式进行资源管控）。其中，在如何更好地分配 MEC 服务器计算资源以服务 MAR 应用的研究中，已经有研究者意识到需要权衡数据处理准确性和低时延这两个冲突的服务质量指标[13-14]，试图发展加速方法来减少处理时延或者定量化决策变量和性能之间的关系（比如图像大小和计算复杂度的关系）。也有工作由 MEC 服务器统一地联合优化 MAR 客户端的决策（即图像请求发送速率以及单张图像大小）和 MEC 服务器的资源分配[15-16]。但这些工作都忽略了 MEC 服务器往往利用 GPU 批处理的方式加速数据处理过程这一特性，同时也没有考虑多个 MAR 客户端竞争资源时的公平性问题。

MEC 服务器上的资源分配问题是在线问题，可以建模为马尔可夫决策过程（Markov Decision Process，MDP）。但是，由于 MAR 客户端和 MEC 服务器之间交互频繁，且 MAR 客户端之间也会相互影响，该 MDP 模型的系统状态转移概率难以被准确建模。同时，该系统的状态和动作空间维度较大，难以用传统方法解决该问题。此外，利用 DNN 作为近似方法的深度强化学习（Deep Reinforcement

Learning，DRL）对复杂的在线控制问题显示出广泛的适用性[17-19]，所以很多研究人员开始使用 DRL 来解决通信和网络中的各种问题与挑战[20]。

本章工作主要包含两个部分：第一部分设计了一种基于单智能体DRL的MEC增强现实服务资源分配方案。在该方案中，MAR 客户端使用自适应算法调整应用层参数，同时向 MEC 服务器提供自身的 QoE 信息。MEC 服务器利用这些信息，通过对服务器参数的调整，引导 MAR 客户端的决策，从长期来看，同时实现高 QoE 和良好的公平性；第二部分设计了一种基于多智能体 DRL（MADRL）的各 MAR 客户端能够协同进行应用层参数调整的方案。在该方案中，MEC 服务器处的网络集中点预先为各 MAR 客户端训练好应用层调整策略，在实际执行时，各 MAR 客户端根据自身对环境的观测独立做出决策，MEC 服务器仅使用自适应算法调整服务器参数，从长期来看，该方案同样能够获得高 QoE 和良好的公平性。

本章首先在第 4.2 节中对本书中所使用的 DRL 方法进行概述。第 4.3 节基于对 MAR 业务进行阐述，着重分析 MAR 客户端和 MEC 服务器之间的交互过程，并对网络集中点所关心的整个 MAR 系统的优化目标进行建模。

第 4.4 节阐述网络集中点如何通过对 MEC 服务器计算资源的动态分配，在线地对 MAR 客户端进行引导。首先将 MEC 服务器的在线计算资源分配问题建模为 MDP，然后设计了适用于 DRL 范式的状态空间和动作空间，进而提出了一种基于深度确定性策略梯度（Deep Deterministic Policy Gradient，DDPG）[19]算法的资源分配方案，称为 DRAM 方案。第 4.5 节中对 DRAM 方案的性能进行了评估。

进一步地，第 4.6 节阐述了网络集中点如何支持多个 MAR 客户端协同进行应用层参数决策。网络集中点通过使用多智能体 DRL 的方法，预先训练好能够自主进行决策且能够达到系统目标的 MAR 客户端应用层参数调整算法。当系统中新加入一个 MAR 客户端时，网络集中点为其提供训练好的调整算法。而在 MAR 服务运行时，网络集中点不再对 MAR 客户端进行额外的引导，只使用简单的启发式算法分配 MEC 服务器的计算资源，称这种方案为 COLLAR 方案。第 4.7 节中对 COLLAR 方案的性能进行了评估。

在 DRAM 方案中，仅有网络集中点使用基于 DRL 的智能动态调整方案，为了进一步提升性能，本章尝试赋予 MAR 客户端以这种智能调节的能力。实验证明，在系统中只有一个采用 DRL 来进行智能调整的 MAR 客户端时，该 MAR 客户端可以取得良好的效果。但当系统中有多个这样的 MAR 客户端，且这些 MAR 客户端独立决策时，系统的性能反而远不如所有 MAR 客户端采用简单的启发式调整算法。这种对比进一步说明了网络集中点进行引导的必要性，同时也成为发展 COLLAR 方案的研究动机。

集中式训练与分布式执行（CTDE）框架的发展为COLLAR方案提供了技术基础。网络集中点预先训练MAR客户端所采用的智能调整算法（对应CTDE的集中式训练阶段），赋予MAR客户端训练好的算法，使其仅根据自身本地观测进行应用层参数调整（对应CTDE的分布式执行阶段）。应用实体与网络集中点合作管控体现在两个方面，一为在进行应用实体智能体的训练时，各智能体均采用网络集中点所设计的考虑系统整体性能的目标函数，二为在实际运行时，应用实体和网络集中点各自承担自己的决策任务。

实验结果表明，两种方案均能取得良好的QoE和MAR客户端间的公平性，同时COLLAR比DRAM方案能够取得更优的系统表现。这种差异说明，赋予应用实体合适的智能决策方法，能够比由网络集中点单独进行优化更能提升资源管控的效果。

4.2 深度强化学习概述

本节主要概述本书所使用的DRL算法，主要内容分为两部分，第一部分介绍单智能体DRL相关内容，包含对MDP的描述，以及对本章中所使用的基于深度学习的经典算法的介绍，包含DQN算法、基于DNN的Actor-Critic和DDPG。第二部分介绍多智能体DRL相关内容，主要侧重于对分布式部分可观测马尔可夫决策过程（Dec-POMDP）的描述，以及本书中所使用的多智能体DRL算法，包含COMA、MADDPG和Mean-Field DRL。

4.2.1 单智能体深度强化学习算法

本节分别对马尔可夫决策过程和本章所使用的单智能体深度强化学习算法进行概述。

1. 马尔可夫决策过程概述

MDP是一种描述通过交互式学习实现目标的理论框架。在此框架中，进行学习和决策的抽象体被称为“智能体”（Agent），与智能体进行交互的其他事物被统称为“环境”（Environment）。智能体与环境持续进行交互，这种交互表现为智能体根据自身对环境状态的观测进行决策（选择动作）。环境对智能体的动作做出响应。此响应包括两部分，一为向智能体呈现的新状态，二为向智能体提供其在当前状态下进行动作所获的收益。

一个MDP由元组$\langle S,A,P,R,\gamma\rangle$进行定义，其中$S$表示状态（State）空间，$A$表示动作（Action）空间，$P:S\times A\to S$表示状态转移函数，$R:S\times A\to \mathbf{R}$表示奖励函数，$\gamma\in[0,1)$表示折损因子。智能体的行动策略定义为$\pi:S\to P(A)$。智能体

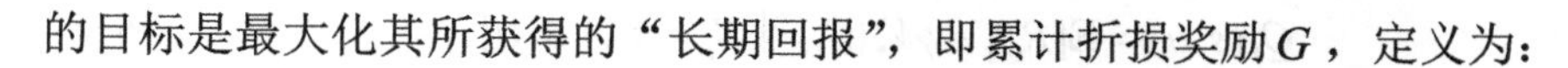

的目标是最大化其所获得的“长期回报”，即累计折损奖励G，定义为：

$$G=\sum_{t=0}^{\infty}\gamma^t R_t \tag{4-1}$$

为实现这一目标，智能体需要学习最优策略π，以最大化如式（4-2）所示的累计折损奖励的期望$J(\pi)$。

$$J(\pi)=\mathbb{E}_{\pi,P}[G] \tag{4-2}$$

对智能体最优策略的追求需要解决两个问题，一为如何对某一特定策略进行评估，并定义最优策略；二为基于这一评估，如何对当前策略进行改进。这两个问题往往随着智能体的训练过程呈现出迭代往复进行的特征。

由于智能体的最终目标为最大化“长期回报”G，所以需要在即时奖励R的基础上定义智能体在遵循策略π时的长期收益。强化学习中，这种长期收益一般使用“状态价值函数”以及“状态动作价值函数”进行表征。智能体在策略π下处于状态s时的状态价值函数$V_\pi(s)$定义为：

$$V_\pi(s)\doteq\mathbb{E}_\pi[G_t|\ S_t=s]=\mathbb{E}_\pi\left[\sum_{k=0}^{\infty}\gamma^k R_{t+k+1}|\ S_t=s\right],\forall s\in S \tag{4-3}$$

利用同样的方式可以定义智能体在策略π下处于状态s时采用动作a的状态动作价值函数$Q_\pi(s,a)$，定义为：

$$Q_\pi(s,a)\doteq\mathbb{E}_\pi[G_t|\ S_t=s,A_t=a]=\mathbb{E}_\pi\left[\sum_{k=0}^{\infty}\gamma^k R_{t+k+1}|\ S_t=s,A_t=a\right] \tag{4-4}$$

根据累计折损奖励G的递归关系，可以得到任意策略π和任意状态s下的状态价值函数$V_\pi(s)$与其下一个状态的状态价值函数之间的关系，称为“贝尔曼方程”：

$$\begin{aligned}V_\pi(s)&\doteq\mathbb{E}_\pi[G_t|\ S_t=s]\\&=\mathbb{E}_\pi[R_{t+1}+\gamma G_{t+1}|\ S_t=s]\\&=\sum_a\pi(a|\ s)\sum_{s'}\sum_r p(s',r|\ s,a)\{r+\gamma\mathbb{E}_\pi[G_{t+1}|\ S_{t+1}=s']\}\\&=\sum_a\pi(a|\ s)\sum_{s',r}p(s',r|\ s,a)[r+\gamma V_\pi(s')],\forall s\in S\end{aligned} \tag{4-5}$$

继而可以定义最优策略π^*的最优状态价值函数和最优状态动作价值函数：

$$V_*(s)\doteq\max_\pi V_\pi(s) \tag{4-6}$$

$$Q_*(s,a)\doteq\max_\pi Q_\pi(s,a) \tag{4-7}$$

根据贝尔曼方程，即式（4-5），两者的关系可以描述为：

$$Q_*(s,a) = \mathbb{E}[R_{t+1} + \gamma V_*(S_{t+1}) | S_t = s, A_t = a] \tag{4-8}$$

由于最优状态价值函数 V_* 是一种特殊的价值函数，故其也应满足贝尔曼方程，称为 V_* 的最优贝尔曼方程：

$$\begin{aligned} V_*(s) &= \max_{a \in A(s)} Q_{\pi_*}(s,a) \\ &= \max_a \mathbb{E}_{\pi_*}[G_t | S_t = s, A_t = a] \\ &= \max_a \mathbb{E}_{\pi_*}[R_{t+1} + \gamma G_{t+1} | S_t = s, A_t = a] \\ &= \max_a \mathbb{E}[R_{t+1} + \gamma V_*(S_{t+1}) | S_t = s, A_t = a] \\ &= \max_a \sum_{s',r} p(s',r | s,a)[r + \gamma V_*(s')] \end{aligned} \tag{4-9}$$

式（4-9）可以解释为，最优策略下各个状态的价值等于该状态下最优动作回报的期望。

同理，最优状态动作价值函数 Q_* 的最优贝尔曼方程可以表示为：

$$\begin{aligned} Q_*(s,a) &= \mathbb{E}[R_{t+1} + \gamma \max_{a'} Q_*(S_{t+1},a') | S_t = s, A_t = a] \\ &= \sum_{s',r} p(s',r | s,a)[r + \gamma \max_{a'} Q_*(s',a')] \end{aligned} \tag{4-10}$$

最优贝尔曼方程中蕴含了最优策略 π_* 的构造方法，即在已知最优状态价值函数 V_* 的情况下，仅需采用贪心策略进行单步搜索就可以得到最优策略 π_*。通过最优状态价值函数，追求短期（单步）的最优反应和追求长期回报完成了统一，这一特性使最优状态价值函数 V_* 的求解被视为强化学习的核心。但遗憾的是，直接求解该函数，需要对环境进行精确建模以及与之匹配的庞大的计算资源和存储资源支撑。在复杂的网络资源管控问题中，这都难以实现，只能求助于状态价值函数近似的参数化表达和近似求解方法。特别是近年来基于 DNN 的 DRL 技术，在诸如围棋、电子游戏等复杂环境中的成功实践，催生了大批基于 DRL 的应用实践，接下来将对本章中所使用的经典 DRL 算法进行概述。

2. 本章所使用的单智能体深度强化学习算法概述

基于价值的方法（Value-based），即对状态动作价值函数的学习（Q-Learning）是强化学习算法中最经典的算法框架之一，其定义为：

$$Q(S_t,A_t) \leftarrow Q(S_t,A_t) + \alpha[R_{t+1} + \gamma \max_a Q(S_{t+1},a) - Q(S_t,A_t)] \tag{4-11}$$

在 Q-Learning 算法运行时，需要使用表格记录每个“状态–动作”对的价值信息。该算法的优势在于对 Q 函数的近似操作所使用的行动轨迹不必一定是智能体当前所使用的策略，即是一种离轨策略（Off-Policy）。智能体的行动策略为基于 Q 函数的贪心算法（ϵ-greedy），即以概率 ϵ 使用随机动作，以 $1-\epsilon$ 的概率采用当前Q函数下价值最大的动作。但是该算法的运行需要大量的存储资源，这种需求在面对高维度的状态空间和动作空间时，特别是连续的状态空间时会导致 Q-Learning 算法本身失去可操作性。

DQN[17]算法使用 DNN 对Q函数进行近似，将存储表格变为存储表示 DNN 的权重参数θ，减少存储资源的使用。同时 DNN 中参数的求解采用了类似监督学习中使用损失函数进行优化的方法：

$$\theta_t \leftarrow \arg\min_{\theta} \mathcal{L}(Q(S_t, A_t;\theta), R_{t+1} + \gamma Q(S_{t+1}, A_{t+1};\theta)) \tag{4-12}$$

其中，$\mathcal{L}$代表如均方误差等损失函数。根据文献[21]，使用 DNN 等非线性函数近似方法进行数值函数的迭代是不稳定，甚至是发散的。

DQN 算法中使用了经验回放和目标Q函数两种技术以增加算法稳定性。首先 DQN 算法设计了经验回放池（Experience Replay Buffer）以存放智能体行动的经验，即四元组(S_t, A_t, R_t, S_{t+1})。在利用式（4-12）更新 DNN 时，首先，从经验回放池中小批量（Mini-Batch）均匀采样智能体的经验以计算损失函数，然后更新 DNN 权重参数。这种经验回放技术的优势体现在两个方面，一是提高智能体所获经验的使用效率，二是消除使用同一策略下的经验带来的高相关性问题，减小更新的方差和更新过程的发散。其次，DQN 引入了目标Q网络（Target-Q Network），替代原本的Q网络生成损失函数中的更新目标。目标Q网络的更新方式为，在当前Q网络更新一定次数后，直接复制当前Q网络的参数作为新的目标Q网络。目标Q网络的引入，极大改善了训练过程中的发散情况。

还有一种强化学习的经典框架为基于策略梯度（Policy Gradient）的方法，该方法直接对参数化策略π_θ进行学习，以优化某种评价智能体策略的性能指标$J(\theta)$。该方法适合具有高维或者连续动作空间的环境以及对随机策略进行建模。一般使用智能体在初始状态的状态价值函数作为策略优化的性能指标，即$J(\theta) \doteq v_{\pi_\theta}(s_0)$，此时策略$\pi_\theta$的梯度可以表示为：

$$\nabla J(\theta) = \mathbb{E}_\pi \left[G_t \frac{\nabla_\theta \pi(A_t | S_t, \theta)}{\pi(A_t | S_t, \theta)} \right] \tag{4-13}$$

进而可以得到一种对策略进行迭代更新的方法，即 REINFORCE 算法：

$$\theta \leftarrow \theta + \alpha G_t \nabla_\theta \ln \pi(A_t | S_t, \theta) \tag{4-14}$$

其中，α为策略迭代的步长，也称为算法的学习率。

虽然这一算法比较直观，但其对梯度本身的估计误差会随着智能体在环境中轨迹长度的增加而指数级上升。解决此问题的常用方法是引入与状态有关的基准函数$b(S_t)$，一般选取对状态价值函数的估计作为基准函数。基于 DNN 的“演员–评论家”（Actor-Critic）方法是这种思路下的典型深度强化学习算法。该算法中演员网络（Actor Network）为基于 DNN 的参数化策略 π_θ，评论家网络（Critic Network）为基于 DNN 的参数化状态价值函数 v_ϕ。该方法结合了基于价值和策略梯度两种思路，利用自举法（Bootstrapping），通过时间差分（Temporal Difference）方法将式（4-14）策略梯度中的误差表示为：

$$R_{t+1}+\gamma v_\phi(S_{t+1})-v_\phi(S_t) \tag{4-15}$$

其中，$v_\phi(S_t)$ 表示参数为 ϕ 的 DNN 对状态 S_t 的价值估计。

基于深度学习的确定性策略梯度（DDPG）算法是基于演员–评论家框架将 DQN 扩展至连续动作空间的重要方法。DDPG 的核心在于利用梯度的链式传播法则，通过评论家网络直接对演员网络进行更新：

$$\begin{aligned}\nabla_{\theta^\pi} J &\approx \mathbb{E}\left[\nabla_{\theta^\pi} Q(s,a|\ \theta^c)\Big|_{s=S_t,a=\pi(S_t|\ \theta^\pi)}\right] \\ &= \mathbb{E}\left[\nabla_a Q(s,a|\ \theta^c)\Big|_{s=S_t,a=\pi(S_t)} \nabla_{\theta^\pi}\pi(s|\ \theta^\pi)\Big|_{s=S_t}\right]\end{aligned} \tag{4-16}$$

其中，θ^c 表示评论家网络的参数，θ^π 为演员网络的参数。作为评论家的 Q 函数的更新同 DQN 方法，即通过小批量采样经验回放池中的经验，利用均方误差作为目标函数进行更新。但与 DQN 中目标 Q 网络的更新方式不同，DDPG 采用指数平滑的方式对目标演员网络 $\theta^{\pi'}$ 和目标评论家网络 $\theta^{c'}$ 进行更新：

$$\begin{aligned}\theta^{\pi'} &\leftarrow \rho\theta^\pi+(1-\rho)\theta^{\pi'} \\ \theta^{c'} &\leftarrow \rho\theta^c+(1-\rho)\theta^{c'}\end{aligned} \tag{4-17}$$

其中，$\rho \ll 1$，保证目标网络能够缓慢并稳定地进行更新。

4.2.2 多智能体深度强化学习算法

在应用实体具有较高参与度的协同管控场景中，存在多个实体分布式地进行决策且这些实体共享相同网络管控目标的情况。这些情形可以使用完全合作式的 Dec-POMDP 进行描述。

一个 Dec-POMDP 可定义为：

$$\left\langle S,\mathcal{N},\boldsymbol{U}=\{u^a\}_{a=1}^N,T,\{R^a\}_{a=1}^N,\rho_0,\gamma,Z,\boldsymbol{O}=\{o^a\}_{a=1}^N\right\rangle \tag{4-18}$$

其中，$\mathcal{N}$ 为 N 个智能体的集合，S 为状态空间，$\boldsymbol{U}$ 为 N 个智能体的联合动作空间 $\boldsymbol{u}=(u^1,\cdots,u^n)$；全局状态转移概率函数 $T:S\times\boldsymbol{U}\to P(S)$，即 $\Pr(s'|\ s,\boldsymbol{u})$；各智能体的奖励函数 $R^a:S\times\boldsymbol{U}\to\mathbf{R}$。智能体 a 进行决策时，首先获取本地观测 $o^a:Z(s,a)\to o^a$，然后依据自身策略 $\pi^a:o^a\to P(u^a)$ 产生动作。每个智能体的目标都是学习一个最优策略，以最大化自身的期望回报：

$$J(\pi^a)=\mathbb{E}_{\rho_0,\pi^1,\cdots,\pi^N,T}\left[\sum_{t=0}^{\infty}\gamma^t r_t^a\right] \tag{4-19}$$

其中，$r_t^a=R^a(s_t,u_t^1,\cdots,u_t^N)$。在完全合作情形下，所有智能体的奖励函数形式一致，即 $R^1=\cdots=R^N=R$。

由于“网络集中点”的存在，以及各应用实体和网络集中点工作在不同的实体中，本书中所关注的资源管控问题都可以归入 CTDE 框架[22]。网络集中点负责“集中式训练”部分，充分发挥其信息和计算资源富集的优势；应用实体处智能体的运行过程对应“分布式执行”部分，这些智能体在运行时仅需自身对系统的观测就可以做出决策。以下对本书中使用的 3 种该框架下的多智能体深度强化学习算法进行介绍。

首先介绍基于反事实的多智能体策略梯度（COMA）算法[23]。该算法基于演员–评论家框架，其核心为使用一个中心评论家为每个智能体提供“反事实基准”（Counterfactual Baseline），即在特定的系统状态和所有其他智能体的联合动作被固定的情况下，智能体 a 采用动作 u^a 的状态动作价值相对其所有状态动作价值期望的优势 $A^a(s,\boldsymbol{u})$ 是多少。智能体基于中心评论家对优势函数的计算，可以得到在系统总回报上的贡献分配，进而进行策略更新。COMA 算法中基于反事实的优势函数定义为：

$$A^a(s,\boldsymbol{u})=Q(s,\boldsymbol{u})-\sum_{u'^a}\pi^a(u'^a|\ \tau^a)Q(s,(\boldsymbol{u}^{-a},u'^a)) \tag{4-20}$$

其中，u'^a 为智能体 a 动作空间中的所有动作，$\boldsymbol{u}^{-a}$ 为智能体 a 以外所有其他智能体的联合动作。中心评论家网络需要为每个智能体计算其优势函数，即 $A^a(s,u^a)$。

逻辑上，中心评论家网络共需要提供 $|\boldsymbol{U}|^N$ 个优势函数的计算。在智能体动作数量 $|\boldsymbol{U}|$ 或智能体总数 N 稍大的情况下，若中心评论家网络直接输出这些函数值，中心评论家网络将产生巨大的计算资源开销，所以 COMA 算法将表示智能体 a 身份的独热编码和除智能体 a 外的智能体的联合动作 $\boldsymbol{u}^{-a}$ 也作为 DNN 的输入，从而将 DNN 的输出维度下降为 $|\boldsymbol{U}|$。

多智能体深度确定性策略梯度（MADDPG）算法同样基于演员–评论家框架，同时也是 DDPG 算法在多智能体环境下的扩充。其核心是在每个智能体的评论家网络中，加入其他智能体的动作信息以及系统状态信息。智能体 a 奖励的期望 $J(\theta_a)=\mathbb{E}[R_a]$ 可表示为：

$$\nabla_{\theta^a}J(\theta^a)=\mathbb{E}_{s,u^a\sim\pi^a}[\nabla_{\theta^a}\log\pi^a(u^a|\ o^a)Q_a^{\pi}(s,u^1,\cdots,u^N)] \tag{4-21}$$

假设所有智能体的策略均为确定性策略，以智能体 a 的确定性策略 π^a 为例，则策略梯度可进一步表示为：

$$\nabla_{\theta^a} J(\theta^a) = \mathbb{E}_{s,u^a \sim \mathcal{D}}\left[\nabla_{\theta^a} \pi^a(u^a | o^a) \nabla_{u^a} Q_a^{\pi}(s, u^1, \cdots, u^N)\Big|_{u^a=\pi^a(o^a)}\right] \tag{4-22}$$

其中，$\mathcal{D}$表示系统经验回放池，池中经验表示为$(s, s', u^1, \cdots, u^a, r_{s,\boldsymbol{u}})$。$r_{s,\boldsymbol{u}}$表示在系统状态$s$下各智能体采用联合动作$\boldsymbol{u}$的奖励，需要注意的是，MADDPG 算法也支持各智能体具有不同奖励函数的情况。

平均场深度强化学习（Mean-Field DRL）算法的核心在于通过平均场理论将系统中所有其他智能体对智能体a的影响，简化为与智能体a相邻的智能体集合N_a对它的影响，并通过“平均量”的概念再次将该邻域的影响简化为智能体a邻域的平均动作$\overline{u}^{N_a}$的影响。

首先将智能体a的状态动作价值函数表述为只包含其邻域智能体的状态动作价值函数的形式：

$$Q_a(s, u) = \frac{1}{|N_a|}\sum_{k \in N_a} Q_a(s, u^a, u^k) \tag{4-23}$$

假设系统中智能体a具有离散动作空间，且每个动作均进行独热编码，邻域N_a中的智能体k的动作u^k可表示为：

$$u^k = \overline{u}^a + \delta u^{a,k}, \overline{u}^a = \frac{1}{|N_a|}\sum_k u^k \tag{4-24}$$

即将邻域内智能体的动作表示为邻域的平均动作加一个扰动的形式。将式（4-23）和式（4-24）相结合并通过泰勒展开可得平均场状态动作价值（MF-Q）函数：

$$Q_a(s, u) \approx Q_a(s, u^a, \overline{u}^a) \tag{4-25}$$

即式（4-23）中智能体a与邻域内智能体两两相互作用的形式简化为式（4-24）中仅与采用平均动作$\overline{u}^a$的“虚拟智能体”的相互作用。

状态价值函数$V(s)$定义为：

$$V(s) = \sum_{a \in A} \pi^a(u^a | s) \mathbb{E}_{u^{-a}} \pi^{-a}[Q_a(s, u^a, \overline{u}^a)] \tag{4-26}$$

基于演员−评论家框架的平均场深度强化学习中智能体a的参数化策略θ^a的梯度表示为：

$$\nabla_{\theta^a} J(\theta^a) \approx \nabla_{\theta^a} \log \pi_{\theta^a}(s) Q_{\phi^a}(s, u^a, \overline{u}^a)\Big|_{u=\pi_{\theta^a}(s)} \tag{4-27}$$

其中，ϕ^a为智能体a用于近似Q函数的 DNN 参数。Q_{ϕ^a}的更新方式与评论家网络的更新类似，目标为最小化损失函数：

$$L(\phi^a) = (r^a + \gamma v_{\phi^a}^{\mathrm{MF}}(s') - Q_{\phi^a}(s, u^a, \overline{u}^a))^2 \tag{4-28}$$

其中，$\gamma v_{\phi^a}^{\mathrm{MF}}(s')$由式（4-26）计算。

4.3　移动增强现实系统概述

本节首先简要介绍 MAR 业务的工作流程，然后对每个 MAR 客户端的 QoE 进行建模，最后给出 MEC 服务器处网络集中点所关注的整个 MAR 系统的目标函数。MAR 业务建模主要符号及含义见表 4-1。

表 4-1　MAR 业务建模主要符号及含义

符号	含义
N	系统中 MAR 客户端的数量
ΔT	单个时隙的持续时间
f_m、s_m	MAR 客户端在时隙 m 中图像请求发送速率和单个图像大小
B_q、M_q	处理图像请求 q 时 MEC 服务器所选择的批处理大小和算法模型
T_q、T_q^{c}、T_q^{w}、T_q^{p}	图像请求 q 所经历的总时延、上传时延、等待时延和处理时延
k_{M_q}、k_{s_q}	处理图像请求 q 时采用不同模型以及不同图像大小的 QoE 效用系数
t_{s}、t_{h}	请求处理完成时间的软截止时间和硬截止时间
W	MAR 客户端到 MEC 服务器的数据传输速率
Q_u^m	第 u 个 MAR 客户端在时隙 m 内所有图像请求的总 QoE
C_u^m	非零效用的图像请求数占 MAR 客户端 u 在时隙 m 中产生的请求总数的比例
t_q^{init}	图像请求 q 的产生时间
t_{now}	系统当前时间
F、S	可选的图像请求发送速率和图像大小集合
B、M	可选的批处理大小和算法模型集合

4.3.1　移动增强现实系统分析及工作流程

考虑 N 个 MAR 客户端由网络边缘中同一个 MEC 服务器提供服务的场景。工作流程如图 4-1 所示，整个系统由 MAR 客户端和 MEC 服务器两部分组成。在 MAR 客户端中，自适应算法决定时隙 m 中图像请求发送速率 f_m 和单个图像大小 s_m。MAR 客户端的自适应算法旨在适应系统环境的动态变化，具体而言，单个图像大小 s_m 越高（图像分辨率越高），其处理结果就越准确，但上传时延也就越大，进而处理完成的总时延也越大。图像请求发送速率 f_m 越高，处理结果的准确性也越高，但有可能超出 MEC 服务器的处理能力而造成一些图像的处理超时，从而影响应用流畅度。图像处理结果的准确性和处理完成的总时延是影响 MAR 客户端 QoE 的两个主要指标。

MEC 服务器处的计算资源分配方案需要决定处理图像请求的算法模型、批处理大小和每个 MAR 客户端请求所占比例。对于 MAR 应用，MEC 服务器处理图像的准确性与所使用的 DNN 的模型高度相关。使用具有高精度的复杂模型往往会引入显著的处理时延，而使用简单模型则是以牺牲图像处理准确性为代价来提高处理速度。选择的模型 M 是一个关键决策变量。

在实际部署中，通常使用 GPU 对图像数据进行批处理[24]，即并行化处理。当批处理大小 B 取值较大时，MEC 服务器能够以更快的速度处理图像请求。但若 B 取值较大，GPU 需要等待请求队列中有足够数量的待处理图像才开始处理，这会带来额外的等待时延。因为各 MAR 客户端会动态调整图像请求的发送速率，因此 MEC 服务器参数调整方案须在 GPU 吞吐量和请求的等待时延之间进行权衡。

由于一个 MEC 服务器通常需要为多个 MAR 客户端提供服务，这些 MAR 客户端之间的公平性是另一个重要指标。它受每个 MAR 客户端请求所占比例，即决策变量 P 的影响。虽然可以通过在每一次批处理时为各 MAR 客户端分配相等的计算资源来实现严格公平，但是由于 MEC 服务器的行为也会影响各 MAR 客户端对图像请求发送速率 f_m 和单个图像大小 s_m 的决策，每一次批处理的严格公平可能导致较低的 MAR 客户端 QoE 总和。因此，分配方案不应仅在每次批处理中追求严格的公平，而是追求整个服务过程中的高 QoE 总和和良好的公平性，因此需要及时对每个 MAR 客户端请求所占比例 P 进行调整。

值得注意的是，MAR 客户端中的自适应算法和 MEC 服务器中的计算资源分配算法各自所确定的参数，都会影响其 QoE。MAR 客户端观测到的 QoE 情况会影响 MAR 客户端的后继决策，进而影响 MEC 服务器做出的决策。同样地，MEC 服务器所做决策又会影响 MAR 客户端的后继观测，进而影响 MAR 客户端的后继决策。这种交替影响的序贯决策问题是复杂且难以精确建模的。

假设单个时隙的持续时间为 ΔT 。如图 4-1 所示，MAR 客户端和 MEC 服务器通过以下 4 个步骤不断交互，直到 MAR 应用结束。

（1）MAR 客户端采用的自适应算法在每个时隙 m 开始时，选择本时隙所要采用的图像请求发送速率 f_m 和单个图像大小 s_m 。

（2）MAR 客户端在整个时隙持续期内，根据选择的图像请求发送速率 f_m 持续生成 MAR 请求，每个图像大小均为 s_m ，并发送到 MEC 服务器。

（3）MEC 服务器根据图像请求队列的状态和历史图像请求到达率等信息，使用计算资源分配算法决定下一次批处理时所采用的批处理大小 B 、算法模型 M 和每个 MAR 客户端请求所占比例 P 。

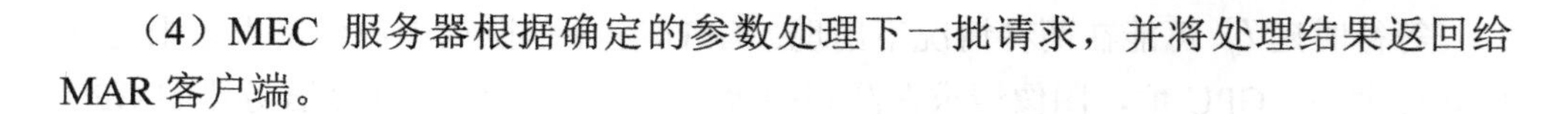

（4）MEC 服务器根据确定的参数处理下一批请求，并将处理结果返回给 MAR 客户端。

4.3.2　MAR 客户端的 QoE 建模

假设 MAR 客户端发送第 q 个图像请求时，系统处于时隙 m，则请求 q 的图像大小 s_q 为 s_m，MEC 服务器处理请求 q 时选择的批处理大小为 B_q，算法模型为 M_q（同一批被处理的请求的 B 和 M 参数一样），则请求 q 的 QoE（记为 Q_q）可表示为：

$$Q_q = k_{M_q} \cdot k_{s_q} \cdot V(T_q) \tag{4-29}$$

其中，$k_{M_q} \in (0,1]$ 是不同模型处理图像请求时对处理准确程度的效用系数，$k_{s_q} \in (0,1]$ 是反映不同图像分辨率（即图像大小）对处理准确程度的效用系数。T_q 表示请求 q 自产生到处理完成所经历的总时延。V 是时间效用函数（Time-Utility Function，TUF），用来量化时延对 QoE 所产生的影响。本章所采用的时间效用函数如图 4-2 所示。如果图像请求 q 经历的总时延小于软截止时间 t_s，则效用值为 1。如果总时延大于 t_s，则效用值线性减小，直到硬截止时间 t_h 减小到 0。

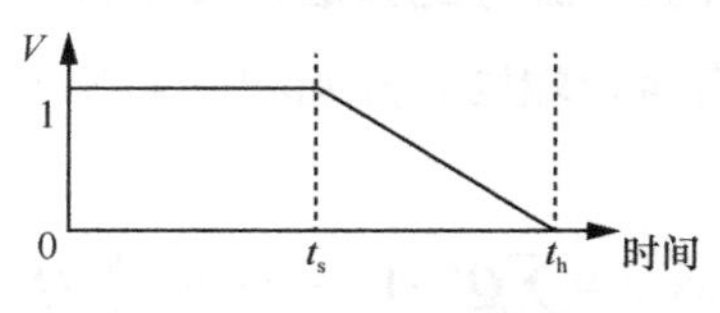

图 4-2　时间效用函数

由于 MEC 服务器返回给 MAR 客户端的数据量通常可以忽略不计，因此仅考虑上传时延[25]。请求 q 经历的总时延由 3 部分组成：上传时延 T_q^{c}、等待时延 T_q^{w} 和处理时延 T_q^{p}。上传时延的计算方法是传输数据量（即图像大小）除以数据传输速率，可表示为：

$$T_q^{\mathrm{c}} = s_q / W \tag{4-30}$$

其中，s_q 是请求 q 的图像大小，W 是 MAR 客户端到 MEC 服务器的数据传输速率。

GPU 的吞吐量受批处理大小 B_q 和算法模型 M_q 影响，用 $\mathrm{Th}(B_q, M_q)$ 表示。因此，处理时延可表示为：

$$T_q^{\mathrm{p}} = B_q / \mathrm{Th}(B_q, M_q) \tag{4-31}$$

然而，$\mathrm{Th}(B_q, M_q)$ 和 (B_q, M_q) 之间的关系无法精确建模，目前已有一些工作根据测量数据给出了二者的关系[24]。

等待时延 T_q^{w} 可能在两种情况下出现：GPU 空闲但队列中图像请求数未达到批处理大小；GPU 忙，图像请求在队列中等待。等待时延受 MEC 服务器的 GPU 吞吐量和各 MAR 客户端图像请求到达情况的影响，这由参数 (B_q, M_q) 和 (f_m, s_m) 决定，无法显式建模。

综上，图像请求 q 的总时延 T_q 可以表示为：

$$T_q = B_q / \mathrm{Th}(B_q, M_q) + T_q^{\mathrm{w}} + s_q / W \tag{4-32}$$

因此，MAR 客户端 u 在时隙 m 中的总 QoE 可以表示为：

$$Q_u^m = C_u^m \cdot \sum_q Q_q \tag{4-33}$$

其中，C_u^m 表示非零效用（QoE＞0）的图像请求数占 MAR 客户端 u 在时隙 m 中产生的请求总数的比例，可以表示为：

$$C_u^m = 1 - f_u^{m,\mathrm{o}} / (f_u^m \cdot \Delta T) \tag{4-34}$$

其中，f_u^m 为 MAR 客户端 u 在时隙 m 中选择的图像请求发送速率，$f_u^{m,\mathrm{o}}$ 为因超时而没有产生效用的图像请求的数量。

4.3.3 MEC 服务器计算资源分配算法的目标函数

假设 MAR 系统中所有客户端同时开始和结束 MAR 服务，则系统的目标函数如下：

$$\max J = \sum_m \boldsymbol{Q}^m \cdot \mathbf{1}^{\mathrm{T}} - \alpha \cdot \mathrm{std}\left(\sum_m \boldsymbol{Q}^m \right) \tag{4-35}$$

其中，$\boldsymbol{Q}^m$ 是包含每个 MAR 客户端在时隙 m 内获得的 QoE 的向量。$\boldsymbol{Q}^m \cdot \mathbf{1}^{\mathrm{T}}$ 表示时隙 m 内所有 MAR 客户端的 QoE 总和，$\mathrm{std}\left(\sum_m \boldsymbol{Q}^m \right)$ 表示整个服务过程中 MAR 客户端之间 QoE 的标准差。α 表示总 QoE 和公平性度量之间相对权重的参数。如前所述，等待时延无法显式建模，且 MEC 服务器的计算资源分配算法与 MAR 客户端应用层参数调整算法各自独立工作，它们相互之间的影响也是非显式的。

4.4 DRAM 方案

本节将详细介绍针对 MAR 业务中进行计算资源分配问题的 DRAM 方案。在此方案中，MAR 客户端采用启发式自适应算法决策图像请求的发送速率和图像大小；MEC 服务器采用基于 DRL 的 DRAM 方案决策 MEC 服务器上 GPU 所使用的具体算法模型和批处理大小，以及每个 MAR 客户端请求所占比例。此时应用实体（MAR 客户端）和网络集中点（MEC 服务器）二者的优化目标不同，且各自独立决策。MEC 服务器的 DRAM 方案通过影响 MAR 客户端启发式自适应算法的输入，进而使各 MAR 客户端最终做出的决策能够在实现一定公平性的前提下提高总 QoE。

本节首先将 MEC 服务器的计算资源分配问题建模为 MDP，并简要说明为什么强化学习可以解决 MDP 问题。然后在分析将 DRL 范式应用到 MEC 服务器的计算资源分配问题中所面临的挑战后，描述了 DRAM 的状态空间、动作空间和奖励函数的设计，并给出 DRAM 的算法框架以及 MAR 客户端所使用的启发式自适应算法。

4.4.1　问题分析

在 MAR 场景中，MEC 服务器与 MAR 客户端进行交互并连续进行计算资源分配决策。由于 MAR 客户端的自适应算法在时间上是平稳的，所以 MEC 服务器所处的环境也是平稳的，因此 MEC 服务器上的计算资源分配问题就可以建模为 MDP[26]。一方面，强化学习是求解 MDP 的一种典型方法；另一方面，网络集中点在这个场景中的目标是引导各个 MAR 客户端的自适应算法，在长期意义上取得高的 QoE 和良好的公平性，这种追求长期收益的行为，符合 RL 所擅长解决的问题的目标范式[20]。

4.4.2　DRAM 方案设计

在 MAR 场景中设计基于 DRL 的 MEC 服务器计算资源分配方案，存在以下几个设计挑战。

（1）系统状态需要表示 MEC 服务器队列中每个请求（待处理图像）在处理时延方面的紧迫性。

（2）MEC 服务器请求队列的状态是 DRL 输入的一部分。请求队列中的请求数量随时间动态变化，而 DRL 中 DNN 的输入维度必须是一个定值。

（3）批处理大小 B 和算法模型 M 是离散的决策变量，而每个 MAR 客户端请求所占比例 P 是连续决策变量，导致动作空间混合了离散值和连续值。

（4）由于 DRL 的各个输出是相互独立的，如果 DRL 直接给出每个 MAR 客户端请求所占比例 P，则无法保证各 MAR 客户端的请求所占比例的总和为 1。

1. 状态空间设计

假设系统中 MAR 客户端数量的上限为 N（MAR 客户端编号从 0 开始），在 MEC 服务器处的网络集中点进行第 k 次决策时，该 MDP 的系统状态由以下 4 部分定义。

（1）$\boldsymbol{N}_k \in \mathbf{Z}^N$ 表示 MEC 服务器的请求队列中，各 MAR 客户端所请求处理的图像数。

（2）$\boldsymbol{H}_k \in \mathbf{Z}^{N\times(N_{\text{pre}}+N_{\text{post}}+1)}$ 表示每个 MAR 客户端请求的紧迫性。为了应对设计挑战（1）和（2）即用固定长度向量表达数量可变的请求的紧迫性），为每个客户端设计了一系列“容器”（bin）对每个请求的紧迫性进行分类。表示请求紧迫性的直方图如图 4-3 所示，每个容器覆盖固定时间长度 D，每个请求按照式（4-36）放入对应的 bin 中：

$$\text{bin}_q = (t_q^{\text{init}} + t_{\text{s}}) / D \tag{4-36}$$

其中，t_q^{init} 是请求 q 的生成时间，t_{s} 是软截止时间。因此，对应不同时间段的容器表征不同的紧迫程度，所有容器中请求的数构成图 4-3 中的直方图，以表达 MAR 客户端请求在不同时间紧迫程度上的数量分布。直方图的中心 bin 覆盖系统的当前时间 t_{now}。同时考虑中心 bin 之前的 N_{pre} 个 bin 和之后的 N_{post} 个 bin（N_{pre} 和 N_{post} 是两个超参数）。通过将每个 MAR 客户端的所有请求分类于不同的 bin 中，这些请求在时间紧迫性上的表征由于 bin 的数目固定而形成一个固定长度的向量，形成矩阵 $\boldsymbol{H}_k$ 的一行。

（3）$\boldsymbol{R}_k \in \mathbf{R}_+^N$ 是对每个 MAR 客户端请求到达率的估计，可通过统计过去一段时间内的历史到达请求数计算得出，如滑窗平均、指数加权平均等方法。

（4）$\boldsymbol{Q}_k^{\text{total}} \in \mathbf{R}_+^N$ 是每个 MAR 客户端自服务开始的累计 QoE，此信息由 MAR 客户端直接提供给 MEC 服务器（网络集中点）。

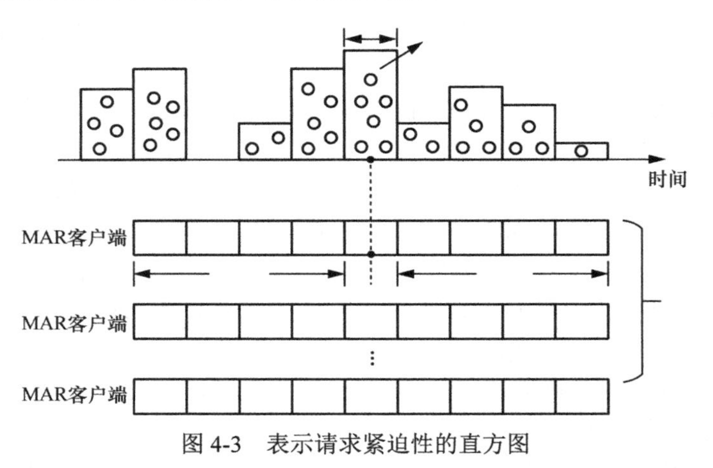

图 4-3　表示请求紧迫性的直方图

2. 动作空间设计

MEC 服务器需要在 GPU 空闲时决定处理下一批图像请求所采用的批处理大

小、算法模型和每个 MAR 客户端请求所占比例。为了应对设计挑战（3）（即同时包含离散值和连续值的动作），考虑将 DRAM 方案中的所有决策变量设计成连续动作，最后再将对应离散动作的连续值转换为实际执行的离散动作。因此，DRAM 动作空间结构如图 4-4 所示，在第 k 次决策中，MEC 服务器 DRL 智能体输出的连续动作 $\boldsymbol{A}_k=\{a_1,a_2,\cdots,a_{N+1}\}$ 定义为：

（1）$a_1,\cdots,a_{N-1}\in[-1,1]^{N-1}$ 作为式（4-37）的输入，作为计算本次批处理中为 N 个 MAR 客户端计算资源分配方案的中间变量。

（2）$a_N\in[-1,1]$ 表示所选择的批处理大小。

（3）$a_{N+1}\in[-1,1]$ 表示所选择的算法模型。

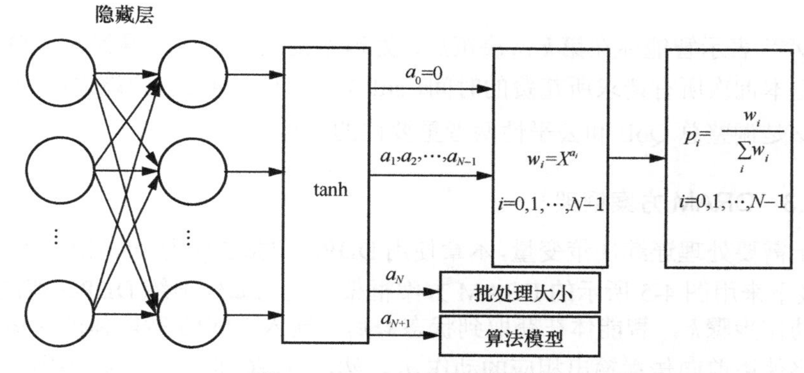

图 4-4　DRAM 动作空间结构

为了克服设计挑战（3）以获得可行的动作，对于批处理大小和算法模型的选择（即动作 a_N 和 a_{N+1}）使用舍入方法（Rounding Method）将连续动作转化为离散决策。

为了应对设计挑战（4）（即保证各 MAR 客户端请求所占比例总和为1），DRAM 方案的 DRL 智能体不直接输出本次批处理中 N 个 MAR 客户端请求所占的比例 P，而是输出产生该比例的中间变量，最后通过一定方法将该中间变量映射为最终的分配比例。同时，考虑使用的 DRL 输出的取值范围是[−1,1]，可能存在多个分配决策具有相同含义的情况。比如，分配决策(0,0,⋯,0)、(0.5,0.5,⋯,0.5)和(1,1,⋯,1)都意味着各 MAR 客户端所占比例相同。因此，将第 0 个 MAR 客户端的所占份额固定为基准（即假设 $a_0=0$），然后由 DRL 智能体输出第1个到第 $N-1$ 个 MAR 客户端（$a_1,\cdots,a_{N-1}\in[-1,1]^{N-1}$）相对于基准值的中间变量，以避免出现多个分配决策含义相同的情况。

得到中间变量 $a_0,a_1,\cdots,a_{N-1}$ 后，首先计算每个 MAR 客户端的权重：

$$w_i=X^{a_i} \tag{4-37}$$

其中，$X\in(1,+\infty]$ 是一个超参数，它会影响对一次批处理中计算资源划分的粒度

(Fineness)。最终，DRAM 方案将该权重映射为下一次批处理中每个 MAR 客户端请求所占比例 $P=\{p_0,p_1,\cdots,p_{N-1}\}$，并且可以确保所有 MAR 客户端请求所占比例之和等于 1。映射方法如下：

$$p_i=\frac{w_i}{\sum_{j=0}^{N-1}w_j},i=0,1,\cdots,N-1 \tag{4-38}$$

3. 奖励函数设计

第 k 次动作 $\boldsymbol{A}_k$ 的奖励函数定义如下：

$$r_k=Q_k^{\text{batch}}/\delta_k-\alpha\cdot\text{std}(\boldsymbol{Q}_k^{\text{total}}) \tag{4-39}$$

其中，Q_k^{batch} 表示智能体在第 k 次决策后，处理本批次所有请求得到的总 QoE，δ_k 为处理完本批次所有请求所花费的时间，$\text{std}(\cdot)$ 是所有 MAR 客户端之间 QoE 的标准差。α 是调整总 QoE 和公平性两者重要性的权重。

4.4.3 DRAM 方案框架

由于需要处理连续决策变量，本章使用 DDPG[19]算法作为 DRAM 方案的 DRL 框架。接下来用图 4-5 所示的 DRAM 方案框架来说明如何训练 DDPG 智能体。对于每个动作步骤 k，智能体在获取到状态 s_k 后，输入 DDPG 智能体的演员网络。演员网络使用前向传播输出相应的动作 a_k。然后 MEC 服务器执行该操作（将其转换为批处理大小、算法模型和每个 MAR 客户端请求所占比例）。系统进入下个状态 s_{k+1}，并将奖励 r_k 返回给智能体。

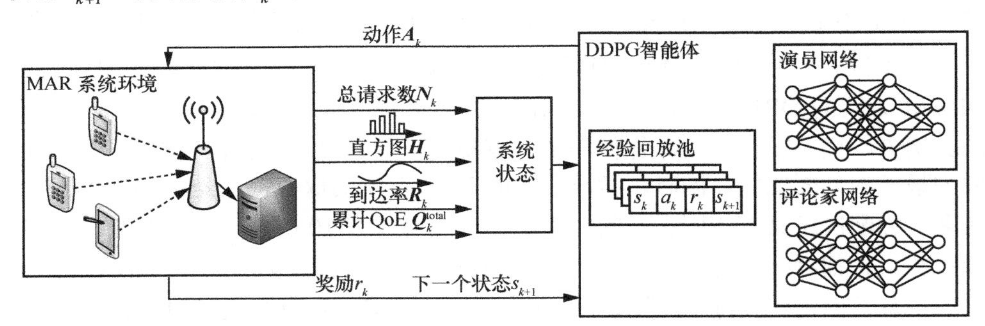

图 4-5　DRAM 方案框架

DDPG 智能体将每次决策所获取的经验（Transition）(s_k,a_k,r_k,s_{k+1}) 存储在缓冲区中。在智能体策略的更新过程中，首先在经验回放池中随机采样大小为 K 的小批量经验，然后通过 TD(0)计算评论家网络的损失函数以对其进行更新，根据链式法则计算演员网络的梯度以更新演员网络的参数。具体的训练过程中还引入了目标演员网络和目标评论家网络以保证训练过程的平稳。

DRAM 训练过程如算法 4-1 所示。训练过程共持续 E 轮，演员网络和评论家网络在每轮训练结束时更新。DRAM 训练期间使用了如探索噪声过程（Exploration Noise Process）、软更新（Soft Update）和批归一化（Batch Normalization）等方法[19]辅助 DDPG 训练。

在实际使用中，经过良好训练的 DRAM 在 MEC 服务器处理完每个请求批次后，确定下一次批处理时所采用的批处理大小 B 、算法模型 M 以及每个 MAR 客户端请求所占比例 P 。DRAM 方案的分配决策将影响到 MAR 客户端的 QoE，进而影响启发式算法的输入，MAR 客户端将根据自身观测到的网络条件和历史 QoE 来决定图像请求发送速率 f_m 和单个图像大小 s_m 。

算法 4-1　DRAM 训练过程

输入： E 、 γ 、 K 、 N

输出： 训练完毕的神经网络参数 θ^Q 和 θ^μ

1. 使用随机权重 θ^Q 和 θ^μ 初始化评论家网络 $Q(s,a\mid\theta^Q)$ 和演员网络 $\mu(s\mid\theta^\mu)$ ；
2. 使用权重 $\theta^{Q'}\leftarrow\theta^Q,\theta^{\mu'}\leftarrow\theta^\mu$ 初始化目标网络 Q' 和 μ' ；
3. 初始化经验回放池 D 、训练轮数 $\sigma=0$ ；
4. while　$\sigma\leqslant E$　do
5. 　　初始化随机过程 $\mathcal{N}$ 便于智能体进行探索；
6. 　　$k=0$ ；
7. 　　while 系统未到达终止状态 do
8. 　　　　if GPU 空闲 then
9. 　　　　　　根据当前策略和探索噪声选择动作 $\boldsymbol{A}_k=\mu(s_k\mid\theta^\mu)+\mathcal{N}_k$ ；
10. 　　　　　　根据图 4-4 中的动作空间设计确定 B 、 M 、 P ；
11. 　　　　　　GPU 对请求进行处理；
12. 　　　　　　获取系统下一状态 s_{k+1} 和奖励函数值 r_k ；
13. 　　　　　　存放经验 (s_k,a_k,r_k,s_{k+1}) 至经验回放池 D 中；
14. 　　　　　　$k\leftarrow k+1$ ；
15. 　　　　end
16. 　　end
17. 　　从经验回放池 D 中随机小批量采样 K 条经验 (s_i,a_i,r_i,s_{i+1}) ；
18. 　　　$y_i=r_i+\gamma Q'(s_{i+1},\mu'(s_{i+1}\mid\theta^{\mu'})\mid\theta^{Q'})$ ；
19. 　　通过最小化以下损失函数以更新评论家网络：

$$L=\frac{1}{K}\sum_i(y_i-Q(s_i,a_i\mid\theta^Q))^2$$

20. 通过随机采样策略梯度更新演员网络：

$$\nabla_{\theta^{\mu}} J \approx \frac{1}{K} \sum_{i} \nabla_{a} Q(s,a \mid \theta^{Q})|_{s=s_i,a=\mu(s_i)} \nabla_{\theta^{\mu}} (s \mid \theta^{\mu})|_{s_i}$$

21. 通过软更新方式更新目标网络：

$$\theta^{Q'} \leftarrow \tau\theta^{Q} + (1-\tau)\theta^{Q'}, \quad \theta^{\mu'} \leftarrow \tau\theta^{\mu} + (1-\tau)\theta^{\mu'}$$

22. $\sigma = \sigma + 1$；
23. end

4.5 DRAM 方案性能评估

本节在仿真环境中评估 DRAM 方案的性能。由于目前缺乏对 MAR 客户端自适应算法的研究，出于评估 DRAM 方案的需要，本节首先设计了一种 MAR 客户端启发式自适应算法；然后说明实验设置，并分析了实验结果；最后分析了超参数对系统性能的影响，不同 MAR 服务持续时间下 DRAM 方案的泛化性能，评估了 DRAM 方案的鲁棒性。

4.5.1 MAR 客户端启发式自适应算法

MAR 客户端启发式自适应算法的目的是在时隙 m 开始时确定图像请求发送速率 f_m 和单个图像大小 s_m，贪婪地实现更高的 QoE。如前所述，MAR 客户端的 QoE 包含两个相互冲突的指标（图像处理准确度和处理时延），且同时受到 MAR 客户端和 MEC 服务器决策的影响。应用实体（即 MAR 客户端）直接提供当前累计 QoE 的值给网络集中点（即 MEC 服务器），MEC 服务器通过自身计算资源分配方案间接影响 MAR 客户端的输入。MAR 客户端并不知晓 MEC 服务器的状态和选择，因此只能根据所记录的历史请求时延信息来估算未来 ΔT 内生成的图像请求的总时延，同时 MAR 客户端启发式自适应算法仅考虑图像大小来计算 QoE。算法目标是选择使时隙 m 内生成的所有图像请求的预估总 QoE 最大化的元组 (f_m, s_m)。

MAR 客户端启发式自适应算法如算法 4-2 所示。其中 F 和 S 是可选的图像请求发送速率集合和图像大小集合。t_{now} 为系统当前时间，$\overline{T}_{\text{d}}^{m-1}$、$\overline{T}_{\text{c}}^{m-1}$ 和 $\overline{T}_{\text{p}}^{m-1}$ 表示在上一个时隙内完成的图像请求的平均总时延、平均上传时延和平均处理时延。由于 MAR 客户端无法获得准确的处理时延，算法中假设处理时延和上传时延分别与图像请求发送速率和图像大小呈线性关系，并通过算法第 2 行和第 3 行得到

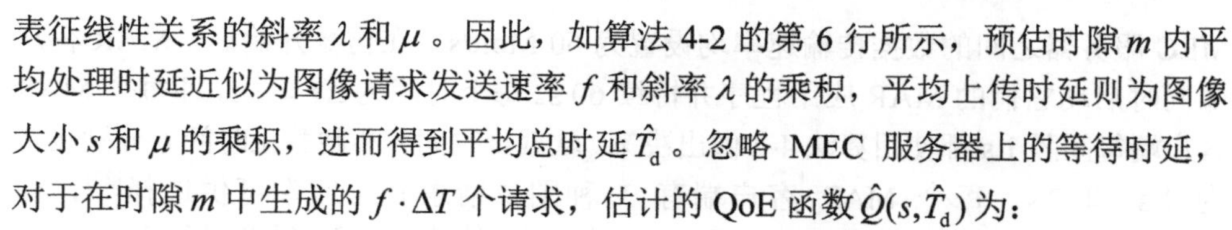

表征线性关系的斜率 λ 和 μ 。因此，如算法 4-2 的第 6 行所示，预估时隙 m 内平均处理时延近似为图像请求发送速率 f 和斜率 λ 的乘积，平均上传时延则为图像大小 s 和 μ 的乘积，进而得到平均总时延 $\hat{T}_{\rm d}$ 。忽略 MEC 服务器上的等待时延，对于在时隙 m 中生成的 $f\cdot\Delta T$ 个请求，估计的 QoE 函数 $\hat{Q}(s,\hat{T}_{\rm d})$ 为：

$$\hat{Q}(s,\hat{T}_{\rm d})=k_{s_q}\cdot V(\hat{T}_{\rm d})=\begin{cases}k_{s_q}, & \hat{T}_{\rm d}\leqslant t_{\rm s}\\ k_{s_q}\cdot(t_{\rm h}-\hat{T}_{\rm d})/(t_{\rm h}-t_{\rm s}), & t_{\rm s}<\hat{T}_{\rm d}\leqslant t_{\rm h}\\ 0, & \hat{T}_{\rm d}>t_{\rm h}\end{cases} \tag{4-40}$$

其中，$V(\hat{T}_{\rm d})$ 是预估平均总时延的时间效用值。最后，该算法将基于图 4-2 所示的时间效用函数，估计每个可用 (f,s) 二元组在下一个时隙 m 中生成的所有图像请求的总 QoE，选出使总 QoE 最大的 (f,s) 作为算法输出 (f_m,s_m) 。

算法 4-2　MAR 客户端启发式自适应算法

输入： $\overline{T}_{\rm d}^{m-1}$、$\overline{T}_{\rm c}^{m-1}$ 、F 、S

输出： $f_m\in F$、$s_m\in S$

1. $\overline{T}_{\rm p}^{m-1}=\overline{T}_{\rm d}^{m-1}-\overline{T}_{\rm c}^{m-1}$;
2. $\lambda=\overline{T}_{\rm p}^{m-1}/f_{m-1}$;
3. $\mu=\overline{T}_{\rm c}^{m-1}/s_{m-1}$;
4. 初始化 $f^*=0$、$s^*=0$、$\hat{Q}_{\max}=0$;
5. for all $f\in F, s\in S$ do
6. 　　$\hat{T}_{\rm d}=\lambda\cdot f+\mu\cdot s$;
7. 　　if $\hat{Q}_{\max}\leqslant\hat{Q}(s,\hat{T}_d)\cdot f\cdot\Delta T$ then
8. 　　　$\hat{Q}_{\max}=\hat{Q}(s,\hat{T}_{\rm d})\cdot f\cdot\Delta T$;
9. 　　　$f^*=f, s^*=s$;
10. 　　end
11. end
12. $f_m=f^*, s_m=s^*$;

4.5.2　实验设置

本节首先介绍仿真设置，然后介绍 DRAM 方案训练过程中的超参数设置，最后介绍实验中使用的对比方案。

1. *仿真设置*

在 DRAM 方案的仿真环境中有 3 个 MAR 客户端（$N=3$），它们由同一个 MEC 服务器提供服务。该 MEC 服务器配备有一个 GPU。所有 MAR 客户端与

MEC 服务器之间的数据传输速率均设置为 60 Mbit/s。在仿真开始后，MAR 客户端同时启动它们的 MAR 应用程序并持续 60 s。每个时隙为 $\Delta T = 1$ s，即每个 MAR 客户端每间隔 1 s 都使用算法 4-2 做出决策。软截止时间 t_s 和硬截止时间 t_h 分别设置为 1 s 和 2 s。每个 MAR 客户端有 3 种图像请求发送速率可供选择[27]，即 $f \in \{15,30,60\}$ 帧/s，并且有 5 种图像大小可供选择[16]，即 $s \in \{30,60,90,120,150\}$ KB。

表 4-2 展示了图像大小 s 和对应效用系数 k_s 之间的映射关系。此映射关系参考了文献[16]中的图 4（a）。由于仿真中采用的最大图像大小为 150 KB，用文献[16]的图 4（a）横轴的图像压缩比例乘以 150 KB 即可得到本节表 4-2 第一行。k_s 是对较小图像分辨率的惩罚，因此设置 $s = 150$ KB 时，$k_s = 1$。进而可以从文献[16]的图 4（a）的纵轴得到本节表 4-2 的第二行。

表 4-2　s 与 k_s 之间的映射关系

s/KB	30	60	90	120	150
k_s	0.32	0.77	0.90	0.96	1

MEC 服务器共有 7 种批处理大小可供选择（$B \in \{1,2,4,8,16,32,64\}$）和两种算法模型可供选择（$M \in \{\text{tiny}, \text{full}\}$）。相对于使用复杂（full）模型，使用简单（tiny）模型处理图像可以提高处理速度，但会降低图像处理准确度。本节将简单模型的效用系数 k_{tiny} 设为 0.6，复杂模型的效用系数 k_{full} 设为 1。参考文献[24]中的实验设置，表 4-3 展示了 GPU 的吞吐量 $\text{Th}(B,M)$ 与 (B,M) 之间的映射关系。

表 4-3　$\text{Th}(B,M)$ 和 (B,M) 之间的映射关系

M	Th(B,M)						
	B=1	B=2	B=4	B=8	B=16	B=32	B=64
tiny	23.8	35.7	63.5	90.9	109.6	131.1	141.9
full	14.5	18.9	24.2	28.4	31.5	33.9	34.6

2. DRAM 方案训练过程超参数设置

演员网络和评论家网络的学习率分别设置为 5×10^{-5} 和 5×10^{-4}。经验回放池的大小设置为 1×10^{5}。每次更新时从经验回放池中小批量采样的经验（即 (s_k, a_k, r_k, s_{k+1}) 元组）数量为 64。目标网络以权重 $\tau = 0.001$ 的软更新方式进行更新。在状态空间配置中，N_{pre} 和 N_{post} 都设置为 5，每个容器所覆盖的时间长度 D 设置为 200 ms。在动作空间配置中，X 设置为 4，因此权重 w_i 的取值范围是 $\left[\frac{1}{4}, 4\right]$。

3. 对比方案

仿真中的所有 MAR 客户端都采用算法 4-2 作为参数调整算法。MEC 服务器则采用 DRAM 方案和另外两个对比算法来选择一次批处理的大小和算法模型。用于对比的两个算法，一个是基于 DRL 的算法，另一个是启发式算法。其中基于 DRL 的算法与本节提出的 DRAM 方案具有相同的状态空间和奖励函数，但缺少分配给 MAR 客户端的计算资源占比的相关操作，仅决定批处理大小和算法模型。

启发式算法的设计参考文献[24]中的部分设计。对于每个算法模型 M，选择满足以下约束的最大的批处理大小 B_M：

$$B_M \leqslant [\beta \cdot (T^{\mathrm{p}}(B_M, M) \cdot R_t) + (1-\beta) \cdot N_t] \cdot \eta \tag{4-41}$$

其中，R_t 表示估计的图像请求到达率，N_t 表示图像请求队列中的请求总数，β 和 η 为超参数。该算法最终将选择使所有请求的预计平均 QoE 最大的批处理大小和算法模型。MEC 服务器使用的启发式算法如算法 4-3 所示。

由于上述两种对比算法无法确定每个 MAR 客户端的比例，仿真中设计了一个简单的方案，记为 Take-Turn（TT）。使用 TT 方案时，一旦确定了批处理大小和算法模型，MEC 服务器会按照轮询的方式将请求队列中各个 MAR 客户端的图像请求放入该批次中，直到图像请求数量充满该批次为止。

如果批处理大小为 16、MAR 客户端数量为 4，则将每个 MAR 客户端最紧急的 4 个请求放入该批次。显然，这种方法可以天然地保持 MAR 客户端之间的绝对公平性。将这两个决定批处理大小和算法模型的算法与 TT 方案相结合，形成了两种对比分配方案，分别称为 DDPG-TT 方案（基于 DRL）和 Greedy-TT 方案（启发式）。

算法 4-3　MEC 服务器使用的启发式算法

输入： β、k、t_{now}、N_t、R_t、$B_{\max}$、M

输出： $B^* \leqslant B_{\max}$、$B^* \in \mathbf{N}_+$、$M^* \in M$

1. 初始化 $B_{\text{full}}=1$、$B_{\text{tiny}}=1$、$Q_{\text{tiny}}=0$、$Q_{\text{full}}=0$、$M=\text{tiny}$；
2. while True do
3. 　　if $B_{\text{tiny}} \leqslant B_{\max}$ then
4. 　　　　if $\left(\beta \cdot T^{\mathrm{p}}(B_{\text{tiny}}, M) \cdot R_t + (1-\beta) \cdot N_t\right) \cdot \eta \leqslant B_{\text{tiny}}$ then break；
5. 　　　　else $B_{\text{tiny}} = B_{\text{tiny}} \cdot 2$；
6. 　　end
7. end
8. $M=\text{full}$；
9. while True do
10. 　　if $B_{\text{full}} \leqslant B_{\max}$ then
11. 　　　　if $(\beta \cdot T^{\mathrm{p}}(B_{\text{full}}, M) \cdot R_t + (1-\beta) \cdot N_t) \cdot \eta \leqslant B_{\text{full}}$ then break；
12. 　　　　else $B_{\text{full}} = B_{\text{full}} \cdot 2$；

13. end
14. end
15. $T_{\text{tiny}} = t_{\text{now}} + T^{\text{p}}(B_{\text{tiny}}, \text{tiny})$；
16. $T_{\text{full}} = t_{\text{now}} + T^{\text{p}}(B_{\text{full}}, \text{full})$；
17. for all 该批量中的每个请求 q do
18. $Q_{\text{tiny}} += Q_q(T_{\text{tiny}}, \text{tiny})$；
19. $Q_{\text{full}} += Q_q(T_{\text{full}}, \text{full})$；
20. end
21. $\bar{Q}_{\text{tiny}} = \text{mean}(Q_{\text{tiny}})$；
22. $\bar{Q}_{\text{full}} = \text{mean}(Q_{\text{full}})$；
23. if $\bar{Q}_{\text{full}} \leqslant \bar{Q}_{\text{tiny}}$ then
24. $B^* = B_{\text{tiny}}$；
25. $M^* = \text{tiny}$；
26. end
27. $B^* = B_{\text{full}}$；
28. $M^* = \text{full}$；

4.5.3 实验结果分析

实验中分析了式（4-39）所示的奖励函数中包含的两个性能指标：所有 MAR 客户端生成的图像请求总 QoE、所有 MAR 客户端 QoE 的标准差。图 4-6 展示了 DRAM 方案及对比方案在训练过程中的性能。如图 4-6（a）所示，在训练过程开始时，DRAM 方案的总 QoE 指标可以很快地达到较高水平。然而，公平性指标（即所有 MAR 客户端 QoE 的标准差）相对较差，如图 4-6（b）所示。随着训练的进行，QoE 标准差会降低到一个较低的值，同时保持较高的总 QoE。由于 TT 方案的绝对公平性，DDPG-TT 方案和 Greedy-TT 方案的公平性得到了很好的保证，但这两种方案的总 QoE 也受到了 TT 方案的限制。Greedy-TT 方案在 3 种方案中的总 QoE 性能最差，且由于 Greedy-TT 方案和 MAR 客户端都部署了启发式算法，因此在初始条件一样的情况下，每次训练的表现都是一样的。

训练过程结束后将已经训练好的 DRAM 方案、DDPG-TT 方案和 Greedy-TT 方案进行比较，不同方案的性能对比如表 4-4 所示。在总 QoE 这一性能指标上，DRAM 方案比 DDPG-TT 方案和 Greedy-TT 方案分别高 48%和 81%，同时取得了这 3 种方案中最好的公平性。评估结果表明，DDPG-TT 方案（仅对批处理大小和算法模型使用 DRL 算法进行决策）在一定程度上提高了总 QoE。但是，由于 TT 方案忽略了整个 MAR 应用执行过程的总 QoE，仅在每个决策步骤追求公平，因此该方法仍然不是最优的。DRAM 方案的目标兼顾了总 QoE 和长期公平性，因此训练好的 DRAM 方案可以取得优于两种对比方案的性能。

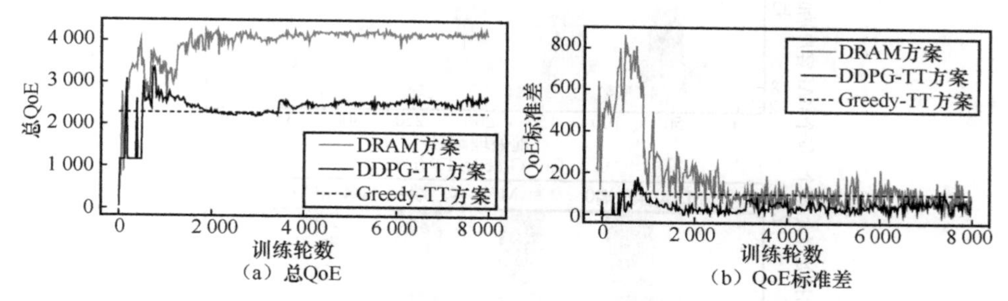

图 4-6　DRAM 方案及对比方案在训练过程中的性能

表 4-4　不同方案的性能对比

方案	总 QoE	QoE 标准差
DRAM	4 129.08	10.68
DDPG-TT	2 790.22	37.87
Greedy-TT	2 279.16	101.53

本节对每个算法在执行阶段的决策进行分析。在分析每种算法的行为之前，首先说明一种用于 DRAM 方案训练和执行阶段的请求填充机制。

由于 DRAM 方案需要同时决策批处理大小和每个 MAR 客户端请求所占比例，因此有可能出现一种特殊情况，即虽然整个图像请求队列中的请求总数超过了确定的批处理大小，但可能某个 MAR 客户端剩余的待处理图像请求数少于 DRAM 方案为其分配的数量。例如，假设一次 DRAM 方案的决策中批处理大小等于 64，为 3 个 MAR 客户端分配的请求比例为(0.25,0.25,0.5)，而队列中每个 MAR 客户端的请求数等于(28,18,18)。此时，第 3 个 MAR 客户端的请求数量少于 DRAM 方案为其分配的请求数量 $64\times0.5=32$。

为了处理这种情况，在 DRAM 方案的训练和执行阶段都使用了请求填充机制，即添加空的填充请求来弥补不足的部分。在上面的例子中，由于第 3 个 MAR 客户端的请求数量少于 DRAM 为其分配的数量，$32-18=14$ 个空的填充请求将被添加到此请求批次中。这种请求填充机制有助于解决 DRAM 方案决策的可行性问题，但填充的空请求是对 GPU 资源的浪费，是决策错误的一种表现。DRAM 方案可以通过训练过程的学习减少这种情况的发生。在实验中，随着训练轮数的增加，每批次中填充请求的数量趋于下降。而 DDPG-TT 方案和 Greedy-TT 方案由于采用了轮询的方法依次获取不同 MAR 客户端的请求，因此不存在该问题。

不同方案下 MAR 客户端被分配的资源如图 4-7 所示。

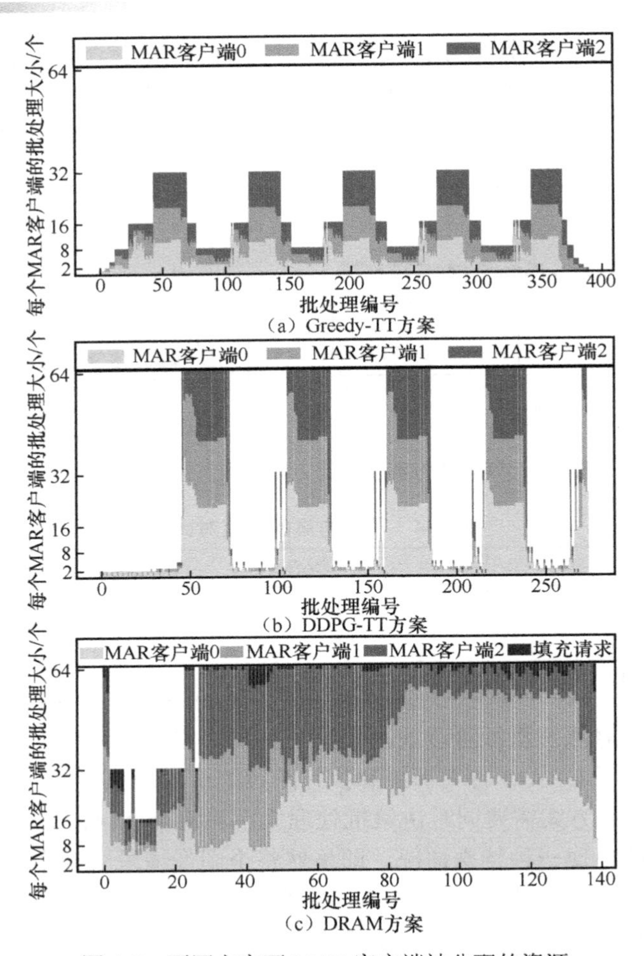

（a）Greedy-TT方案

（b）DDPG-TT方案

（c）DRAM方案

图 4-7　不同方案下 MAR 客户端被分配的资源

如图 4-7（a）所示，Greedy-TT 方案选择在 MEC 服务器负载较小时逐步增加批处理大小，从而提高总 QoE。各 MAR 客户端由于检测到上一次请求获得了高 QoE，所以选择增加图像请求的发送速率和图像大小。当增量超过一个限度后，会导致 MEC 服务器过载，MAR 客户端感知到的 QoE 降低。此时，MEC 服务器会因为过载选择减小批处理大小，而 MAR 客户端会因为 QoE 下降自适应地降低其图像发送速率和图像大小。这个过程会不断循环发生，直到 MAR 服务结束。

如图 4-7（b）所示，与 Greedy-TT 方案类似，DDPG-TT 方案的行为也具有循环变化的趋势。然而，DDPG-TT 方案的决策更加精细和有效，这使它能够获得更高的总 QoE。由于结合了 TT 方案，上述两种方案在每次批处理中都最大限度地保证了每个 MAR 客户端的公平性。但这种公平性是以损失总 QoE 为代价的。

训练好的 DRAM 方案在保持良好公平性的同时，总 QoE 也较高。如图 4-7（c）

所示，在服务开始时，MAR 客户端 0 分得的资源较少，MAR 客户端 1 在服务中间时段时所占比例最少，MAR 客户端 2 则在服务后半段所占用比例最少。这种进行资源管控的好处在于避免了所有 MAR 客户端同时调整图像请求的发送速率和图像大小的动态过程，因此能够保证全程都能发挥 GPU 的最高处理能力，即同时处理 64 个请求，使 DRAM 方案在获得更高的总 QoE 的同时，在整个 MAR 服务过程中保持 MAR 客户端之间的公平性。

4.5.4　超参数对系统性能的影响

本节将探索超参数（即图 4-3 所示直方图覆盖范围的参数 N_{pre}、N_{post} 和 D）配置和神经网络大小对 DRAM 方案性能的影响。采用不同超参数和神经网络大小的 DRAM 方案的总 QoE 和 QoE 标准差分别如表 4-5 和表 4-6 所示，其中各方案神经网络均为两层全连接结构，如 300×400 表示第 1 层包含 300 个神经元，第 2 层包含 400 个神经元；“—”表示 DRAM 方案未能收敛。

表 4-5　采用不同超参数和神经网络大小的 DRAM 方案的总 QoE

超参数		神经网络大小		
		300×400	500×600	700×800
$(N_{pre}+N_{post})\cdot D=2$ s	$N_{pre}=N_{post}$=2、D=500 ms	3 431.26	3 400.55	3 933.96
	$N_{pre}=N_{post}$=5、D=200 ms	—	**4 129.08**	4 214.58
	$N_{pre}=N_{post}$=10、D=100 ms	—	—	—
$(N_{pre}+N_{post})\cdot D=4$ s	$N_{pre}=N_{post}$=4、D=500 ms	3 595.38	3 706.05	—
	$N_{pre}=N_{post}$=10、D=200 ms	—	**4 219.29**	3 926.12
	$N_{pre}=N_{post}$=20、D=100 ms	—	—	—

表 4-6　采用不同超参数和神经网络大小的 DRAM 方案的 QoE 标准差

超参数		神经网络大小		
		300×400	500×600	700×800
$(N_{pre}+N_{post})\cdot D=2$ s	$N_{pre}=N_{post}$=2、D=500 ms	6.16	13.30	6.82
	$N_{pre}=N_{post}$=5、D=200 ms	—	**10.68**	24.36
	$N_{pre}=N_{post}$=10、D=100 ms	—	—	—
$(N_{pre}+N_{post})\cdot D=4$ s	$N_{pre}=N_{post}$=4、D=500 ms	9.20	14.77	—
	$N_{pre}=N_{post}$=10、D=200 ms	—	**30.88**	35.73
	$N_{pre}=N_{post}$=20、D=100 ms	—	—	—

从结果中可以发现，在 DRAM 方案能够收敛的情况下，各超参数配置下的 QoE 标准差都很小，可忽略不计，反映出 DRAM 方案能够提供 MAR 客户端之间的高公平性。各超参数配置下的总 QoS 差异较大，具体来说，大小为 300×400 的神经网络只能在超参数较小的配置（$N_{pre}=N_{post}=2$ 和 $N_{pre}=N_{post}=4$）中收敛，并只能获得次优性能。大小为 500×600 的神经网络仅在 D 为 200 ms 和 500 ms 的设置下可以收敛。D=200 ms 时总 QoE 达到相对高的水平。此外，大小为 700×800 的神经网络在 $N_{pre}=N_{post}=5$ 的设置中实现了与大小为 500×600 的神经网络相似的性能，但未能在 $N_{pre}=N_{post}=4$ 时收敛。最后，所有神经网络都未能在 D=100 ms 时收敛。

由此可知，DRAM 方案性能对 N_{pre}、N_{post}、D 的配置和神经网络大小的选择敏感。如果每个 bin 的时间覆盖范围太宽（$D=500$ ms），则总 QoE 相对次优。如果时间覆盖范围太窄（$D=100$ ms），DRAM 方案无法收敛。此外，当 $D=500$ ms 时，更宽的直方图覆盖范围（$(N_{pre}+N_{post})\cdot D=4$ s）具有更好的性能。然而，在实验结果最好的设置中（$D=200$ ms），更宽的直方图覆盖范围对总 QoE 没有更多改善，同时略微影响 QoE 标准差。在实验中，大小为 500×600 的神经网络表现最好且最稳定，且在 $D=200$ ms 时，取得最好的性能。

4.5.5 不同 MAR 服务持续时间下的 DRAM 方案的泛化性能

基于 DRL 算法的泛化能力也是一个重要的评估指标。为了验证 DRAM 方案在不同 MAR 服务持续时间下的泛化能力，实验中将在服务持续时间为 60 s 时训练得到的 DRAM 智能体（表 4-4 中 DRAM 方案对应的智能体）运用于服务持续时间为 30 s、90 s、120 s 和 150 s 的情况。DRAM 方案与 Greedy-TT 方案的性能对比如图 4-8 所示，不同 MAR 服务持续时间的测试结果如表 4-7 所示。

无论是 DRAM 方案还是 Greedy-TT 方案，总 QoE 都与 MAR 服务持续时间呈近似线性关系。随着 MAR 服务持续时间变长，DRAM 方案能够达到的总 QoE 总是优于 Greedy-TT 方案，且 DRAM 方案的 QoE 标准差一直保持在较低水平，与 Greedy-TT 方案相近。

此外，使用变异系数（Coefficient of Variation，由每个 MAR 客户端的平均 QoE 除以 QoE 标准差得出）来说明 DRAM 方案的泛化能力。如图 4-8（b）所示，随着 MAR 服务持续时间越来越长，DRAM 方案的变异系数保持在较低水平。这意味着 DRAM 方案能够更好地泛化。综上所述，经过良好训练的 DRAM 方案可以适应各种 MAR 服务持续时间，在获得高 QoE 性能的同时，在 MAR 客户端之间取得良好的公平性。

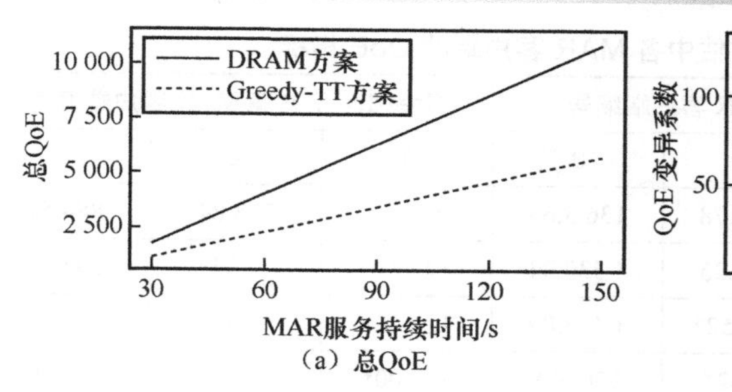

（a）总QoE

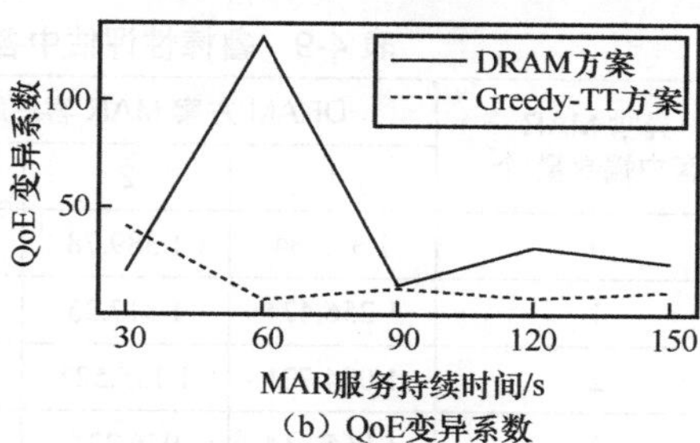

（b）QoE变异系数

图 4-8　DRAM 方案与 Greedy-TT 方案的性能对比

表 4-7　不同 MAR 服务持续时间的测试结果

MAR 服务持续时间/s	DRAM 方案		Greedy-TT 方案	
	总 QoE	QoE 标准差	总 QoE	QoE 标准差
30	1 799.39	29.47	1 157.59	9.40
60	4 129.08	10.68	2 279.16	101.53
90	6 374.56	151.03	3 445.44	91.28
120	8 594.04	91.05	4 553.04	186.95
150	10 838.68	149.71	5 729.71	173.81

4.5.6　DRAM 方案的鲁棒性评估

在 DRAM 方案的系统模型中，假设各 MAR 客户端都在网络集中点的引导下使用自适应算法调整应用层参数。本节放宽此假设，允许有异常行为的 MAR 客户端进入系统，并构造实验以评估 DRAM 方案的鲁棒性。这种异常行为表现为 MAR 客户端拒绝接收网络集中点的引导，始终贪婪地选择最大的图像请求发送速率和图像大小。DRAM 方案鲁棒性评估、鲁棒性评估中各 MAR 客户端的 QoE 指标分别如表 4-8 和表 4-9 所示。表 4-9 中带星号（*）的数据表示该数据为异常行为 MAR 客户端的相应性能指标。

表 4-8　DRAM 方案鲁棒性评估

异常 MAR 客户端数量/个	DRAM 方案		Greedy-TT 方案	
	总 QoE	QoE 标准差	总 QoE	QoE 标准差
0	4 129.08	10.68	2 279.16	101.53
1	3 904.16	32.20	1 790.09	304.53
2	3 430.09	23.13	227.08	27.76
3	2 962.61	55.03	227.08	27.76
1（重新训练）	3 901.87	85.61	不适用	不适用

表 4-9　鲁棒性评估中各 MAR 客户端的 QoE 指标

异常 MAR 客户端数量/个	DRAM 方案 MAR 客户端编号			Greedy-TT 方案 MAR 客户端编号		
	1	2	3	1	2	3
0	1 375.64	1 389.78	136 3.66	635.82	758.84	884.51
1	1 256.47*	1 317.35	1 330.34	178.31*	717.47	894.31
2	1 094.72*	1 155.52*	1 183.09	121.45*	64.47*	867.60
3	1 065.31*	946.32*	950.98*	108.00*	78.85*	40.23
1（重新训练）	1 234.33*	1 421.50	1 246.04	不适用	不适用	不适用

DARM 方案中 MEC 服务器可通过放弃各 MAR 客户端传输的 QoE 信息（在假设 MAR 客户端有异常行为时，这些信息已不可信），转而采用 MEC 服务器自身统计的各 MAR 客户端累计 QoE 信息作为 DRAM 方案的输入。首先使用第 4.5.3 节中训练完成的 DRAM 方案测试不同数量的异常行为 MAR 客户端下的系统性能。结果表明，使用无异常 MAR 客户端环境下训练好的 DRAM 方案能够减小异常行为对系统性能的影响，表现为当环境中仅有一个异常 MAR 客户端时，正常 MAR 客户端的 QoE 没有受到影响，系统总 QoE 的减小来自异常 MAR 客户端性能的下降；当异常 MAR 客户端较多时，正常 MAR 客户端的 QoE 也不会低于异常 MAR 客户端。进一步在包含一个异常 MAR 客户端的环境中重新训练 DRAM 方案，取得的性能表现和直接测试时几乎相同。作为对比的 Greedy-TT 方案，则极易受到异常 MAR 客户端的影响，当环境中异常 MAR 客户端较多时，系统总 QoE 急剧减小。

4.6　COLLAR 方案

本节将详细介绍多个 MAR 客户端之间如何协作调整应用层参数。受到 DRAM 方案的启发，将单智能体 DRL 应用于 MAR 客户端应用层参数的自适应调整，设计了基于单智能体 DRL 的 MAR 客户端自适应算法。仿真结果表明，使用 DRL 技术驱动的智能调整策略能够让单个 MAR 客户端取得更高的 QoE（此时其他 MAR 客户端继续沿用启发式算法）。但简单地将训练好的智能体交给所有 MAR 客户端独立使用的话，此时单个智能体所在的环境与训练时所处环境已有不同（其他 MAR 客户端由采用启发式算法改为采用智能调整方案）。仿真结果表明，由于环境的变化，所有 MAR 客户端均使用 DRL 驱动的智能调整方案的整体性能表现甚至不如所有 MAR 客户端都使用启发式算法的简单情形。

更进一步，如果让所有 DRL 智能体在当前环境中重新执行训练过程，能否取得更好的性能表现？答案也是否定的。从算法范型上讲，对于单一的智能体而言，此时其所处的环境由于其他智能体的策略在训练过程中不断变化也不再平稳，整个系统无法保证收敛到稳定的解。仿真结果也验证了这一结论。因此，由网络集中点为多 MAR 客户端之间的协同提供支持，将多 MAR 客户端应用层参数的协同调整问题建模为 Dec-POMDP，提出了基于多智能体 DRL 的多 MAR 客户端应用层参数调整方案，简称 COLLAR 方案。

此时应用实体（MAR 客户端）和网络集中点（MEC 服务器）具有相同的优化目标。在 MAR 业务中，优化目标是利用有限的 MEC 服务器的计算资源，最大化各 MAR 客户端的总 QoE，同时维持良好的 MAR 客户端间 QoE 的公平性。网络集中点的作用体现为，利用应用实体提供的信息，基于多智能体 DRL 为应用实体训练智能体，实现对应用层参数值的动态调整。在实际进行业务活动时，各 MAR 客户端利用 COLLAR 方案提供的智能体独立决策。仿真结果说明，COLLAR 方案可以显著提高各 MAR 客户端的总 QoE，同时维持良好的 MAR 客户端间 QoE 的公平性。

4.6.1　两种基于 DRL 的 MAR 客户端应用层参数动态调整算法

假设所有 MAR 客户端中只有一个特定 MAR 客户端采用基于单智能体的 DRL，其他 MAR 客户端均采用启发式自适应算法，且 MEC 服务器也采用启发式计算资源分配算法。由于所有的启发式算法在时间上是平稳的，因此采用单智能体 DRL 的特定 MAR 客户端所处的环境也是平稳的。因此，可以将此 MAR 客户端上的应用层参数动态调整过程建模为 MDP。

1．状态空间设计

考虑 MEC 服务器会直接丢弃等待时间超过硬截止时间 t_h（$t_\mathrm{d}=\dfrac{t_\mathrm{h}}{\Delta T}$ 个时隙）的图像请求（因为即使对其进行处理，也不会产生任何系统效用），在进行状态空间设计时，仅考虑从当前时隙开始时刻回溯过去 t_d 个时隙，每个时隙中图像请求的处理情况。因此，定义该 MDP 的系统状态为 $o_m=(\vec{x}_m^\mathrm{p},\vec{x}_m^\mathrm{c},\vec{\phi}_m,\vec{b}_m,\vec{u}_m)$。状态空间由以下 5 个部分构成。

（1）$\vec{x}_m^\mathrm{p}=(x_{m-1}^\mathrm{p},x_{m-2}^\mathrm{p},\cdots,x_{m-t_\mathrm{d}}^\mathrm{p})$，其中 $x_{m-i}^\mathrm{p}\in\mathbf{R}^+$ 表示时隙 m 之前第 i 个时隙中图像的平均处理时间，其中 $x_{m-i}^\mathrm{p}=\dfrac{1}{\Delta T\cdot f_{m-i}}\cdot\sum\limits_{q=1}^{\Delta T\cdot f_{m-i}}t_q^\mathrm{p}$；

（2）$\vec{x}_m^\mathrm{c}=(x_{m-1}^\mathrm{c},x_{m-2}^\mathrm{c},\cdots,x_{m-t_\mathrm{d}}^\mathrm{c})$，其中 $x_{m-i}^\mathrm{c}\in\mathbf{R}^+$ 表示时隙 m 之前第 i 个时隙中图像的平均上传时间，其中 $x_{m-i}^\mathrm{c}=\dfrac{1}{\Delta T\cdot f_{m-i}}\cdot\sum\limits_{q=1}^{\Delta T\cdot f_{m-i}}t_q^\mathrm{c}$；

（3）$\vec{\phi}_m=(\phi_{m-1},\phi_{m-2},\cdots,\phi_{m-t_\mathrm{d}})$，其中 $\phi_{m-i}\in\mathbf{R}^+$ 表示时隙 m 之前第 i 个时隙中图

像请求的效用总和，其中 $\phi_{m-i}=\sum_{q=1}^{\Delta T\cdot f_{m-i}}\phi_q$ ，ϕ_q 表示图像请求 q 的效用；

（4）$\vec{b}_m=(b_{m-1},b_{m-2},\cdots,b_{m-t_\mathrm{d}})$ ，其中 $b_{m-i}\in\mathbf{R}^+$ 表示时隙 m 之前第 i 个时隙中图像请求上传时数据传输速率的均值；

（5）$\vec{u}_m=(u_{m-1},u_{m-2},\cdots,u_{m-t_\mathrm{d}})$ ，其中 $u_{m-i}\in\mathbf{R}^+$ 表示时隙 m 之前第 i 个时隙开始时智能体所做的历史动作。

2. 动作空间及奖励函数设计

MAR 客户端处智能体的动作空间相对简单，涉及在时隙 m 中的图像请求发送速率 f_m 和每个图像的大小 s_m 。智能体动作的定义为：

$$u_m=(s_m,f_m) \tag{4-42}$$

可选动作集合为 F 和 S ，因此动作空间大小为 $|S|\cdot|F|$ 。

奖励函数应反映智能体进行决策后获得的效用，即 MAR 客户端根据智能体所选动作 u_m 在时隙 m 中产生的所有图像在被 MEC 服务器处理后所获得的系统效用。智能体在执行动作 u_m 后所获得的奖励函数定义如下：

$$r_m=\sum_{q=1,2,\cdots,f_m\cdot\Delta T}\phi_q=\sum_{q=1,2,\cdots,f_m\cdot\Delta T}k_{M_q}\cdot k_{s_q}\cdot V(T_q) \tag{4-43}$$

各部分的定义同第 4.3 节一致。

3. 基于 DQN 的应用层参数调整算法

基于 DQN 的智能体训练过程如图 4-9 所示，对应的算法如算法 4-4 所示。

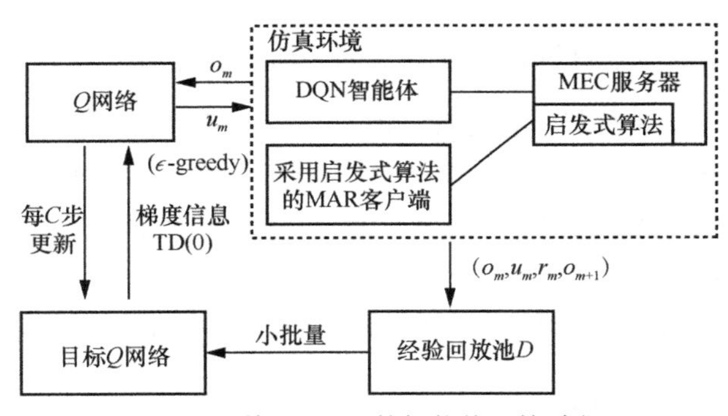

图 4-9 基于 DQN 的智能体训练过程

算法 4-4 基于 DQN 的智能体训练算法

1. 初始化经验回放池 D ；

2. 利用随机权重 θ 和 θ' 初始化状态动作价值函数 Q^{θ} 和目标状态动作价值函数 $Q^{\theta'}$ ；

3. for 每一轮训练 do
4. 　　获取环境初始状态 s_0 并设置 $m=0$；
5. 　　while s_m 不是终止状态，并且 $m<M$ do
6. 　　　　智能体获取观测 o_m；
7. 　　　　以概率 ϵ 选取随机动作 u_m；
8. 　　　　或以概率 $1-\epsilon$ 选取使得 $Q^{\theta}(o_m,u_m)$ 最大化的动作 u_m；
9. 　　　　MAR 客户端根据 u_m 向 MEC 服务器上传图像请求；
10. 　　　　环境状态转移至 s_{m+1} 并获取奖励 r_m，智能体获取观测 o_{m+1}；
11. 　　　　在经验回放池 D 中储存经验(o_m,u_m,r_m,o_{m+1})；
12. 　　　　$m=m+1$；
13. 　　end
14. 　　从经验回放池中采样小批量经验(o_m,u_m,r_m,o_{m+1})；
15. 　　使用 TD(0)计算 Q 函数的目标 y_j；
16. 　　以 $(y_j-Q^{\theta}(o_j,u_j))^2$ 为损失函数对 θ 进行更新；
17. 　　每 C 步更新目标状态动作价值函数 $Q^{\theta'}=Q^{\theta}$；
18. end

算法开始时，初始化经验回放池 D 以存储智能体在每轮训练中的经验，并使用随机权重 θ 和 θ' 初始化状态动作价值函数 Q^{θ} 和目标状态动作价值函数 $Q^{\theta'}$。

在每轮训练中，智能体使用 $\epsilon-$greedy 方法[26]进行探索，并记录每次决策的经验(o_m,u_m,r_m,o_{m+1})。从经验回放池中小批量采样并使用 TD(0)计算 Q 函数的目标 y_j，进而计算状态动作价值函数的均方误差 $(y_j-Q^{\theta}(o_j,u_j))^2$。其中，$y_j$ 可表示为：

$$y_j=\begin{cases} r_j, o_{j+1}\text{是终止状态} \\ r_j+\gamma \max\limits_{u'} Q^{\theta'}(o_{j+1},u'), \text{其他} \end{cases} \tag{4-44}$$

在经验回放池中进行小批量采样，可以消除同一轮训练过程中不同经验之间的高相关性，同时提高数据的使用效率和神经网络更新的稳定性。

此外，算法引入目标状态动作价值函数 $Q^{\theta'}$ 来生成状态动作价值函数的目标值，并在训练中每经历 C 次状态转移后更新一次，即 $Q^{\theta'}=Q^{\theta}$。这样能够降低决定智能体动作的 DNN（Q^{θ}）与生成目标状态动作价值函数值的 DNN（$Q^{\theta'}$）之间的相关性，进一步增强训练过程的稳定性。

4. *基于演员–评论家框架的应用层参数调整算法*

基于演员–评论家框架的智能体训练过程如图 4-10 所示，对应的算法如算法 4-5 所示。

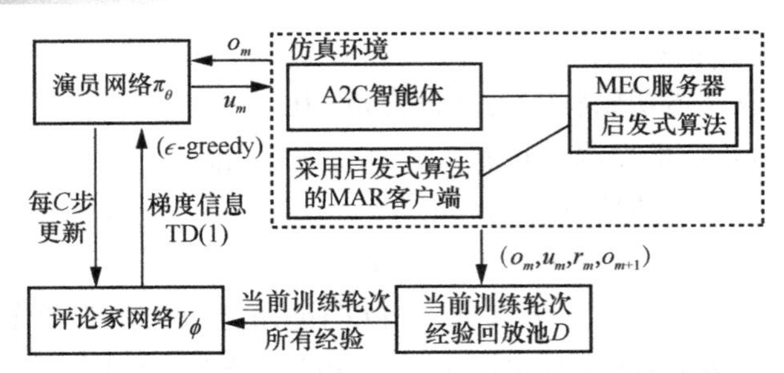

图 4-10　基于演员-评论家框架的智能体训练过程

算法 4-5　基于演员-评论家框架的智能体训练算法

1.　利用随机权重初始化演员网络 π_θ 和评论家网络 V_ϕ；
2.　for 每一轮训练 do
3.　　初始化经验回放池 D 并设置长期回报 $G=0$；
4.　　获取环境初始状态 s_0 并设置 $m=0$；
5.　　while s_m 不是终止状态，并且 $m<M$　do
6.　　　智能体获取观测 o_m；
7.　　　从分布 $\pi(o_m\mid\theta)$ 中采样得到智能体动作 u_m；
8.　　　MAR 客户端根据 u_m 向 MEC 服务器上传图像请求；
9.　　　环境状态转移至 s_{m+1} 并获取奖励 r_m 和智能体新的观测 o_{m+1}；
10.　　　在经验回放池 D 中储存经验(o_m,u_m,r_m,o_{m+1})；
11.　　　$m=m+1$
12.　　end
13.　　if s_m 是终止状态　then
14.　　　设置 $G=0$；
15.　　end
16.　　重置梯度 $\mathrm{d}\theta$ 和 $\mathrm{d}\phi$ 为 0；
17.　　for　$k\in(m-1,m-2,\cdots,0)$　do
18.　　　$G=\gamma G+r_k$；
19.　　　利用评论家网络计算累计策略梯度:
20.　　　$\mathrm{d}\theta=\mathrm{d}\theta+\nabla_\theta\log\pi_\theta(o_k,u_k)(G-V_\phi(o_k))$
21.　　　计算评论家网络的累计梯度:
22.　　　$\mathrm{d}\phi=\mathrm{d}\phi+\nabla_\phi(G-V_\phi(o_k))^2$
23.　　end
24.　　　利用累计梯度更新演员网络参数 θ 和评论家网络参数 ϕ:
25.　　　$\theta=\theta+\eta_1\mathrm{d}\theta$，$\phi=\phi+\eta_2\mathrm{d}\phi$；
26.　end

该算法中的经验回放池与算法 4-4 中存储多轮训练过程的经验回放池不同，仅存储当前训练中智能体和环境交互所产生的经验。在进行策略梯度的计算时，使用经典的蒙特卡洛方法对状态价值函数进行估计，通过回溯方式更新 G，也通过这种估计计算评论家网络更新所需的均方误差 $(G-V_{\phi}(o_k))^2$，η_1 和 η_2 分别对应演员网络和评论家网络的学习率。

5. 单智能体 DRL 方案的优势及其局限性

为验证上述两种基于 DRL 的 MAR 客户端应用层参数调整算法的性能，本节使用了与第 4.5.2 节中相同的设置，构造了两种 MAR 业务场景。在场景一中，有 N=5 个并发运行的 MAR 客户端，它们具有相同的服务持续时间 $T = 60$ s。在场景二中，亦有 N=5 个 MAR 客户端，每 10 s 有一个 MAR 客户端开启服务，所有 MAR 客户端的服务持续时间均为 T=50 s。下面使用两个指标来评估整体性能：一是所有 MAR 客户端的总 QoE，代表整个 MAR 服务过程中系统的整体效用；二是 MAR 客户端间的公平性，首先通过式（4-45）计算所有 MAR 客户端在每个阶段的效用，然后计算标准差之和来衡量。

为分别训练基于 DQN 和演员–评论家框架的智能体，构造的实验环境为，一个特定 MAR 客户端采用智能体驱动的调整算法，其余 MAR 客户端采用算法 4-2，MEC 服务器使用算法 4-3 进行计算资源的分配。下面称这两种实验方案为 Single-DQN 和 Single-A2C。为验证采用单智能体 DRL 为 MAR 客户端所带来的收益，构造的对比对象为所有 MAR 客户端均使用启发式算法的方案，称为 Baseline 方案。

为展示将单智能体算法应用于所有 MAR 客户端的系统性能，构造了另外两种实验方案，第一种为所有的 MAR 客户端均使用在 Single-DQN 或 Single-A2C 方案中训练得到的智能体进行应用层参数调整，称为 Duplicate-DQN 和 Duplicate-A2C 方案；第二种为所有的 MAR 客户端均并行训练基于 DQN 或 A2C 算法的智能体，称为 Independent-DQN 和 Independent-A2C 方案。

Single-A2C 方案中智能体训练所使用的超参数如表 4-10 所示，Single-DQN 方案中智能体训练所使用的超参数如表 4-11 所示。

表 4-10　Single-A2C 方案中智能体训练所使用的超参数

参数类型	参数值
演员网络学习率 η_1	5×10^{-5}
评论家网络学习率 η_2	5×10^{-4}
隐藏层神经元	128 个 × 128 个
RMSprop 优化器	默认

续表

参数类型	参数值
折损因子 γ	0.99
状态空间维度（输入层神经元）	38 个
动作空间维度（输出层神经元）	15 个

表 4-11　Single-DQN 方案中智能体训练所使用的超参数

参数类型	参数值
学习率	5×10^{-4}
小批量采样数量	128 个
经验回放池大小	5×10^{4} 个
探索方案	ϵ-greedy（初始值为 0.5，经过 5 000 轮衰减至 0.01）
隐藏层神经元	128 个 × 128 个
Adam 优化器	默认
折损因子 γ	0.99
目标 Q 网络更新频率 C	10
状态空间维度（输入层神经元）	38 个
动作空间维度（输出层神经元）	15 个

首先，对比不同方案中各 MAR 客户端的 QoE，结果如表 4-12 所示。同 Baseline 方案相比，在场景一中，使用 DQN 和 A2C 的特定 MAR 客户端（即智能体）在 QoE 上分别有 53.33%与 62.26%的提升；在场景二中，使用 DQN 和 A2C 的特定 MAR 客户端在 QoE 上分别有 14.09%与 17.62%的提升。但使用 DRL 的特定 MAR 客户端性能的显著提升是以其他使用启发式算法的MAR客户端的QoE损失为代价的，表现为在场景一 Single-DQN 与 Single-A2C 方案中使用启发式算法的 MAR 客户端相比 Baseline 方案的 QoE 指标，分别降低了 5.27%与 16.31%；在场景二 Single-DQN 与 Single-A2C 方案中使用启发式算法的 MAR 客户端相比 Baseline 方案的 QoE 指标，分别降低了 2.68%与 10.99%。

表 4-12　不同方案中各 MAR 客户端 QoE 的比较

对比项	场景一	场景二
Baseline 方案中各 MAR 客户端的平均 QoE	615.11	763.61
Single-DQN 方案中的智能体的 QoE	943.16	871.24
Single-DQN 方案中其余 4 个 MAR 客户端的平均 QoE	582.70	743.18
Single-A2C 方案中的智能体的 QoE	998.10	898.18
Single-A2C 方案中其余 4 个 MAR 客户端的平均 QoE	514.76	679.67

其次，分析本节中涉及的 7 种方案在场景一和场景二中所有 MAR 客户端的总

QoE 及各 MAR 客户端之间的公平性，将这两个指标的结果汇总于表 4-13。仿真结果表明，简单地对 Single-DQN、Single-A2C 方案中的智能体策略进行复用（Duplicate-DQN、Duplicate-A2C 方案）所得到的各 MAR 客户端总 QoE 最低；对于所有 MAR 客户端均使用 DQN、A2C 算法独立训练的 Independent-DQN、Independent-A2C 方案，仅 Independent-A2C 方案在场景一获得了较好的性能，其他情况中 Independent-DQN、Independent-A2C 方案则无法收敛。只在一个特定 MAR 客户端处部署 DRL 智能体的 Single-DQN、Single-A2C 方案虽然能够快速收敛，且从该 DRL 智能体的视角看能够取得较大的 QoE 提升，但是在考虑所有 MAR 客户端的系统总体性能上则与 Baseline 方案差别不大，尤其是在 A2C 智能体自身 QoE 提升明显的情况下，系统整体性能反而低于 Baseline 方案。

表 4-13　不同 MAR 客户端应用层参数调整方案的性能比较

方案	场景一		场景二	
	总 QoE	QoE 标准差	总 QoE	QoE 标准差
Baseline	3 075.55	124.01	3 818.07	249.64
Single-DQN	3 273.98	185.18	3 843.98	233.13
Single-A2C	3 057.13	215.95	3 616.86	123.29
Duplicate-DQN	1 401.15	89.06	2 210.61	75.67
Duplicate-A2C	1 162.63	108.25	3 024.94	174.73
Independent-DQN	未能收敛	未能收敛	未能收敛	未能收敛
Independent-A2C	4 440.42	188.51	未能收敛	未能收敛
COLLAR（权重系数 $\alpha=1$）	4 762.22	21.43	4 485.99	70.24

再次，分析 Single-DQN 和 Single-A2C 这两个方案中智能体获得的 QoE 随训练过程的变化，Baseline 与 Single-DQN 方案的 QoE 对比、Baseline 与 Single-A2C 方案的 QoE 对比分别如图 4-11 和图 4-12 所示。随着训练过程的进行，基于 DQN 和基于 A2C 的智能体训练算法都能够快速收敛并相对于启发式算法有明显的性能优势。

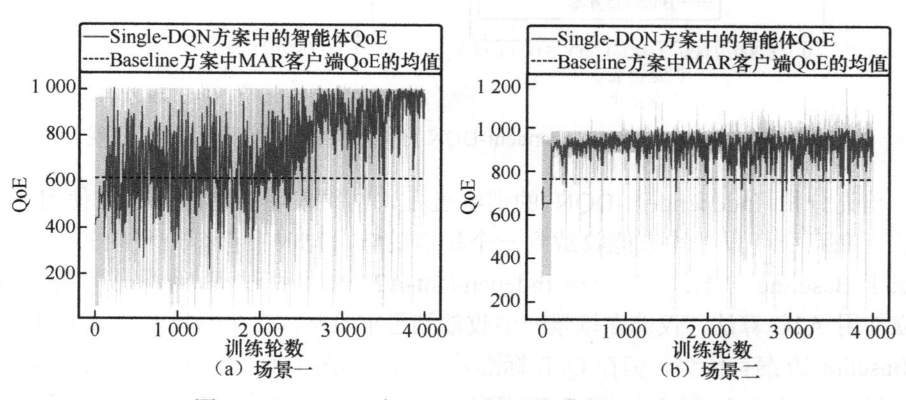

（a）场景一　（b）场景二

图 4-11　Baseline 与 Single-DQN 方案的 QoE 对比

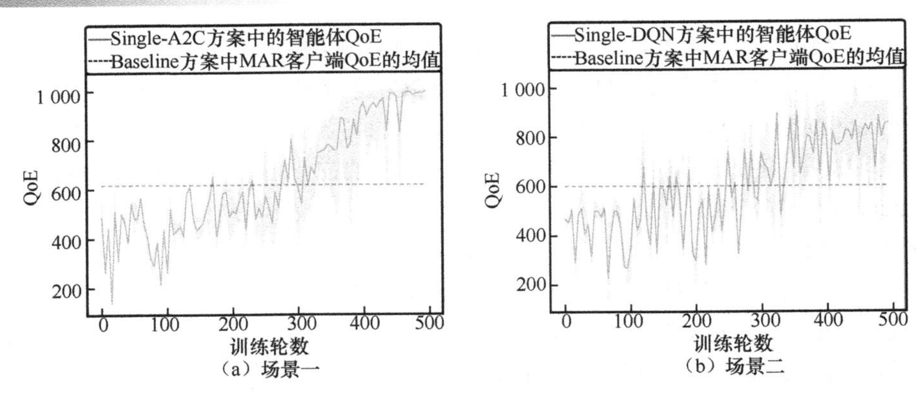

（a）场景一　（b）场景二

图 4-12　Baseline 与 Single-A2C 方案的 QoE 对比

值得注意的是，使用基于 A2C 的智能体训练算法，仅需要基于 DQN 算法训练轮数的 10%，即可收敛到一个稳定且性能良好的调整策略。这显示出随机策略方法相对于确定性策略方法在收敛速度方面的优势。但即使 DQN 算法收敛速度较慢，同 A2C 算法相比两者取得的性能几乎相同。

最后，分析 Independent-DQN 和 Independent-A2C 这两个所有 MAR 客户端并行独立训练的方案，Baseline 和 Independent-DQN 方案在场景一和场景二中训练的性能表现分别如图 4-13 和图 4-14 所示。Baseline 和 Independent-A2C 方案在场景一和场景二中训练的性能表现分别如图 4-15 和图 4-16 所示。

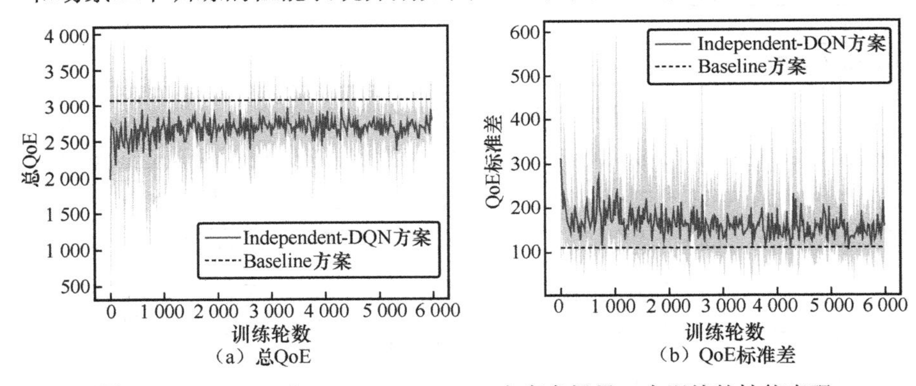

（a）总QoE　（b）QoE标准差

图 4-13　Baseline 和 Independent-DQN 方案在场景一中训练的性能表现

首先分析 Independent-DQN 的训练过程，结果表明各智能体独立使用 DQN 算法，在两个场景中均未能收敛到一个稳定的解，同时在训练过程中的性能表现也低于 Baseline 方案；然后分析 Independent-A2C 的训练过程，结果表明各智能体独立使用 A2C 算法，仅能在场景一中收敛到稳定策略，该策略虽然在总 QoE 方面比 Baseline 方案有优势，但在 QoE 标准差指标方面弱于 Baseline 方案。综合看 4 组训练过程，仅 Independent-A2C 方案在场景一下，各智能体收敛到了一组稳定的策略。在其余 3 种情况下，各智能体无法完成策略的收敛。这种行为表现验证了简单地让各智能体进行独立训练的局限性，进一步说明了设计能够协同进行应用层参数动态调整方案的必要性。

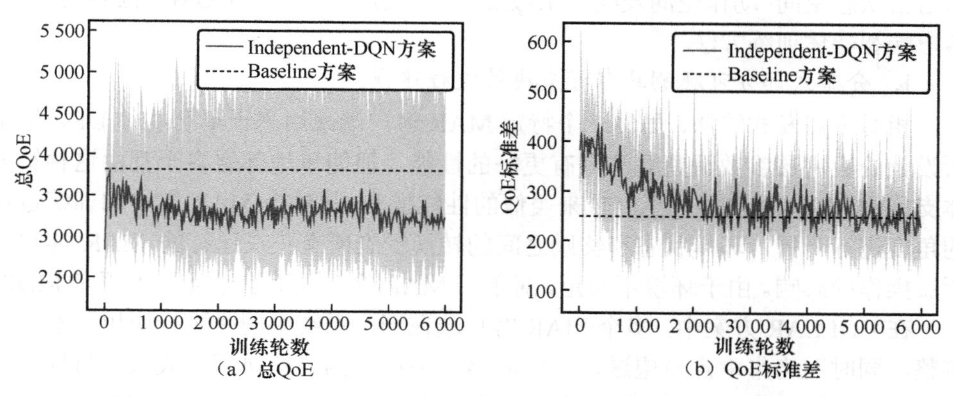

（a）总QoE　　（b）QoE标准差

图 4-14　Baseline 和 Independent-DQN 方案在场景二中训练的性能表现

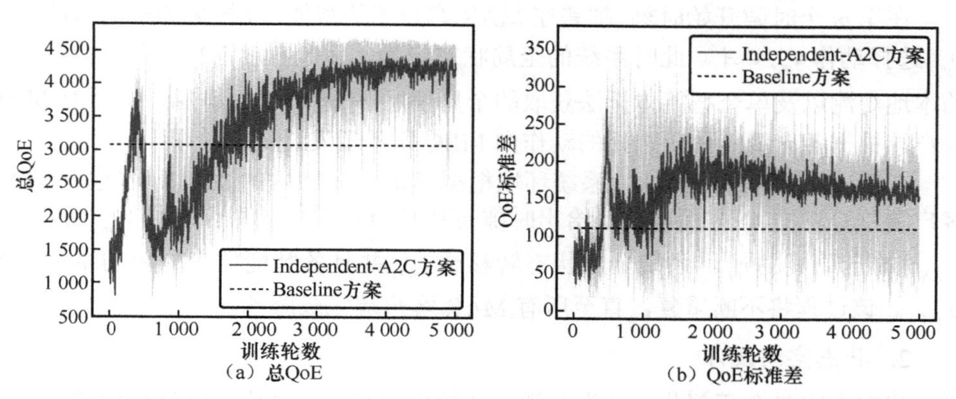

（a）总QoE　　（b）QoE标准差

图 4-15　Baseline 和 Independent-A2C 方案在场景一中训练的性能表现

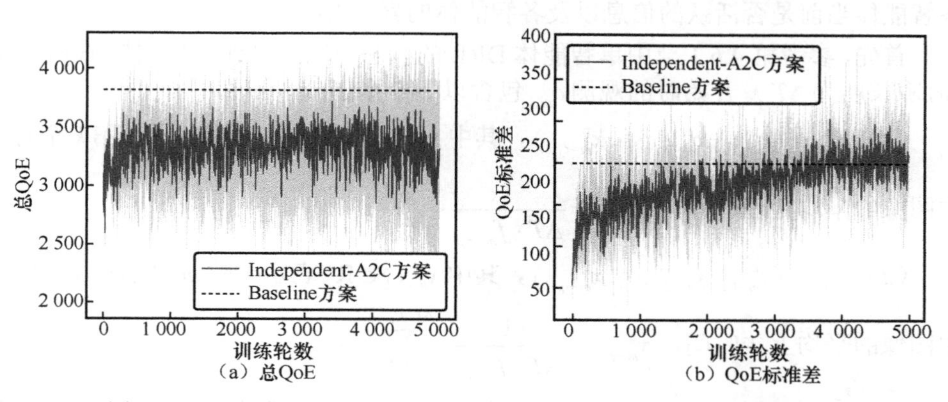

（a）总QoE　　（b）QoE标准差

图 4-16　Baseline 和 Independent-A2C 方案在场景二中训练的性能表现

4.6.2 基于多智能体 DRL 的应用层参数协同调整算法

本节针对应用层参数协同调整问题，先基于马尔可夫决策过程进行建模，然后给出状态空间、动作空间及奖励函数的设计，最后给出基于 COMA 框架的 MAR 客户端智能体训练方法。

1. 分布式部分可观测马尔可夫决策过程建模

相对于启发式算法，虽然一个特定 MAR 客户端采用基于单智能体 DRL 框架所设计的应用层参数调整算法具有更好的性能，但简单地部署多个都由这种智能体支持的 MAR 客户端并不能带来类似的性能提升。从单个 MAR 客户端训练过程的角度进行分析，环境状态和奖励之间的转换受到所有正在运行的 MAR 客户端所做操作的影响。由于环境不稳定，对单一 MAR 客户端而言该环境不再是 MDP。

在 COLLAR 方案中，多个 MAR 客户端在同一系统中同时进行应用层参数的调整，同时网络集中点希望这些 MAR 客户端的行为能够协同完成系统目标。该系统可以使用合作形式的 Dec-POMDP 进行描述。

在第 m 个时隙开始时刻，部署在 MAR 客户端的智能体 i 根据此刻的本地观测 $o_{m,i}$ 选择动作 $u_{m,i} \in A$。此时系统的全局状态记为 $s_m \in S$，它包括所有智能体全部的本地观测以及单个智能体无法获取的全局信息。在接下来的时隙中，所有 MAR 客户端根据各自智能体所选择的动作向 MEC 服务器发送图像请求。

在第 $m+1$ 个时隙开始时，系统环境根据第 m 个时隙内的性能表现（包含 MAR 客户端总 QoE 与 QoE 标准差），给出时隙 m 中所有智能体的联合动作 $\{u_{m,1},u_{m,2},\cdots,u_{m,N}\}$ 的全局奖励 r_m。系统全局状态转移至 s_{m+1} 并且各智能体获取新的本地观测 $o_{m+1,i}$。该过程将不断重复，直至所有 MAR 客户端完成服务。

2. 状态空间设计

状态空间包含两部分，一为各智能体的本地观测，二为由网络集中点统计的各智能体当前是否活跃的信息以及各智能体的累计 QoE。

首先，参考第 4.6.1 节中单智能体 DRL 的状态空间的设计，智能体 i 在时隙 m（时隙长度为 ΔT）开始时的观测 $o_{m,i}$ 包含以下 5 个部分。

（1）$\vec{x}^{\mathrm{p}}_{m,i} = (x^{\mathrm{p}}_{m-1,i}, x^{\mathrm{p}}_{m-2,i}, \cdots, x^{\mathrm{p}}_{m-t_{\mathrm{d}},i})$，其中 $x^{\mathrm{p}}_{m-k,i} \in \mathbf{R}^+$ 表示时隙 m 之前第 k 个时隙中图像的平均处理时间，$x^{\mathrm{p}}_{m-k,i} = \dfrac{1}{\Delta T \cdot f_{m-k,i}} \cdot \sum_{q=1}^{\Delta T \cdot f_{m-k,i}} t^{\mathrm{p}}_q$；

（2）$\vec{x}^{\mathrm{c}}_{m,i} = (x^{\mathrm{c}}_{m-1,i}, x^{\mathrm{c}}_{m-2,i}, \cdots, x^{\mathrm{c}}_{m-t_{\mathrm{d}},i})$，其中 $x^{\mathrm{c}}_{m-k,i} \in \mathbf{R}^+$ 表示时隙 m 之前第 k 个时隙中图像的平均上传时间，$x^{\mathrm{c}}_{m-k,i} = \dfrac{1}{\Delta T \cdot f_{m-k,i}} \cdot \sum_{q=1}^{\Delta T \cdot f_{m-k,i}} t^{\mathrm{c}}_q$；

（3）$\vec{\phi}_{m,i} = (\phi_{m-1,i}, \phi_{m-2,i}, \cdots, \phi_{m-t_{\mathrm{d}},i})$，其中 $\phi_{m-k,i} \in \mathbf{R}^+$ 表示时隙 m 之前第 k 个时隙

中图像请求的效用总和，$\phi_{m-k,i}=\sum_{q=1}^{\Delta T\cdot f_{m-k,i}}\phi_q$；

（4）$\vec{b}_{m,i}=(b_{m-1,i},b_{m-2,i},\cdots,b_{m-t_d,i})$，其中 $b_{m-k,i}\in\mathbf{R}^+$ 表示时隙 m 之前第 k 个时隙中图像上传时数据传输速率的均值；

（5）$\vec{u}_{m,i}=(u_{m-1,i},u_{m-2,i},\cdots,u_{m-t_d,i})$，其中 $u_{m-k,i}\in\mathbf{R}^+$ 表示时隙 m 之前第 k 个时隙开始时智能体所做的历史动作。

其次，定义 $I_{m,i}$ 表示在时隙 m 开始时智能体 i 是否活跃，即 MAR 客户端 i 是否在进行 MAR 服务。每当有一个 MAR 客户端开始或完成 MAR 服务，即任何一个智能体的 $I_{m,i}$ 状态发生变化时，为一个阶段的开始。则各 MAR 客户端从当前阶段开始到当前时隙 m 的累计 QoE 可表示为：

$$y_{m,i}=\sum_{q\in Q_{m,i}}u_q \tag{4-45}$$

其中，$Q_{m,i}=\left\{q\left|t_q^{\text{init}}\right\rangle t_m\right\}$，表示时隙 m 所在阶段中智能体 i 产生的图像请求的集合，t_q^{init} 表示请求 q 的生成时刻，t_m 表示时隙 m 所在阶段的开始时刻。从而整个系统的全局状态 S_m 可定义为：

$$S_m=\{(o_{m,1},I_{m,1},y_{m,1}),\cdots,(o_{m,i},I_{m,i},y_{m,i}),\cdots,(o_{m,N},I_{m,N},y_{m,N})\} \tag{4-46}$$

3. 动作空间及奖励函数设计

动作空间包含所有 N 个智能体的联合动作，定义为 $A\doteq(f_{m,i},s_{m,i})^N$。需要注意的是，不同于基于单智能体 DRL 方案中 MAR 客户端的动作空间，在多智能体环境中，一次决策时可能出现某个或多个智能体无须选择动作的情况（如智能体所在 MAR 客户端已完成服务或尚未开始服务），故需为每个智能体增加一个表示不进行任何操作的“无效动作”。为了提高所有 MAR 客户端的 QoE，同时维持 MAR 客户端之间的公平性，这些智能体都共享相同的奖励函数，定义为：

$$R_m=\sum_{i\leqslant N}y_{m,i}+\alpha\cdot\text{std}(\boldsymbol{y}_m^s) \tag{4-47}$$

其中，α 表示各 MAR 客户端的总 QoE 与 MAR 客户端之间公平性的相对权重；$\boldsymbol{y}_m^s=(y_{m,1}^s,y_{m,2}^s,\cdots,y_{m,N}^s)$，$\boldsymbol{y}_m^s$ 表示各智能体从当前阶段开始时到 $m+1$ 时隙开始时的累计 QoE；$y_{m,i}$ 是智能体 i 在时隙 m 内所产生的图像请求的效用总和。$y_{m,i}^s$ 与 $y_{m-1,i}^s$ 之间的关系为：

$$y_{m,i}^s=y_{m-1,i}^s+y_{m,i} \tag{4-48}$$

4. 基于 COMA 框架的 MAR 客户端智能体训练方法

系统中智能体获得最佳协作行为策略所面临的主要挑战包括每个智能体仅能

利用自己的本地观测采取行动；应该有一个贡献分配方案来指导每个智能体的策略更新过程。

为了应对第一个挑战，可以在MEC服务器处的网络集中点使用CTDE范式。在训练时通过设置额外机制引导智能体策略的训练和更新，在执行时不再需要这些机制，智能体仅使用自身的本地观测进行智能决策。为了应对第二个挑战，可利用COMA框架中的反事实基线（Counterfactual Baseline）来指导每个智能体的策略更新过程。反事实基线的使用方式与演员–评论家框架中的优势函数相同，用于产生控制智能体策略进行更新的梯度。

反事实基线的关键思想是揭示全局奖励与单个智能体奖励期望之间的差异。具体表现为，在固定其他智能体动作的情况下，衡量某个特定智能体的某个特定动作相对于它的其他所有动作对系统共享的加权平均的优势。基于这种差异，智能体可以推断出一个特定的动作如何对全局奖励做出贡献。基于COMA框架的训练过程如图4-17所示。

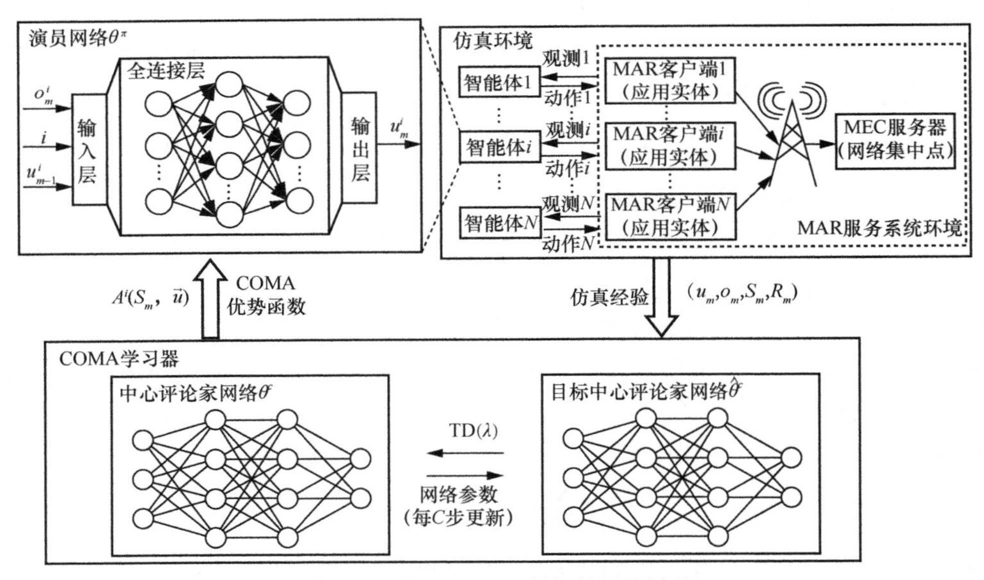

图4-17 基于COMA框架的训练过程

为了加快训练过程，网络集中点处所有智能体共享一个演员网络，该网络根据智能体身份标识i和智能体的本地观测生成动作分布。通过对该分布进行采样，每个智能体确定当前时隙的动作并生成图像请求。这些图像请求由环境中的MEC服务器继续处理，进而可以根据所有图像请求的效用计算所有智能体的奖励。使用TD(λ)计算每个智能体在每一步的奖励函数值，然后更新中心评论家网络的神经网络参数。中心评论家网络通过估计各智能体不同动作对系统收益的贡献，进

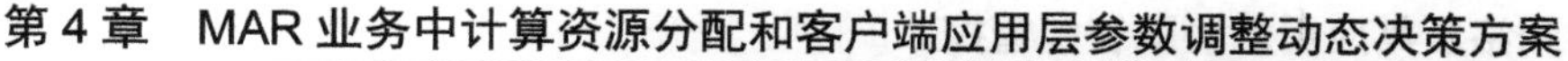

而计算反事实基线值以对各智能体的演员网络参数进行更新。COLLAR 方案的训练过程如算法 4-6 所示。

算法 4-6　COLLAR 方案的训练过程

1. 初始化神经网络参数 θ^c 、 $\hat{\theta}^c$ 、 θ^π ；
2. for 每轮训练 do
3. 　　清空经验回放池；
4. 　　获取系统初始状态 s_0 ，令 $m=0$ ；
5. 　　while s_m 不是终止状态且 $m<T$ do
6. 　　　　for 每个 MAR 客户端的智能体 a do
7. 　　　　　　获取智能体的观测 o_m^a ；
8. 　　　　　　从 $\pi(o_m^a,a\,|\,\theta^\pi)$ 中采样得到 u_m^a ；
9. 　　　　　　MAR 客户端 a 根据 u_m^a 生成图像请求；
10. 　　　　end
11. 　　　　系统状态转移至 s_{m+1} ；
12. 　　　　智能体获取奖励 r_m ；
13. 　　　　将经验 (s_m,o_m,u_m,r_m) 存放于经验回放池中；
14. 　　　　$m=m+1$ ；
15. 　　end
16. 　　for 每个 MAR 客户端的智能体 a do
17. 　　　　for $m=1$ to T do
18. 　　　　　　利用 $\hat{\theta}^c$ 计算 TD(λ) 目标 y_m^a ；
19. 　　　　end
20. 　　　　for $m=T$ down to 1 do
21. 　　　　　　$\Delta Q_m^a = y_m^a - Q(s_m,u_m\,|\,\theta^c)$ ；
22. 　　　　　　$\Delta\theta^c = \nabla_{\theta^c}(\Delta Q_m^a)^2$ ；
23. 　　　　　　$\theta^c = \theta^c - \alpha\Delta\theta^c$ ；
24. 　　　　　　每 C 步，更新 $\hat{\theta}^c = \theta^c$ ；
25. 　　　　end
26. 　　　　for $m=T$ down to 1 do
27. 　　　　　　$A^a(s_m,u_m) = Q(s_m,u_m) - \sum_{u'^a}\pi(u'^a\,|\,o_m^a)Q(s_m,u'^a,u_m^{-a})$ ；
28. 　　　　　　$\Delta\theta^\pi = \Delta\theta^\pi + \nabla_{\theta^\pi}\log\pi(u\,|\,o_m^a)A^a(s_m,u_m)$ ；
29. 　　　　end
30. 　　　　$\theta^\pi = \theta^\pi + \alpha\Delta\theta^\pi$ ；

```
31.         end
32.   end
```

4.7 COLLAR 方案性能评估

本节首先介绍实验环境设置，然后对 COLLAR 方案进行性能评估，并对 COLLAR 方案和 DRAM 方案的性能进行比较。

4.7.1 仿真环境设置

本节采用与第 4.5.2 节中相同的仿真环境设置对 COLLAR 方案的性能进行评估。COLLAR 方案训练过程使用的超参数如表 4-14 所示。

表 4-14 COLLAR 方案训练过程使用的超参数

参数类型	参数值
折损因子 γ	0.9
演员网络学习率	5×10^{-5}
评论家网络学习率	5×10^{-4}
时间差分参数	0.8
RMSprop 优化器	默认
探索方案	ϵ-greedy （初始值为 0.5，经过 5000 轮衰减至 0.01）
演员网络隐藏层神经元	128 个×128 个
演员网络输入层神经元	45 个（包含 MAR 客户端的观测和身份独热编码）
演员网络输出层神经元	16 个（包含一个无效动作）
评论家网络隐藏层神经元	128 个×128 个
评论家网络输入层神经元	319 个
评论家网络输出层神经元	16 个

演员网络输入层的神经元包含 MAR 客户端获取的系统状态（40 个）和 MAR 客户端身份独热编码（5 个），故总神经元数量为 45 个。评论家网络输入层的神经元包含当前的系统状态（包含所有 MAR 客户端的观测（5×40 个）、所有 MAR 客户端的活跃状态（5 个）以及累计 QoE（5 个）、某个 MAR 客户端观测（40 个）及其身份独热编码（5 个）、其他智能体的动作（4×16 个），故总神经元数量为 319 个。

4.7.2 COLLAR 方案的总体性能表现

不同 MAR 客户端应用层参数调整方案的总体性能评估如图 4-18 所示。图 4-18 和表 4-13 表明，多个 MAR 客户端之间协同调整，即 COLLAR 方案，在 MAR 客户端总 QoE 以及 QoE 标准差（即公平性）方面具有最佳性能。

在场景一和场景二中，相比 Baseline 方案，在 MAR 客户端总 QoE 方面，COLLAR 方案分别提升了 54.84%和 17.49%；相比 Single-DQN 方案，在 MAR 客户端总 QoE 方面，COLLAR 方案分别提升了 45.46%和 16.70%；相比 Single-A2C 方案，在 MAR 客户端总 QoE 方面，COLLAR 方案分别提升了 55.77%和 24.03%。在各 MAR 客户端的 QoE 标准差方面，COLLAR 方案在两个场景中均表现最好。这充分说明了 COLLAR 方案的有效性。

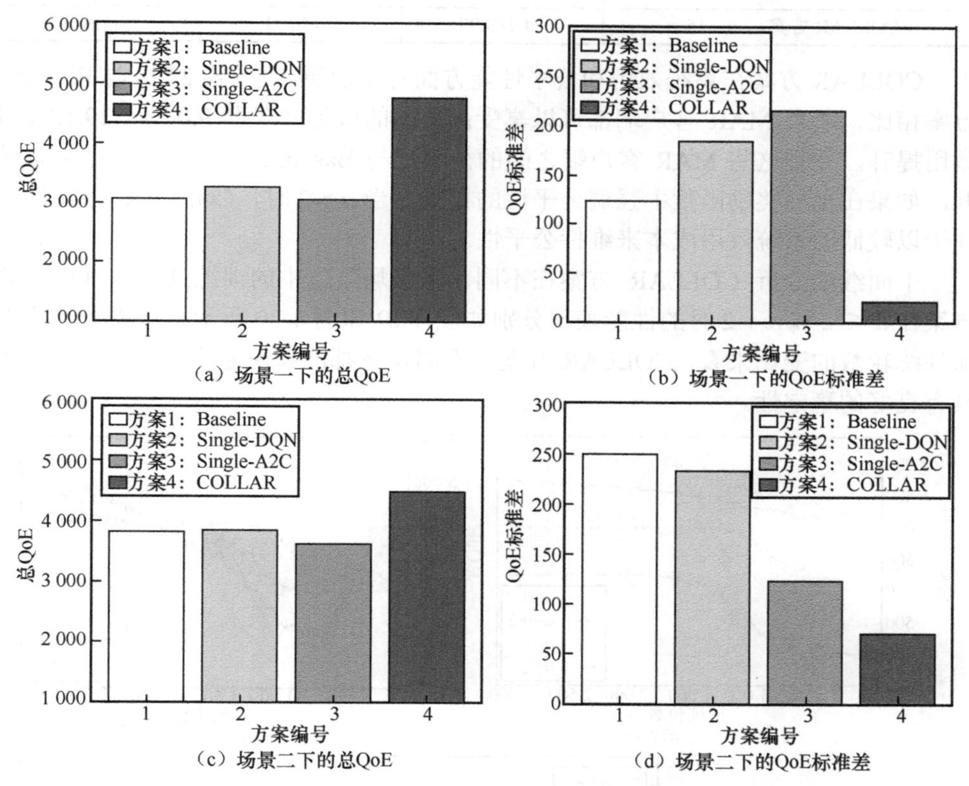

图 4-18　不同 MAR 客户端应用层参数调整方案的总体性能评估

4.7.3　COLLAR 方案中权重系数 α 对性能的影响

本节关注 COLLAR 方案的系统奖励函数中总 QoE 与公平性之间的相对权重，即对参数 α 进行调整时，COLLAR 方案的性能表现。α 的取值具体为：

$$\alpha = \{0, 0.2, 1, 2, 5, 10, 15\} \tag{4-49}$$

本节在场景二中构造了采用 7 种不同 α 的 COLLAR 方案，这些方案均采用相同的超参数进行训练。Baseline 方案与不同 α 下 COLLAR 方案的性能对比如表 4-15 所示。

表 4-15　Baseline 方案与不同 α 下 COLLAR 方案的性能对比

方案	奖励函数值	总 QoE	QoE 标准差
Baseline 方案	不适用	3 818.07	249.64
COLLAR 方案，$\alpha=0$	2 058.34	4 929.89	281.14
COLLAR 方案，$\alpha=0.2$	1 118.71	4 164.45	163.74
COLLAR 方案，$\alpha=1$	983.67	4 485.99	70.24
COLLAR 方案，$\alpha=2$	250.66	4 526.58	71.31
COLLAR 方案，$\alpha=5$	−755.99	2 670.41	32.17
COLLAR 方案，$\alpha=10$	−2 508.79	2 170.97	31.36
COLLAR 方案，$\alpha=15$	−4 189.97	2 170.71	31.27

COLLAR 方案在系统效用和公平性能方面对 α 敏感。当 $\alpha \leqslant 2$ 时，与 Baseline 方案相比，所有 MAR 客户端都可以享受高质量的服务并获得 9.07%～29.12%的效用提升，并且这些 MAR 客户端之间的公平性与 Baseline 方案相比也有明显提升。如果在全局奖励函数中强调公平性的权重，当 $\alpha > 2$ 时，COLLAR 方案将专注于以较低的系统效用成本来维持公平性。

下面继续分析 COLLAR 方案在不同 α 下于场景二中的训练过程，COLLAR 方案在 $\alpha \leqslant 2$ 和 $\alpha > 2$ 时的性能表现分别如图 4-19 和图 4-20 所示。从奖励函数值随训练轮数的变化来看，COLLAR 方案在不同 α 下都能够快速收敛，说明该方案具有良好的稳定性。

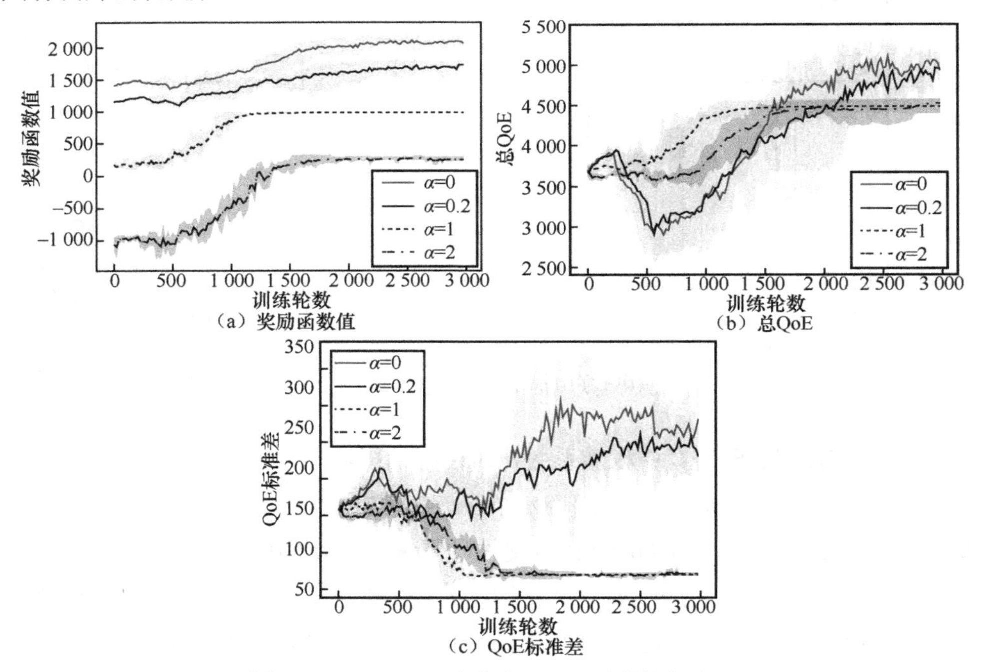

（a）奖励函数值

（b）总QoE

（c）QoE标准差

图 4-19　COLLAR 方案在 $\alpha \leqslant 2$ 时的性能表现

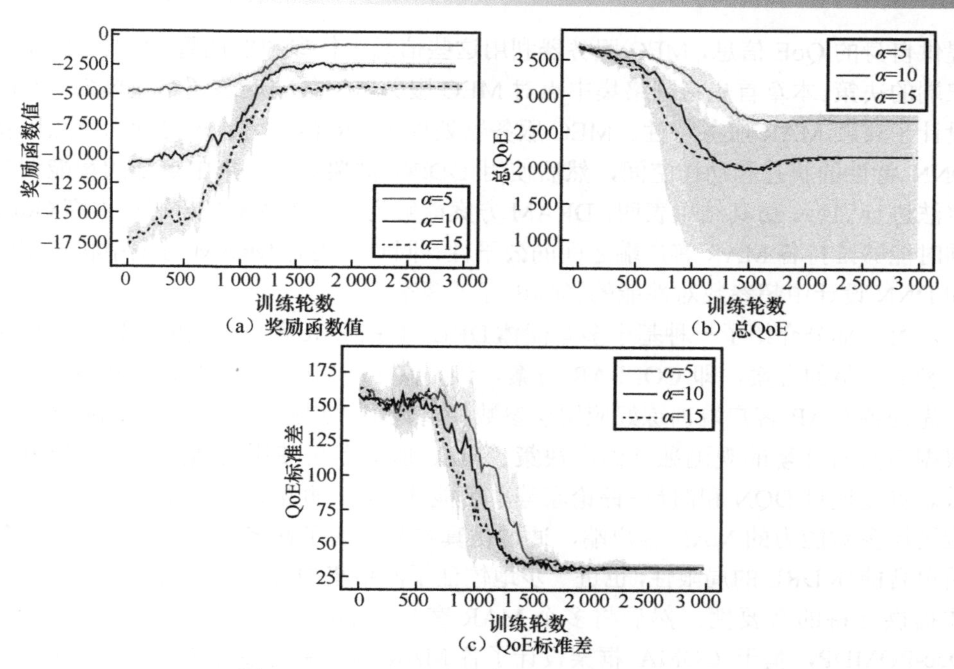

（a）奖励函数值
（b）总QoE
（c）QoE标准差

图 4-20　COLLAR 方案在 $\alpha>2$ 时的性能表现

4.7.4　COLLAR 方案与 DRAM 方案性能对比

在场景一中使用 DRAM 方案进行 MEC 服务器处智能体的训练，使用与第 4.5.2 节相同的训练过程超参数，场景一中 DRAM 方案与 COLLAR 方案的性能对比如表 4-16 所示。COLLAR 方案在总 QoE 方面较 DRAM 方案提升了 23.1%，同时也具有更好的公平性。这反映了在网络集中点提供策略更新支持的情况下，MAR 客户端协作进行应用层参数调整能够取得比 MAR 客户端在网络集中点的引导下被动进行参数自适应调整更多的系统效用和更好的公平性表现。

表 4-16　场景一中 DRAM 方案与 COLLAR 方案的性能对比

方案	总 QoE	QoE 标准差
DRAM 方案	3 868.60	95.75
COLLAR 方案	4 762.22	21.43

4.8　本章小结

本章工作主要包含两个部分：第一部分介绍了一种基于单智能体 DRL 的 MEC 增强现实服务资源分配方案，即 DRAM 方案。该方案中，MAR 客户端（应用实体）使用自适应算法调整应用层参数，同时通过向 MEC 服务器（网络集中点）

提供自身的 QoE 信息，MEC 服务器利用这些信息进行参数的调整，引导 MAR 客户端的决策。本章首先将网络集中点对 MEC 服务器参数的动态调整建模为 MDP，设计了兼顾 MAR 服务特性、MEC 服务器处理 MAR 客户端请求的行为特点以及 DNN 特性的状态和动作空间，然后使用 DDPG 框架对网络集中点处的智能调整算法进行训练。仿真结果表明，DRAM 方案能够为多个 MAR 客户端提供高 QoE，同时能够维持各 MAR 客户端之间的公平性。同时，还对 DRAM 方案中状态空间和 DNN 设计中超参数对性能的影响进行了探索。

第二部分介绍了一种基于多智能体 DRL 的各 MAR 客户端能够协同进行应用层参数调整的方案，即 COLLAR 方案。该方案中，MEC 服务器处的网络集中点预先为各 MAR 客户端训练好应用层参数调整策略。实际执行时，各 MAR 客户端根据自身对环境的观测独立做出决策，MEC 服务器仅使用自适应算法调整其参数。首先通过 DQN 和演员-评论家等单智能体 DRL 框架，设计了具有智能调整应用层参数能力的 MAR 客户端，通过仿真实验说明了在多智能体环境下简单复用单智能体 DRL 的局限性，也进一步地佐证了网络集中点对多个智能体之间的协作提供支持的必要性。然后将多个 MAR 客户端的应用层参数调整过程建模为 Dec-POMDP，基于 COMA 框架设计了各 MAR 客户端能够协作决策的多智能体训练方法。各 MAR 客户端在智能策略的训练过程中共享网络集中点提供的信息，从而在策略更新时能够考虑整个系统的效用。仿真结果说明，COLLAR 方案下的各 MAR 客户端能够进行协同调整并取得高 QoE 和良好的公平性。

从本章的探讨可以看出，在应用实体和网络集中点进行合作管控时，如果应用实体仅具有简单的决策能力，则可以考虑网络集中点通过自身的决策对各应用实体进行引导；而当应用实体需要拥有独立且更为复杂的智能决策策略时，则可以考虑由网络集中点为各应用实体提供智能策略。虽然在这两种方案中，应用实体和网络集中点的决策变量均为分开求解，但在前者中，应用实体和网络集中点的决策目标不同，而在后者中两者的优化目标一致。分析本章第二部分所研究的合作管控方案的呈现方式，在其训练阶段是由网络集中点为各应用实体训练智能体，而在实际部署时，应用实体和网络集中点之间无须进行进一步交互。后面两章中，将尝试另外两种呈现方式，一是应用实体和网络集中点分别决策不同变量，并由网络集中点进行统合（第 5 章）；二是应用实体给网络集中点提供用于求解联合问题的“元数据”，有效地降低网络集中点直接求解联合优化问题的难度（第 6 章）。

参考文献

[1] SIRIWARDHANA Y, PORAMBAGE P, LIYANAGE M, et al. A survey on mobile augmented reality with 5G mobile edge computing: architectures, applications, and technical aspects[J].

IEEE Communications Surveys & Tutorials, 2021, 23(2): 1160-1192.

[2] MAO Y Y, YOU C S, ZHANG J, et al. A survey on mobile edge computing: the communication perspective[J]. IEEE Communications Surveys & Tutorials, 2017, 19(4): 2322-2358.

[3] GE X H, TU S, MAO G Q, et al. 5G ultra-dense cellular networks[J]. IEEE Wireless Communications, 2016, 23(1): 72-79.

[4] ZHANG W W, WEN Y G, GUAN K, et al. Energy-optimal mobile cloud computing under stochastic wireless channel[J]. IEEE Transactions on Wireless Communications, 2013, 12(9): 4569-4581.

[5] LIU J, MAO Y Y, ZHANG J, et al. Delay-optimal computation task scheduling for mobile-edge computing systems[C]//Proceedings of 2006 IEEE International Symposium on Information Theory. Piscataway: IEEE Press, 2016: 1451-1455.

[6] MAO Y Y, ZHANG J, LETAIEF K B. Dynamic computation offloading for mobile-edge computing with energy harvesting devices[J]. IEEE Journal on Selected Areas in Communications, 2016, 34(12): 3590-3605.

[7] MAHMOODI S E, UMA R N, SUBBALAKSHMI K P. Optimal joint scheduling and cloud offloading for mobile applications[J]. IEEE Transactions on Cloud Computing, 2019, 7(2): 301-313.

[8] REN J K, HE Y H, HUANG G, et al. An edge-computing based architecture for mobile augmented reality[J]. IEEE Network, 2019, 33(4): 162-169.

[9] FERNÁNDEZ-CARAMÉS T M, FRAGA-LAMAS P, SUÁREZ-ALBELA M, et al. A fog computing and cloudlet based augmented reality system for the industry 4.0 shipyard[J]. Sensors, 2018, 18(6): 1798.

[10] SUKHMANI S, SADEGHI M, EROL-KANTARCI M, et al. Edge caching and computing in 5G for mobile AR/VR and tactile Internet[J]. IEEE MultiMedia, 2019, 26(1): 21-30.

[11] LIU W L, REN J K, HUANG G, et al. Data offloading and sharing for latency minimization in augmented reality based on mobile-edge computing[C]//Proceedings of 2008 IEEE 88th Vehicular Technology Conference. Piscataway: IEEE Press, 2018: 1-5.

[12] JIA M K, LIANG W F. Delay-sensitive multiplayer augmented reality game planning in mobile edge computing[C]//Proceedings of the 21st ACM International Conference on Modeling, Analysis and Simulation of Wireless and Mobile Systems. New York: ACM Press, 2018: 147-154.

[13] LANE N D, BHATTACHARYA S, GEORGIEV P, et al. DeepX: a software accelerator for low-power deep learning inference on mobile devices[C]//Proceedings of the 2016 15th ACM/IEEE International Conference on Information Processing in Sensor Networks. Piscataway: IEEE Press, 2016: 1-12.

[14] HE Y H, REN J K, YU G D, et al. Optimizing the learning performance in mobile augmented reality systems with CNN[J]. IEEE Transactions on Wireless Communications, 2020, 19(8): 5333-5344.

[15] LIU Q, HUANG S Q, OPADERE J, et al. An edge network orchestrator for mobile augmented

reality[C]//Proceedings of the IEEE Conference on Computer Communications. Piscataway: IEEE Press, 2018: 756-764.

[16] LIU Q, HAN T. DARE: dynamic adaptive mobile augmented reality with edge computing[C]// Proceedings of the 2018 IEEE 26th International Conference on Network Protocols (ICNP). Piscataway: IEEE Press, 2018: 1-11.

[17] MNIH V, KAVUKCUOGLU K, SILVER D, et al. Human-level control through deep reinforcement learning[J]. Nature, 2015, 518(7540): 529-533.

[18] MNIH V, BADIA A P, MIRZA M, et al. Asynchronous methods for deep reinforcement learning[J]. arXiv preprint, 2016, arXiv:1602.01783.

[19] LILLICRAP T P, HUNT J J, PRITZEL A. et al. Continuous control with deep reinforcement learning[J]. arXiv preprint, 2015, arXiv:1509.02971.

[20] LUONG N C, HOANG D T, GONG S M, et al. Applications of deep reinforcement learning in communications and networking: a survey[J]. IEEE Communications Surveys & Tutorials, 2019, 21(4): 3133-3174.

[21] TSITSIKLIS J, VAN ROY B. Analysis of temporal-difference learning with function approximation[C]//Advances in Neural Information Processing Systems. Cambridge: MIT Press, 1996: 1075-1081.

[22] ZHANG K Q, YANG Z R, BAŞAR T. Multi-agent reinforcement learning: a selective overview of theories and algorithms[M]. Cham: Springer, 2021: 321-384.

[23] FOERSTER J, FARQUHAR G, AFOURAS T, et al. Counterfactual multi-agent policy gradients[J]. Proceedings of the AAAI Conference on Artificial Intelligence, 2018, 32(1): 2974-2982.

[24] FANG Z, YU T, MENGSHOEL O J, et al. QoS-aware scheduling of heterogeneous servers for inference in deep neural networks[C]//Proceedings of the 2017 ACM on Conference on Information and Knowledge Management. New York: ACM Press, 2017: 2067-2070.

[25] WANG C M, YU F R, LIANG C C, et al. Joint computation offloading and interference management in wireless cellular networks with mobile edge computing[J]. IEEE Transactions on Vehicular Technology, 2017, 66(8): 7432-7445.

[26] SUTTON R S, BARTO A G. Reinforcement learning: an introduction (2nd ed)[M]. Cambridge: MIT Press, 2018.

[27] YI J, LEE Y. Heimdall: mobile GPU coordination platform for augmented reality applications[C]//Proceedings of the 26th Annual International Conference on Mobile Computing and Networking. New York: ACM Press, 2020: 1-14.

第 5 章 多联盟链中路由和带宽资源分配动态决策方案

本章以多联盟链场景下路由和带宽资源分配动态决策问题为例，继续探讨利用深度强化学习为复杂连续决策问题提供解决方案的不同呈现方式。在此场景中，单个云计算提供商向多条联盟链提供区块链即服务（Blockchain as a Service，BaaS），即多条联盟链共享包括网络在内的底层基础设施。在本章的网络资源管控场景中，应用实体为各联盟链中负责控制的主节点，网络集中点则是 BaaS 服务提供方的资源管控模块。

在 BaaS 支持下的多联盟链场景中，由各联盟链的主节点决策自身的路由规划。网络集中点以最小化各联盟链区块完成原子广播的最大完成时间为目标，进行带宽资源分配，即应用实体和网络集中点首先分别对不同的决策变量进行求解，然后网络集中点进行最后的统合。和第 4 章 COLLAR 方案在执行阶段应用实体和网络集中点无须交互不同，在本章研究的场景中，两者需要按照序贯决策的方式共同进行决策。

第 5.1 节对本章的研究背景与动机进行概述；第 5.2 节中对该场景中的多棵多播树路由和带宽资源分配动态决策问题进行分析和建模；第 5.3 节对本章所设计的 CO-CAST 方案进行介绍；第 5.4 节对 CO-CAST 方案进行性能测试；第 5.5 节对本章进行小结。

5.1 研究背景与动机

区块链是一种去中心化的安全数据共享的基础架构[1]，其目标为在不依赖可信中心节点的情况下，在各参与方之间实现去中心化可信数据共享。基于密码学技术和共识机制算法[2]，区块链技术实现了数据的难以篡改性，并在一定程度上解决了分布式网络中的双重支付问题和拜占庭将军问题[3]。因此，区块链技术在加密数字货币[4]、金融[5-6]、能源[7]以及医疗健康[8-10]等领域中得到了广泛应用。

根据不同的中心化程度，区块链可分为公有区块链（Public Blockchain）、私有区块链（Private Blockchain）以及联盟链（Consortium Blockchain）3 类[11]。

公有区块链是最早出现并被广泛应用的区块链架构。公有区块链允许任何节点加入区块链网络，并可以查看区块链上的任意信息。同时，公有区块链上的任意节点可以参与区块生成和验证的过程。

私有区块链常用于私人企业或机构内部。私有区块链仅向被授权的个人或组织开放。私有组织制定的规则决定了私有区块链中的哪些节点具有的读写链上信息权限以及记录交易数据（生成区块）的权限。显然，私有区块链不是一种完全去中心化的区块链架构。

联盟链在一定程度上结合了公有区块链和私有区块链的特性。联盟链中的所有节点都可以查看区块链中的信息，但其账本的生成、共识和维护由联盟指定的节点参与完成。联盟链中主要使用 Raft 算法[12]或实用拜占庭容错（Practical Byzantine Fault Tolerance，PBFT）算法[13]支撑其共识机制。联盟链节点可分为主节点和副节点两类。主节点作为授权节点负责生成新区块，并广播给全网副节点进行验证以确认新区块的合法性。Raft 算法描述的共识过程，主节点对应算法中的 Leader 节点，副节点对应算法中的 Follower 节点，区块的广播过程对应算法中的日志复制过程，即 Leader 节点将自身日志（对应联盟链中的区块）通过广播方式复制到各 Follower 节点的过程。PBFT 算法描述的共识过程，主节点对应算法中的 Primary 节点，副节点对应算法中的 Replica 节点，区块的广播过程对应算法中的预准备（Pre-prepare）阶段，即 Primary 节点将具体的消息（Message）广播至各 Replica 节点的过程。同时，由于 PBFT 算法中预准备之后的准备（Prepare）阶段和后续的提交（Commit）阶段中仅传输该消息的签名（通常是数据量很小的哈希值等验证数据），所以网络层承载的主要流量为预准备阶段中的消息（对应联盟链中的区块）广播过程产生的流量。

目前，很多云服务提供商部署了 BaaS[14]。用户可以借助这些 BaaS 构建属于自己的联盟链。对云服务提供商来说，多个联盟链共同使用相同的网络基础设置，即网络中的通信链路带宽资源由多条联盟链共享。如何在此场景下为各条联盟链提供快速的原子广播服务，这涉及对原子广播过程的路由进行规划和带宽资源分配这一联合优化问题。如果该联合优化问题解决不当，将会导致共识算法时延过长，严重影响系统中各区块链的性能[15]。

目前对联盟链的研究主要关注联盟链的共识机制设计[16-17]、联盟链的应用部署架构探究[18]和联盟链的安全性能评估[19]等方面，对网络层区块传播的时延优化工作主要集中在公有区块链中，同时这些工作的优化方向集中在区块链的应用层[20]，如对区块本身进行压缩以减少数据量或优化区块生成过程中验证节点的工作负载分配，可被归为“单向感知模式”下的资源管控尝试。缺乏在网络资源管控视角下的网络层优化工作[21]，特别是在 BaaS 支持的多联盟链场景下，通过网络层优化原子广播时延以提高区块链的吞吐量。

需要注意的是，在 BaaS 支持的多联盟链场景中，每条联盟链的节点仅由部分物理网络节点构成。因此每条联盟链应用层面区块的原子广播过程在物理网络上就表现为连续的多播过程。那么多联盟链的路由规划和带宽分配问题的本质就是在同一物理网络上为多棵多播树进行路由规划和链路带宽资源分配的联合优化问题。

以最短路径树（Shortest-Path Tree，SPT）和斯坦纳树（Steiner Tree，ST）为代表的经典单棵多播树算法仅能处理静态网络的多播树路由规划，在动态网络环境中难以取得较好的性能，且仅能处理单棵多播树。近年来，已经有一些工作尝试解决动态网络场景下的多播树路由规划问题[22-24]。这些工作主要关注单次多播过程中节点频繁加入和退出的情况，且仅做路由规划，缺乏对链路带宽资源分配的研究，仍然是“单向感知模式”的延续。然而，对于联盟链来说，区块链中的主节点和副节点通常在一段时间内相对固定，且各条联盟链的网络流量会随上层交易产生强度的不同而发生变化。在多棵多播树共享底层物理网络资源时，如果仅考虑路由而不考虑带宽资源分配，在网络流量变化较大时，现有工作不能及时做出调整，造成一些关键链路发生拥塞，从而增加区块递交时延。因此，应当对 BaaS 支持的多联盟链场景中多棵多播树路由和带宽资源分配进行联合优化，使其能够基于系统当前情况不断进行调整。

若将上述在线决策问题视为一个马尔可夫决策过程，则此问题的状态空间和动作空间的维度都很大，传统的强化学习和动态规划方法都很难求解。同时，即使使用单智能体深度强化学习为所有联盟链同时进行路由和带宽资源决策，也会面临动作空间过大引起的维度灾难问题。因此在这种场景下，这种单智能体的集中决策方式是不合适的，需要考虑使用多智能体深度强化学习（MADRL）将联盟链路由规划和带宽资源分配这两组决策变量分开，分别交由应用实体（各联盟链负责控制区块生成的主节点）和网络集中点（云服务提供商的资源管控模块）进行决策。在统一的优化目标下，在每个联盟链的主节点处部署动态调整区块完成原子广播过程路由的决策机制，则多联盟链的路由动态调整可被视为一个多智能体系统，网络集中点作为环境的组成部分，根据各个智能体决策的路由方案，以最小化各联盟链区块完成原子广播过程的最大完成时间为目标，进行带宽资源分配。该系统可使用 Dec-POMDP 进行描述，本章基于 MADDPG 算法设计了该联合优化问题的在线求解方案，称为多智能体协同广播方案，简称 CO-CAST 方案。该方案有如下创新点：一是将 BaaS 支持的多联盟链场景中多棵多播树路由动态调整过程建模为Dec-POMDP，并使用多智能体深度强化学习算法进行求解；二是根据联盟链的业务特征设计了状态空间以描述联盟链系统的区块负载和到达情况；三是设计了易于实现的智能体动作空间，不同于直接输出路由决策，本方案各智能体的动作为其对应的联盟链可能使用的通信链路的偏好，然后设计了基于该偏好的多播树拓扑生成算法；四是为网络集中点设计了一种带宽资源分配方案，以最小化各联盟链区块完成原子广播的时间，提高联盟链的吞吐量。

5.2 问题分析及建模

在联盟链中，各节点之间会产生大量交易。联盟链中每产生一定数量的交易，主节点会生成新区块对交易信息进行记账。当主节点生成新区块后，需要进行原子广播，将新区块尽快发送至该链的所有副节点。原子广播是指，一个联盟链中的所有节点按照完全相同的顺序依次接收到完全一致的所有区块[25]。此时，该联盟链所有节点上维护的区块链数据信息也将是完全一致的，即达成了共识。当多条联盟链使用同一个云服务提供商的底层网络时，会相互竞争原子广播中区块多播所需的链路资源。为在网络层尽可能降低原子广播时延，需要对各联盟链网络的原子广播路径进行规划，同时分配整个网络中的通信链路带宽资源。如前所述，联盟链应用层的原子广播对应网络层的多播。

上述问题可以被称为 BaaS 支持的多联盟链场景中多棵多播树路由和带宽资源分配动态决策问题。该问题的优化目标为：最小化一段时间内多联盟链所有区块完成原子广播的平均时间。本节将对这一优化目标进行建模。多联盟链业务建模的主要符号及含义如表5-1所示。

表5-1　多联盟链业务建模的主要符号及含义

符号	含义
v_i	第 i 个节点
h_i^k	节点 v_i 在联盟链 k 原子广播多播树上的深度
$e(v_i,v_j)$	节点 v_i 和节点 v_j 之间的通信链路
M	主节点集合
N	副节点集合
m^k	联盟链 k 的主节点
ΔT	各联盟链主节点处智能体的决策时间间隔
n_q^k	联盟链 k 的第 q 个副节点

续表

符号	含义
$B(v_i,v_j)$	链路 $e(v_i,v_j)$ 的总带宽
$b^k(v_i,v_j)$	联盟链 k 在链路 $e(v_i,v_j)$ 上能够使用的带宽
γ^k	联盟链 k 的区块数据量
A^k	联盟链 k 的每个区块包括的交易数量
$l^k(t)$	t 时刻联盟链 k 的主节点缓存的交易数量
L^k	$t+\Delta T$ 时刻联盟链 k 的主节点缓存的交易数量
$f^k(t)$	t 时刻联盟链 k 的主节点缓存的区块数量
s^k	联盟链 k 的预测的区块生成速率
x^k	联盟链 k 的生成区块
a_x^k	区块 x^k 的生成时刻
w_x^k	区块 x^k 的等待时延
p_x^k	区块 x^k 的传输时延
$\hat{p}_{x,q}^k$	区块 x^k 从联盟链 k 的主节点 m^k 传播到副节点 n_q^k 的传输时延
φ_x^k	区块 x^k 完成原子广播的总时延
c_x^k	区块 x^k 完成原子广播的时刻
d^k	联盟链 k 完成所有缓存区块和产生新区块原子广播的总传输时延
$\Gamma_{x,q}^k$	区块 x^k 从主节点 m^k 路由至副节点 n_q^k 的路径上所有链路的集合

5.2.1　系统描述

BaaS 支持的多联盟链所在的底层物理网络可以被建模为一个无向图，记为 $G=(V,E)$。V 为所有节点集合，v_i 表示第 i 个节点。在此物理网络之上，每条联盟链选定一个主节点和若干个副节点。主节点集合 M 包括了多联盟链中各条联盟链的主节点，第 k 条联盟链的主节点记为 $m^k \in V$。副节点集合 N 包括了多联盟链中各条联盟链的所有副节点，第 k 条联盟链的副节点集合记为 N^k，$n_q^k \in V$ 表示第 k 条联盟链的第 q 个副节点。E 为所有边的集合。当且仅当多联盟链中的顶点 v_i 和顶点 v_j 之间存在一条直连的通信链路时，集合 E 中存在边 $e(v_i,v_j)$。$B(v_i,v_j)$ 表示集合 E 中的任意链路 $e(v_i,v_j)$ 的总带宽资源。第 k 条联盟链在链路 $e(v_i,v_j)$ 上分配得到的通信链路带宽表示为 $b^k(v_i,v_j)$。

联盟链 k 在累计 A^k 笔交易后需要生成新的区块（数据量为 γ^k），联盟链 k 上

生成的新区块记为 x^k 。由于不同区块链的负载不同，因此每条联盟链的主节点生成区块的时间是不定的，记区块 x^k 的生成时刻为 a_x^k。t 时刻，联盟链 k 的主节点缓存的区块数量记为 $f^k(t)$ 。

在 BaaS 支持的多联盟链场景中，新区块需要完成原子广播，即由生成该区块的主节点将新区块传输到所属联盟链的所有副节点上。区块 x^k 完成原子广播的总时延 φ_x^k 由等待时延 w_x^k 和传输时延 p_x^k 两部分构成。需要注意的是，由于多联盟链构建在云计算设施中，节点距离近且使用高速交换机，因此这里不考虑传播时延和交换时延。

新区块 x^k 生成时，联盟链的主节点上可能已经缓存有先前生成但还未完成传输的区块，因此区块 x^k 需要等待先前的全部缓存区块完成传输后，才能开始传输。若区块 x^k 生成时，对应联盟链的主节点上不存在缓存的区块，则有 $w_x^k=0$ 。区块 x^k 从联盟链 k 的主节点 m^k 传输到联盟链 k 的任意副节点 n_q^k 的传输时延，实际上就是区块在主副节点之间路由的过程中，经历的所有通信链路上传输时延的和，可以定义为：

$$\hat{p}_{x,q}^k=\sum_{e(v_i,v_j)\in\Gamma_{x,q}^k}\frac{\gamma^k}{b^k(v_i,v_j)} \tag{5-1}$$

其中，$\Gamma_{x,q}^k$ 表示联盟链 k 上，区块 x^k 由主节点 m^k 路由至副节点 n_q^k 路径上所有链路的集合；γ^k 为所传输区块的数据量；$b^k(v_i,v_j)$ 为链路 $e(v_i,v_j)$ 上为联盟链 k 所分配的带宽。由于原子广播需要将区块递交给所有的副节点，因此区块 x^k 的传输时延 p_x^k 为该区块从主节点传输到各副节点传输时延的最大值，表示为：

$$p_x^k=\max_q \hat{p}_{x,q}^k \tag{5-2}$$

因此，新区块 x^k 完成原子广播的总时延可以表示为：

$$\varphi_x^k=w_x^k+p_x^k \tag{5-3}$$

新区块 x^k 完成原子广播时刻为：

$$c_x^k=a_x^k+p_x^k+w_x^k \tag{5-4}$$

其中，a_x^k 表示联盟链 k 上的新区块 x^k 的生成时刻。

5.2.2 BaaS 支持下多联盟链路由和带宽资源分配问题的目标函数

如第 5.1 节所分析，多联盟链路由和带宽资源分配问题是一个多棵多播树路由和带宽资源分配问题。整个问题的优化目标是，最小化一段时间内各联盟链所有区块完成原子广播的平均时间。假设在给定的任意时间段 T 内，多联盟链中生

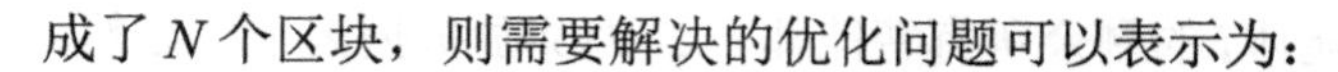

成了 N 个区块，则需要解决的优化问题可以表示为：

$$\min_b \frac{1}{N}\sum_k\sum_x \varphi_x^k \tag{5-5}$$

其中，优化问题的决策变量为每条链路为每条联盟链分配的链路带宽 $b^k(v_i,v_j)$。

在联盟链中，新区块生成的时间是未知的，因此上述优化问题是一个在线问题。而多棵多播树的路由和带宽资源分配方案与系统性能（一段时间内的区块在联盟链中进行原子广播的平均完成时间）之间的关系难以直接进行解析表达。即使区块生成时间是已知的，在不考虑带宽约束的情况下，多棵多播树路径规划问题本身就是一个 NP-hard 问题[26]。再加上对带宽的约束，用传统的优化求解方法进行求解是困难的，因此需要发展一种在线资源分配方法。

5.2.3 Dec-POMDP 建模

在 BaaS 支持下的多联盟链场景中，同一物理网络上同时运行多条联盟链，且各条联盟链的主节点仅能根据自身观测进行决策，即天然地具有多个仅能观测到部分状态信息的决策主体。考虑应用实体（各联盟链主节点）无法获得全局信息以进行带宽分配，CO-CAST 方案将带宽资源分配工作交由网络集中点来做，各应用实体仅进行路由规划。如果网络集中点使用静态的带宽资源分配算法，则各应用实体所处的环境就是平稳的，因此，BaaS 支持的多联盟链场景中多棵多播树路由规划这一在线问题可建模为一个 Dec-POMDP。

如前所述，由于区块的生成随时间变化较大，因此各联盟链的主节点处的动态路由调整可以看作一个多参与者的连续决策系统。考虑在每条联盟链的主节点上部署一个智能体，负责求解对应联盟链的多播树路径规划问题。这些智能体周期性地决策下一个周期内对应联盟链进行原子广播所使用的多播树路由拓扑。决策周期的时间长度设置为 ΔT。在决策时刻 t，系统状态记为 s_t，智能体 i 基于自己的观测 o_t^i 执行动作 a_t^i，即按照所决策的多播树进行原子广播。经过 ΔT 后，系统状态转移至 s_{t+1}，智能体 i 基于系统奖励函数 $\mathcal{R}^i(s_t,a_t)$ 得到这一次决策的奖励。该奖励由所有智能体的动作以及网络集中点的带宽资源分配共同决定。智能体 i 的目标为找到其最优的行为策略 $\pi^i:\mathcal{O}\to\mathcal{A}^i$，即 $a_t^i\sim\pi^i(\cdot\mid o_t^i)$，使其能够最大化长期累计奖励值。此时智能体 i 的价值函数 $V^i:\mathcal{O}\to\mathbf{R}$ 成为所有智能体的联合策略 $\pi:\mathcal{S}\to\mathcal{A}$ 的函数，其中联合策略定义为 $\pi(a\mid s)\doteq\prod_{i\in\mathcal{N}}\pi^i(a^i\mid o^i)$。对于任意联合策略 π 和 BaaS 支持的多联盟链系统状态 $s\in\mathcal{S}$，有：

$$V_{\pi^i,\pi^{-i}}^i(s)\doteq\mathbb{E}\left[\sum_{t\geqslant 0}\xi^t\mathcal{R}^i(s_t,a_t)\mid a_t^i\sim\pi^i(\cdot\mid o_t^i),s_0=s\right] \tag{5-6}$$

其中，$-i$ 表示 $\mathcal{N}$ 中除了智能体 i 的剩余所有智能体，ξ^t 为奖励折损因子。显然，不同于简单的马尔可夫决策过程中每个智能体的最优表现仅由自身策略控制，这里的每个智能体的最优表现不仅由自己的策略控制，还会受到其他智能体的行为策略的影响。

由于 BaaS 支持的多联盟链场景中多棵多播树路径规划问题的优化目标是最小化一段时间内各联盟链所有区块完成原子广播的平均时间，因此，在这种情况下，可以将 BaaS 支持的多联盟链场景中的路由规划问题建模为 Dec-POMDP。

5.3 CO-CAST 方案

CO-CAST 方案分为两个步骤。首先，应用实体（即各联盟链的主节点）根据自身队列中的区块数量和上层交易到达情况，决策各自的原子广播路径。需要注意的是，应用层的原子广播路径在物理网络中是多播路径。然后，由网络集中点（即网络资源的管理者）根据这些多播路径，以最小化各联盟链多播的最大完成时间为目标，确定每条链路上为各联盟链分配的带宽资源，并得到最终的路由和带宽资源分配方案。CO-CAST 方案框架如图 5-1 所示。下面在第 5.3.1 节中将详细介绍基于 MADDPG 算法的智能体设计，包括观测空间、动作空间和奖励函数。然后在第 5.3.2 节中阐述带宽资源分配算法。

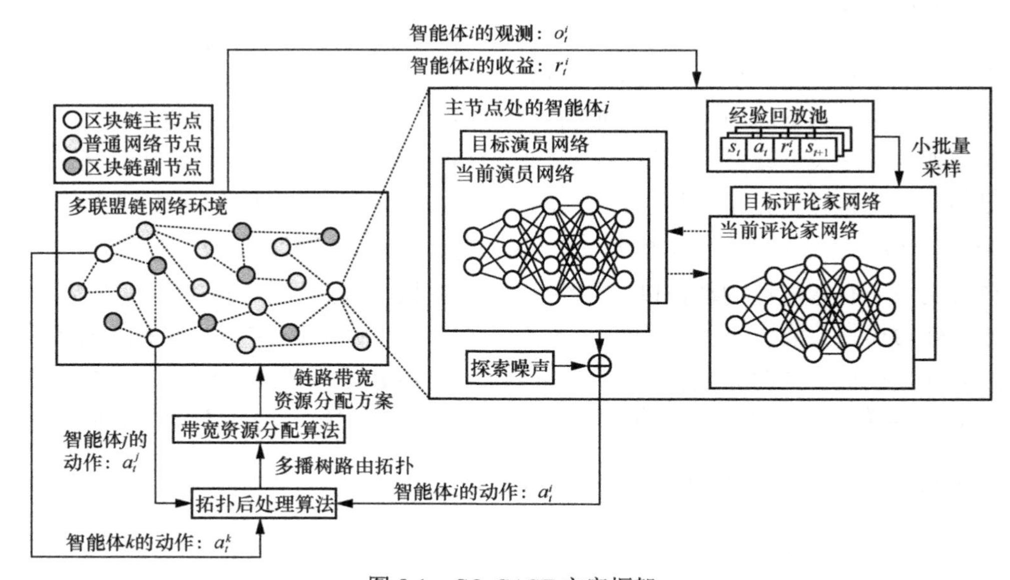

图 5-1　CO-CAST 方案框架

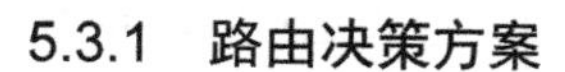

5.3.1　路由决策方案

如图 5-1 所示，CO-CAST 方案在每条联盟链的主节点上部署智能体，周期性（周期为ΔT）地决策出所在联盟链新生成的区块进行原子广播时的多播树路由拓扑。本方案选择 MADDPG[27]作为算法框架，以适应智能体连续动作空间的设计。

1. 观测空间设计

在每个决策时刻t，每条联盟链主节点上的智能体根据自身观测决策本联盟链原子广播的路由。CO-CAST 方案中智能体i的本地观测o^i包含主节点处的负载及历史交易产生强度两部分信息，具体如下。

（1）$o_1^i,\cdots,o_\eta^i \in \mathbf{R}_+$，表示智能体$i$过去$\eta$个决策周期中的历史交易数量；

（2）$o_{\eta+1}^i \in \mathbf{R}_+$，表示智能体$i$所在主节点处缓存的区块个数；

（3）$o_{\eta+2}^i \in \mathbf{R}_+$，表示智能体$i$所在主节点处已缓存区块的平均等待时延；

（4）$o_{\eta+3}^i \in \mathbf{R}_+$，表示智能体$i$所在主节点处已缓存区块的最大等待时延；

（5）$o_{\eta+4}^i \in \mathbf{R}_+$，表示智能体$i$所在主节点处等待时延大于阈值$\sigma$的缓存区块个数。

2. 动作空间设计

CO-CAST 方案中智能体i根据自己的本地观测输出各条链路作为原子广播路由组成部分的偏好，定义为对各条链路的评分$\mathcal{W}^i \in \mathbf{R}_+^{|E|}$，然后将其作为通信链路的权重集合，利用多播树路由规划算法得到该智能体i所在联盟链的多播树路由。

3. 奖励函数设计

所有智能体具有统一的优化目标。如果在上一ΔT内，各条联盟链上都有成功完成处理的区块，则将各条联盟链的最大区块平均完成时间的值取负，作为所有智能体共享的在该轮周期的决策后得到的奖励r；而若在此决策周期内，由于多联盟链网络拥塞等原因，存在一条或多条没有成功处理任何区块的联盟链，则所有智能体本轮决策得到的奖励r为预设的惩罚值。

4. 主节点处智能体的训练过程

图 5-1 所示的 CO-CAST 框架展示了如何在 BaaS 支持的多联盟链场景中训练部署在各条联盟链上的 MADDPG 智能体，以及如何在执行期间使用它进行智能决策。

在每个决策时刻t，多联盟链的系统状态为s，智能体i获得其观测o_i，作为其演员网络的输入，并得到相应的动作a_i作为输出。然后多播树路由规划算法基于各智能体的动作，生成多联盟链的多棵多播树路由方案。基于各智能体产生的多播树路由，网络集中点调用拓扑后处理算法和带宽资源分配算法，从而得到各联盟链在区块验证阶段能够使用的路由方案和带宽资源。经过ΔT后，系统转移至下个状态s'，将各条联盟链的最大区块平均完成时间的值取负，作为所有智能体共享的在该轮周期的决策后得到的奖励r，并将该奖励返回给各智能体。

各智能体将每次决策所获得的经验(s,a,r,s')存储在网络集中点处的全局经验回放池中。在智能体评论家网络的更新过程中，首先从经验回放池中随机采样，利用目标评论家网络计算TD(0)目标，进而对网络参数进行更新。然后演员网络通过式（4-16）所示的链式法则直接进行梯度的反向传播以进行更新。智能体的目标演员网络与目标评论家网络周期性地执行软更新操作，以增强训练过程的平稳性。

CO-CAST方案智能体训练过程如算法5-1所示。在训练期间，使用高斯探索噪声快速产生足够数量的历史经验，以便智能体快速获取状态空间内的探索经验；在智能体的神经网络进行更新时，使用软更新和归一化等方法提高训练过程中神经网络参数更新的稳定性，帮助MADDPG智能体训练。

算法5-1 CO-CAST方案智能体训练过程

输入： 训练最大轮数E、奖励折损因子γ、软更新系数τ、初始状态s_0

输出： 训练完成的智能体策略μ_θ

```
1.  初始化经验回放池 L， s = s_0；
2.  初始化演员网络参数 θ^Q 和评论家网络参数 θ^μ；
3.  初始化目标网络参数：θ^{Q'} ← θ^Q， θ^{μ'} ← θ^μ；
4.  for e=1 to E do
5.      时隙计数器 k=0;
6.      初始化随机过程 N 以帮助智能体进行探索;
7.      while True do
8.          if 区块序列中的所有区块都已完成原子广播 then break;
9.          if k 能被 ΔT 整除 then
10.             获取多联盟链系统状态 s'；
11.             for 系统中的每个智能体 i do
12.                 联盟链 i 主节点处的智能体 i 获取其观测 o'_i；
13.                 智能体 i 选择动作 a'_i = μ(o'_i | θ^μ_i) + N_k；
14.             end
15.             基于算法 5-2 得到每条联盟链多播树路由拓扑;
16.             基于算法 5-3 得到网络中每条链路的带宽资源分配方案;
17.             根据该路由拓扑完成下一个 ΔT 内的原子广播;
18.             获取上一个决策周期的团队奖励 r；
19.             在经验回放池 L 中存储经验(s, a, r, s');
```

20.　　　　　for 每个智能体 i do

21.　　　　　　从经验回放池 L 中采样经验 (s^j, a^j, r^j, s'^j)；

22.　　　　　　计算 TD(0)目标：

$$y^j = r_i^j + \gamma Q_i'(s'^j, a_1', \cdots, a_N' \mid \theta_i^{Q'})|_{a_n' = \mu_n'(o_n'^j \mid \theta_n^{\mu'})}$$

23.　　　　　　通过最小化如下损失函数更新评论家网络：

24.
$$\mathcal{L}(\theta_i^Q) = \frac{1}{S}\sum_j (y^j - Q_i(s^j, a_1^j, \cdots, a_N^j \mid \theta_i^Q))^2$$

25.　　　　　　使用采样得到的策略梯度更新演员网络：

26.
$$\nabla_{\theta_i^\mu} J \approx \frac{1}{S}\sum_j \nabla_{\theta_i^\mu} \mu_i(o_i^j \mid \theta_i^\mu) \nabla_{a_i} Q_i(s^j, a_1^j, \cdots, a_N^j \mid \theta_i^Q)|_{a_i = \mu_i(o_i^j \mid \theta_i^\mu)}$$

27.　　　　　end

28.　　　　　每个智能体更新目标网络参数：

29.　　　　　$\theta_i^{Q'} \leftarrow \tau\theta_i^Q + (1-\tau)\theta_i^{Q'}$，$\theta_i^{\mu'} \leftarrow \tau\theta_i^\mu + (1-\tau)\theta_i^{\mu'}$

30.　　　　　$s \leftarrow s'$，$a \leftarrow a'$；

31.　　　　end

32.　　　　$k = k+1$；

33.　　end

34.　end

5. 多播树路由规划算法

在动作空间设计中，智能体 i 根据本地观测产生对网络中各条链路作为原子广播路由组成部分的偏好。CO-CAST 方案将这一偏好作为克鲁斯卡尔算法（Kruskal's Algorithm）中边的权重，进而生成该联盟链以主节点为根的最小生成树（Minimal Spanning Tree，MST）。不是所有节点都是副节点，每条联盟链的最小生成树上可能存在无用链路（即主节点向副节点多播新区块时，数据流不会经过的链路）。因此，需要通过剪枝操作删除每条联盟链最小生成树拓扑上的无用链路。最终得到的拓扑作为下一个决策周期内，对应联盟链上主节点向所有副节点多播区块时的路由方案。具体流程如算法 5-2 所示。所有联盟链的路由方案组成了 BaaS 支持的多联盟链场景中多棵多播树的路由拓扑 $\Psi = \{\mathcal{T}^1, \mathcal{T}^2, \cdots, \mathcal{T}^{|M|}\}$。

算法 5-2　多播树路由规划算法

输入：多联盟链网络拓扑 $\mathcal{G}$ 和 MADDPG 智能体 k 对多联盟链系统中全体链路的评分集合 $\mathcal{W}^k$

输出：联盟链 k 的多播树路由拓扑 $\mathcal{T}^k$

1. $\mathcal{E} \leftarrow \mathcal{G}$、$\mathcal{V} \leftarrow \mathcal{G}$、$\mathcal{T}^k \leftarrow \varnothing$、$\mathcal{I} \leftarrow \varnothing$、$\mathcal{J} \leftarrow \varnothing$；

2. for $v_i \in \mathcal{V}$ do
3. 构造集合 $\{v_i\}$；
4. end
5. while $|\mathcal{T}^k|<|\mathcal{V}|-1$ 并且 $\mathcal{E}$ 非空 do
6. 从 $\mathcal{E}$ 中取出权值 $w^k(v_i,v_j)$ 最小的边 $e(v_i,v_j)$；
7. $\mathcal{I} \leftarrow$ 包含顶点 v_i 的顶点集；
8. $\mathcal{J} \leftarrow$ 包含顶点 v_j 的顶点集；
9. if $\mathcal{I}$ 与 $\mathcal{J}$ 是不同的顶点集 then
10. $\mathcal{T}^k \leftarrow \mathcal{T}^k \cup \{e(v_i,v_j)\}$；
11. 合并集合 $\mathcal{I}$ 和集合 $\mathcal{J}$；
12. end
13. end
14. 执行剪枝操作，删除 $\mathcal{T}^k$ 中的无用链路；
15. 返回 $\mathcal{T}^k$；

5.3.2 带宽资源分配算法

1. 带宽资源分配算法设计思路

在得到所有应用实体各自联盟链所使用的路由拓扑 Ψ 后，CO-CAST 方案中的网络集中点需要利用这些路由规划作为输入，为每条联盟链在其所使用的链路上进行带宽资源分配。带宽资源分配需要满足以下两条约束：

$$B(v_i,v_j) \geqslant \sum_k b^k(v_i,v_j), \forall e(v_i,v_j) \in E \tag{5-7}$$

$$b^k(v_i,v_j) = \begin{cases} b^k(v_i,v_j), & i = m^k \\ b^k(v_{\text{parent}},v_i), & \text{其他} \end{cases}, \forall e(v_i,v_j) \in E \tag{5-8}$$

式（5-7）规定了各条联盟链在任意链路 $e(v_i,v_j)$ 上分配得到的链路带宽 $b^k(v_i,v_j)$ 之和不能超过该条链路的总带宽 $B(v_i,v_j)$。

式（5-8）规定了在多播树的一棵子树上所有链路的带宽应该保持一致。对单个区块的原子广播过程而言，如果出现瓶颈链路，可能会影响区块的最终传输时延。因此，对于任意联盟链 k，规定以其主节点为根节点的一棵子树中的所有通信链路上分配到的带宽相同，以避免带宽资源的浪费。其中 v_{parent} 为节点 v_i 的父节点。

CO-CAST 方案的目标是使 BaaS 支持的多联盟链场景中的各条联盟链尽可能快地完成所有区块的处理，同时让系统中的各条联盟链上的缓存区块数量相同以保证各联盟链之间的公平性。由于主节点同时缓存有区块和未打包为区块的交易数据，因此 CO-CAST 方案选择各联盟链主节点在决策周期结束时预计的剩余缓存交易数量为考察对象。

假设各智能体和网络集中点在时刻 t 进行了一次路由规划和带宽资源分配决策，在经过 ΔT 后，联盟链 k 的主节点上缓存的交易数量记为 $L^k \doteq l^k(t+\Delta T)$，可表示为：

$$L^k = \max\left[0, \max_j\left(\lfloor f^k(t)+s^k\times\Delta T\rfloor - \left\lfloor\frac{b^k(v_i,v_j)}{\gamma^k h_j^k}\times\Delta T\right\rfloor\right)\times A^k\right] \tag{5-9}$$

其中，A_k 为联盟链 k 的每个区块包括的交易数量；$f^k(t)$ 为 t 时刻联盟链 k 的主节点缓存的区块数量；s^k 为联盟链 k 的预测的区块生成速率；$s^k\times\Delta T$ 为此决策周期内预计新生成的区块数量；$\dfrac{b^k(v_i,v_j)}{\gamma^k h_j^k}\times\Delta T$ 为决策周期内完成原子广播的区块数量。因此，给定 L^k，基于式（5-9）变换后可以得到联盟链 k 在链路 $e(v_i,v_j)$ 上预分配到的通信链路带宽 $\hat{b}^k(v_i,v_j)$，如式（5-10）所示。

$$\hat{b}^k(v_i,v_j) = \begin{cases}\dfrac{\gamma^k h_j^k}{\Delta T}\left(f^k(t)+s^k\times\Delta T-\dfrac{L^k}{A^k}\right), & v_j \text{ 为叶子节点} \\ \max\hat{b}^k(v_j,*), & \text{其他}\end{cases} \tag{5-10}$$

然后根据式（5-8）为所有联盟链分配链路带宽。

根据预计的各联盟链下一次决策时缓存交易数量的最大值，即 $\max_k L^k$ 的取值，CO-CAST 方案将系统可能面临的情况分为两类，并分别进行处理。

（1）不可清空状态：此时 $\max_k L^k>0$，即场景中所有联盟链都无法在未来 ΔT 时间之内完成已缓存区块和新生成区块的处理。

（2）可清空状态：此时 $\max_k L^k=0$，即场景中所有联盟链预计都能在未来 ΔT 时间之内完成所有缓存区块和新生成区块的处理。

判断多联盟链系统处于可清空状态还是不可清空状态的方法为，给定 $L^k=0$，基于式（5-10）和式（5-8）对多联盟链网络中的所有通信链路带宽资源进行分配。如果该带宽资源分配方案能够满足式（5-7）和式（5-8）所示的两个约束，则此时系统处于可清空状态，反之为不可清空状态。

2. 不可清空情况下的带宽资源分配算法

在不可清空情况下，系统整体的优化目标为最小化所有联盟链主节点缓存的最大交易数量，即：

$$\min\max_k L^k \tag{5-11}$$

将 $\max_k L^k$ 简记为 L。CO-CAST 方案使用二分查找法产生式（5-11）的近似解，并将此近似解作为式（5-10）的输入从而求得带宽资源分配方案。如果未来ΔT内所有联盟链均未完成任何一次原子广播，则主节点处累计的交易数量为L的理论上限$L_{\max}$，表示为：

$$L_{\max}=\max_k\left(f^k(t)+s^k\times\Delta T\right)A^k \tag{5-12}$$

显然，L的理论下限$L_{\min}=0$。将L的理论上限$L_{\max}$和理论下限$L_{\min}$分别作为二分查找的初始右侧边界和左侧边界，在区间$[L_{\min},L_{\max}]$内进行二分查找，得到的解记为L^*。

基于L^*得到的多联盟链的通信链路带宽资源分配方案记为$\mathcal{B}_{L^*}$，结合应用实体输出的各联盟链的多播树路由规划Ψ，即为不可清空状态下CO-CAST方案最终输出的路由规划和带宽资源分配方案$\mathcal{R}$。

3. 可清空状态下的带宽资源分配算法

在可清空状态下，由于各联盟链均能排空区块缓存队列，无法使用非清空状态下的缓存交易数量作为优化目标，因此使用队列排空速度作为新的优化目标以求解带宽资源分配。定义排空时间为d^k，表示在本决策周期联盟链k完成所有缓存区块和新产生区块原子广播的总传输时延，即所有区块到达多播树所有叶子节点的时延最大值。所以d^k可由式（5-13）计算：

$$d^k=\max_j\frac{f^k(t)}{\dfrac{b^k(v_i,v_j)}{\gamma^k h_j^k}-s^k} \tag{5-13}$$

其中，v_j为多播树叶子节点；h_j^k为节点v_j在联盟链k原子广播多播树拓扑上的深度；$b^k(v_i,v_j)$为叶子节点v_j和其父节点v_i之间的链路$e(v_i,v_j)$为联盟链k分配的带宽资源，受式（5-8）约束，该子树上所有链路为联盟链k分配的带宽资源相同。

在可清空状态下，系统整体的优化目标为最小化所有联盟链主节点的最大排空时间，即：

$$\min\max_k d^k \tag{5-14}$$

将$\max_k d^k$简记为d。为简化二分查找法的求解过程，要求各条联盟链具有相同的排空时间，即$d^k=d,\forall k$。因此，如果已知d，基于式（5-13），可以按照式（5-15）完成对多联盟链网络中所有通信链路带宽资源的预分配：

$$\hat{b}^k(v_i,v_j)=\begin{cases}\gamma^k h_j^k\left(s^k+\dfrac{f^k(t)}{d}\right), & v_j\text{ 为叶子节点}\\ \max\hat{b}^k(v_j,*), & \text{其他}\end{cases} \tag{5-15}$$

然后根据式（5-8）为所有联盟链分配链路带宽资源。CO-CAST 方案使用二分查找法来寻找最小的可行区块排空时间 d^*。设所有区块排空时间 d 的理论上限和下限分别为 d_{max} 和 d_{min}，并分别作为二分查找的初始右侧边界和左侧边界。在区间 $[d_{min},d_{max}]$ 内进行二分查找，得到的解记为 d^*。基于 d^* 得到的多棵多播树的带宽资源分配方案记为 $\mathcal{B}_{d^*}$，结合应用实体输出的各联盟链的多播树路由规划 Ψ，即为可清空状态下 CO-CAST 方案最终输出的路由规划和带宽资源分配方案 $\mathcal{R}$。

系统初始化时，各条联盟链的主节点上都没有缓存的区块，同时没有历史数据辅助对各条联盟链上的区块生成速率进行预测，所以按照系统处于可清空状态的情况进行处理。将预测区块生成速率 s^k 置为 0，并将 $f^k(t)$ 设置为 1。此时排空时间 d^k 由式（5-16）计算：

$$d^k = \max_j \frac{\gamma^k h_j^k}{b^k(v_i,v_j)} \tag{5-16}$$

此时 d^k 弱化为在联盟链 k 上完成单个区块原子广播的传输时延。一般情况下，缓存信息可以直接从各联盟链主节点获取，而区块生成速率 s_k 则可以使用过去 η 个 ΔT 内数据的指数平均。带宽资源分配算法如算法 5-3 所示。值得说明的是，本章所设计的方案主要作用虽然体现在忙时带宽资源分配，但是分析可清空状态仍有两个作用：第一个作用表现为如果在可清空状态下仍然使用不可清空状态下的目标函数进行带宽资源分配，则会出现各联盟链能够使用的带宽资源较少，以至于区块不能以最快速度得到处理，而使用可清空状态下的目标函数能够使各联盟链得到足够的带宽资源，从而能够在最短的时间内完成区块的处理；第二个作用表现在为系统初始状态提供带宽资源分配方案。

算法 5-3　带宽资源分配算法

输入： BaaS 支持的多联盟链场景下多棵多播树路由拓扑 Ψ

输出： BaaS 支持的多联盟链场景下带宽资源分配方案 $\mathcal{R}$

1. $\mathcal{R} \leftarrow \varnothing$；
2. if 当 $L=0$ 时基于式（5-10）能够得到可行的带宽资源分配方案 then
3. 　　Left $\leftarrow d_{min}$；
4. 　　Right $\leftarrow d_{max}$；
5. 　　while Right $-$ Left $> \epsilon$ do
6. 　　　　$d \leftarrow$ (Left + Right) / 2；
7. 　　　　$\widehat{\mathcal{B}}_d \leftarrow$ 基于式（5-8）和式（5-15）得到带宽资源预分配方案；
8. 　　　　if $\widehat{\mathcal{B}}_d$ 满足式（5-7）then
9. 　　　　　　Right $\leftarrow d$；

```
10.                 R ← B̂_d ;
11.             else
12.                 Left ← d ;
13.             end
14.         end
15.     else
16.         Left ← L_min ;
17.         Right ← L_max ;
18.         while Right − Left > ϵ do
19.             L ← (Left + Right) / 2 ;
20.             B̂_L ← 基于式（5-8）和式（5-10）得到带宽资源预分配方案；
21.             if B̂_L 满足式（5-7）then
22.                 Right ← L ;
23.                 R ← B̂_L ;
24.             else
25.                 Left ← L ;
26.             end
27.         end
28.     end
```

5.4 CO-CAST 方案性能评估

本节首先介绍测试中使用的实验设置，在得到实验结果之后，对 CO-CAST 方案进行了行为分析并给出不同超参数对性能的影响。

5.4.1 实验设置

本节首先介绍测试中的网络拓扑和联盟链交易序列，然后介绍 CO-CAST 方案的训练以及所使用的对比方案。

1. 网络拓扑及联盟链交易序列

多联盟链网络拓扑如图 5-2 所示，共有 3 条联盟链，包含 14 个网络节点和 20 条通信链路。各条联盟链的构成如下：联盟链 1 的主节点为v_1，副节点集合为$\{v_3,v_4,v_6,v_8,v_9,v_{12}\}$；联盟链 2 的主节点为$v_{11}$，副节点集合为$\{v_2,v_4,v_7,v_8,v_{10},v_{13}\}$；联盟链 3 的主节点为$v_5$，副节点集合为$\{v_0,v_3,v_7,v_{10},v_{12},v_{13}\}$。所有通信链路具有相同的带宽，为 10 Mbit/s。

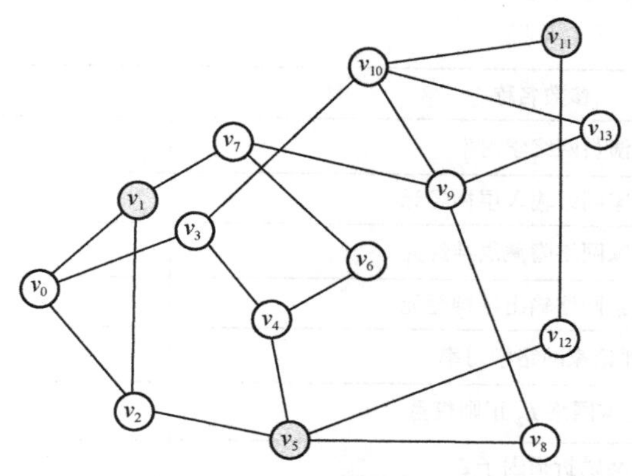

图 5-2　多联盟链网络拓扑

设置所有联盟链的服务时间均为 750 s，每个区块的数据量 γ^k 均为 1 Mbit，每个区块包含 $A^k = 30$ 个交易。为模拟负载的动态变化，将每条联盟链生成的交易序列均分为 3 段子序列，每段子序列的时间长度为 250 s。每段子序列内的交易生成时间服从不同参数的泊松分布，即每段子序列中生成交易的平均间隔时间（$1/\lambda$）均不相同。本节实验中使用的 3 种负载情况下各联盟链子序列中交易生成的平均时间间隔如表 5-2 所示。

表 5-2　3 种负载情况下各联盟链子序列中交易生成的平均时间间隔

负载	平均间隔时间/ms		
	联盟链 1	联盟链 2	联盟链 3
轻载	20, 25, 25	25, 30, 20	25, 20, 30
中载	20, 15, 20	20, 25, 10	20, 20, 25
重载	10, 15, 15	15, 20, 10	15, 10, 20

2. CO-CAST 方案训练及对比方案

智能体的决策间隔 ΔT 设置为 10 s，CO-CAST 方案中智能体训练时使用的超参数如表 5-3 所示。在不同负载情况下均使用 10 个随机种子进行智能体的训练。

表 5-3　CO-CAST 方案中智能体训练时使用的超参数

参数名称	参数值
历史交易到达率覆盖的决策周期数 η	5
区块等待时延阈值 σ	$10\,\Delta T$
演员网络输入层神经元	9 个
演员网络隐藏层神经元	500 个×128 个
演员网络输出层神经元	20 个

续表

参数名称	参数值
演员网络学习率	5×10^{-5}
评论家网络输入层神经元	27 个
评论家网络隐藏层神经元	1 024 个×512 个
评论家网络输出层神经元	1 个
评论家网络学习率	5×10^{-4}
评论家网络 L_2 正则权重	1×10^{-3}
奖励折损因子 ξ	0.99
目标网络软更新参数 τ	1×10^{-3}
经验回放池大小	1×10^{5}
小批量采样大小	128

与 CO-CAST 方案进行对比的方案有如下两种。

（1）SPT 方案：使用 Floyd 算法得到网络中任意两个节点间基于跳数的最短路径。传输区块时，各联盟链上的主节点利用到对应各副节点的最短路径进行区块传输（即基于 Floyd 算法输出的任意两个节点之间的最短路径，确定各联盟链的路由方案）。然后使用第 5.3.2 节中描述的带宽资源分配算法完成多联盟链网络中的链路带宽资源分配。

（2）Single-CAST 方案：Single-CAST 方案中，智能体的训练方式使用单智能体 DDPG 算法。具体的状态空间设计、动作空间设计以及奖励函数设计与 CO-CAST 方案一致。区别在于，智能体的评论家网络仅有本地局部观测，没有 CO-CAST 方案中的全局视野（即 MADDPG）。因此在 Single-CAST 方案中智能体各自独立学习。

5.4.2 实验测试结果

评估各方案的性能指标为所有联盟链主节点进行区块原子广播的平均完成时间（Average Completion Time，ACT）和平均传输时延（Average Transmission Time，ATT）。3 种方案在 3 种负载下的平均完成时间和平均传输时延分别如表 5-4 和表 5-5 所示。不同负载下 3 种方案的 ACT 和 ATT 如图 5-3 所示。

表 5-4　3 种方案在 3 种负载下的平均完成时间

方案	平均完成时间/s		
	轻载	中载	重载
SPT	100.45	225.13	462.14
Single-CAST	18.87	208.25	528.27
CO-CAST	13.40	132.91	396.85

表 5-5　3 种方案在 3 种负载下的平均传输时延

方案	平均传输时延/s		
	轻载	中载	重载
SPT	0.90	0.90	0.90
Single-CAST	0.72	0.82	0.86
CO-CAST	0.71	0.73	0.76

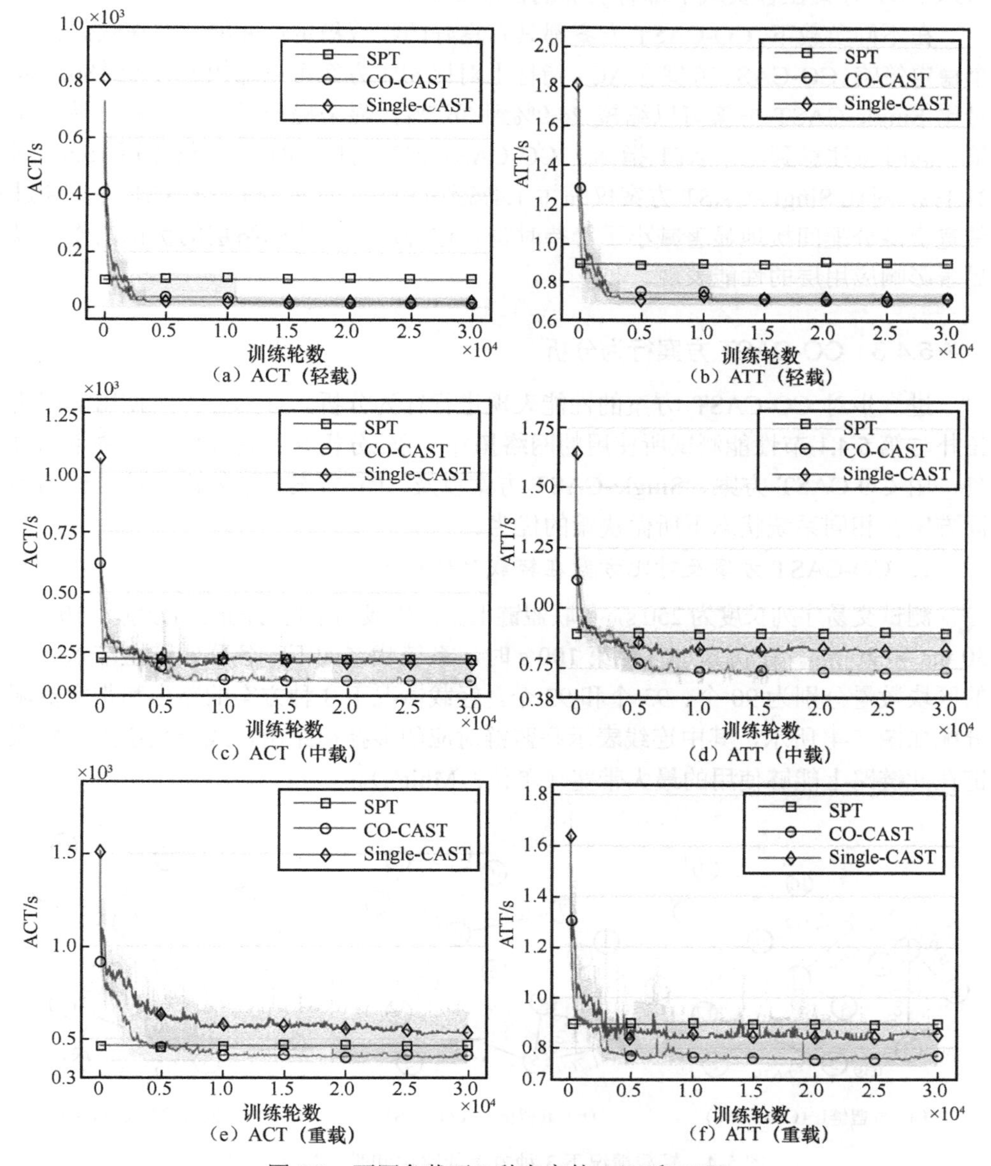

（a）ACT（轻载）　（b）ATT（轻载）
（c）ACT（中载）　（d）ATT（中载）
（e）ACT（重载）　（f）ATT（重载）

图 5-3　不同负载下 3 种方案的 ACT 和 ATT

从测试结果可以看到，在 3 种负载下，CO-CAST 方案都具有良好的收敛稳定性和较快的收敛速度。由于轻载情况下对各联盟链的路由和带宽资源分配要求并不苛刻，容易收敛到取得较好系统收益的策略，而另外两种情况需要智能体产生更为精细的多播树路由控制策略，才能够获得足够好的系统性能，从而表现为轻载情况下的收敛速度明显大于中载和重载。相较于 SPT 方案和 Single-CAST 方案，CO-CAST 方案在各负载下都有明显的性能提升。

在不同负载下，CO-CAST 方案都具有良好的收敛稳定性并能够快速收敛到一个稳定策略。CO-CAST 方案在 ACT 指标上对比 SPT 方案可以缩短 14.1%到 86.7%，对比 Single-CAST 方案可以缩短 24.9%到 36.2%，显著提升了联盟链的交易吞吐量。同时也注意到，在 ATT 指标上 CO-CAST 方案对比 SPT 方案仅缩短 15.6%到 21.1%，对比 Single-CAST 方案仅缩短 1.4%到 11.6%。这说明 CO-CAST 方案通过带宽资源分配间接地显著减小了等待时延。这种对比表明网络层的优化工作可以显著影响应用层的性能表现。

5.4.3 CO-CAST 方案行为分析

进一步对 CO-CAST 方案的性能表现进行行为分析。行为分析所使用的网络拓扑与第 5.4.1 节性能测试所使用的网络拓扑一致。分析某一智能体需要决策的时刻，由 CO-CAST 方案、Single-CAST 方案以及 SPT 方案分别做出决策，评估不同方案在相同系统状态下所做决策的优劣。

1. *CO-CAST 方案及对比方案在轻载时的行为分析*

测试交易序列长度为 250 s，各联盟链上交易生成的平均时间间隔分别为 10 ms、30 ms 和 20 ms。在仿真进行至第 100 s 时，系统状态如下：各联盟链主节点缓存的区块数量分别为 90 个、93 个和 93 个。轻载情况下 3 种方案的路由和带宽资源分配如图 5-4 所示，其中连线表示联盟链对应的多播树路由，线上数字是该联盟链在此链路上能够使用的最大带宽（单位：Mbit/s）。

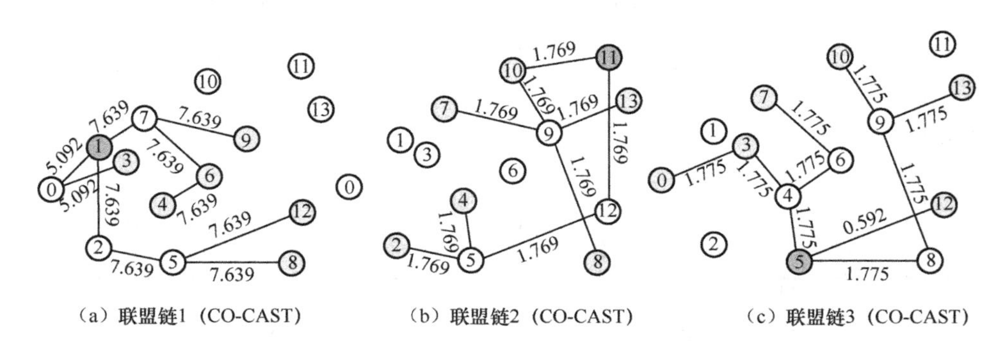

图 5-4　轻载情况下 3 种方案的路由和带宽资源分配

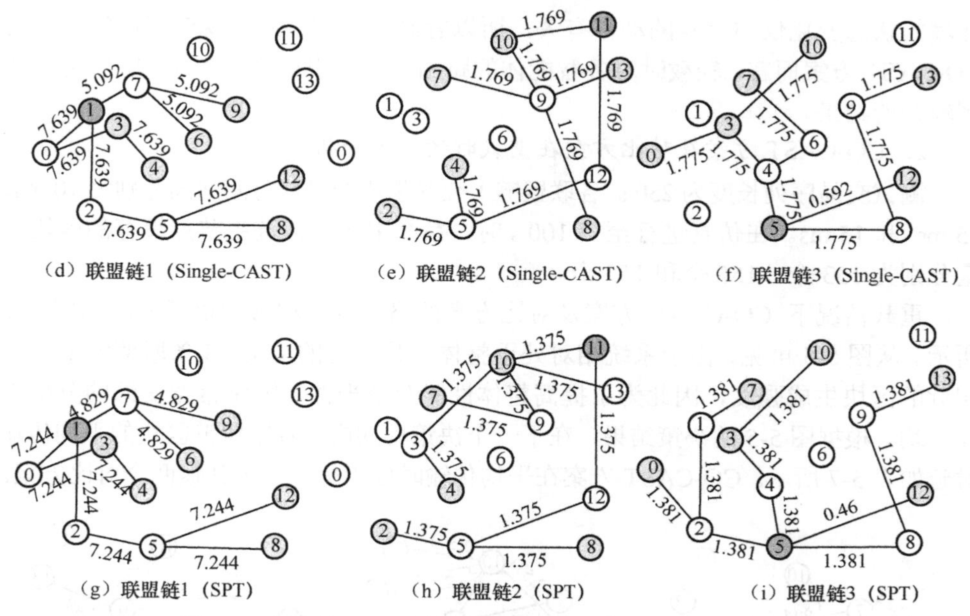

图 5-4　轻载情况下 3 种方案的路由和带宽资源分配（续）

由于联盟链 1 具有较高的区块产生强度，因此相较于区块产生强度较低的联盟链 2 和 3，联盟链 1 得到了更多的带宽资源，这样的分配提高了多联盟链系统的整体性能及公平性。根据图 5-4 中的决策结果，在下一个决策周期内，各联盟链的平均传输时延如表 5-6 所示。

表 5-6　各联盟链的平均传输时延

方案	平均传输时延/s		
	联盟链 1	联盟链 2	联盟链 3
SPT	0.41	2.18	2.17
Single-CAST	0.39	1.70	1.69
CO-CAST	0.39	1.70	1.69

在轻载情况下，CO-CAST 方案和 Single-CAST 方案在网络层指标（平均传输时延）上明显优于 SPT 方案，在联盟链 2 和联盟链 3 上均缩短了 22%。

下面，分析具体的路由方案和带宽资源分配，Single-CAST 方案和 CO-CAST 方案输出了相似的路由规划和带宽资源分配。两种方案对联盟链 2（图 5-4（b）和（e））的分配完全一致；对联盟链 3（图 5-4（c）和（f））的分配略有不同，但性能几乎一样；对联盟链 1 的分配略有不同，但性能几乎一样。这是由于轻载时网络中带宽资源足够，对智能体产生的多播树路由方案要求并不苛刻。对 Single-CAST 方案中的智能体而言，其他智能体的路由决策对其影响小，近似为环境的状态变化仅与自身的动作有关，所以容易收敛到性能表现较好的策略。对CO-CAST方案而言，轻载时对各智能体的路由方案要求同样并不苛刻，容易收敛到较好的结果。

2. CO-CAST方案及对比方案在重载时的行为分析

测试交易序列长度为250 s，各联盟链上交易生成的平均时间间隔分别为10 ms、15 ms 和 15 ms。在仿真进行至第100 s时，系统中各联盟链主节点缓存的区块数量分别为153个、155个和155个。

重载情况下 CO-CAST 方案及对比方案的路由规划和带宽资源分配如图 5-5 所示。从图 5-5 可见，由于系统相对处于整体负载较重的情况，3 条联盟链上具有相近的区块生成强度，因此为了提高整体性能及公平性，链路带宽资源的分配更加平均。根据图 5-5 的决策结果，在下一个决策周期内，各联盟链区块的平均传输时延如表 5-7 所示。CO-CAST 方案在平均传输时延指标上优于其他两个对比方案。

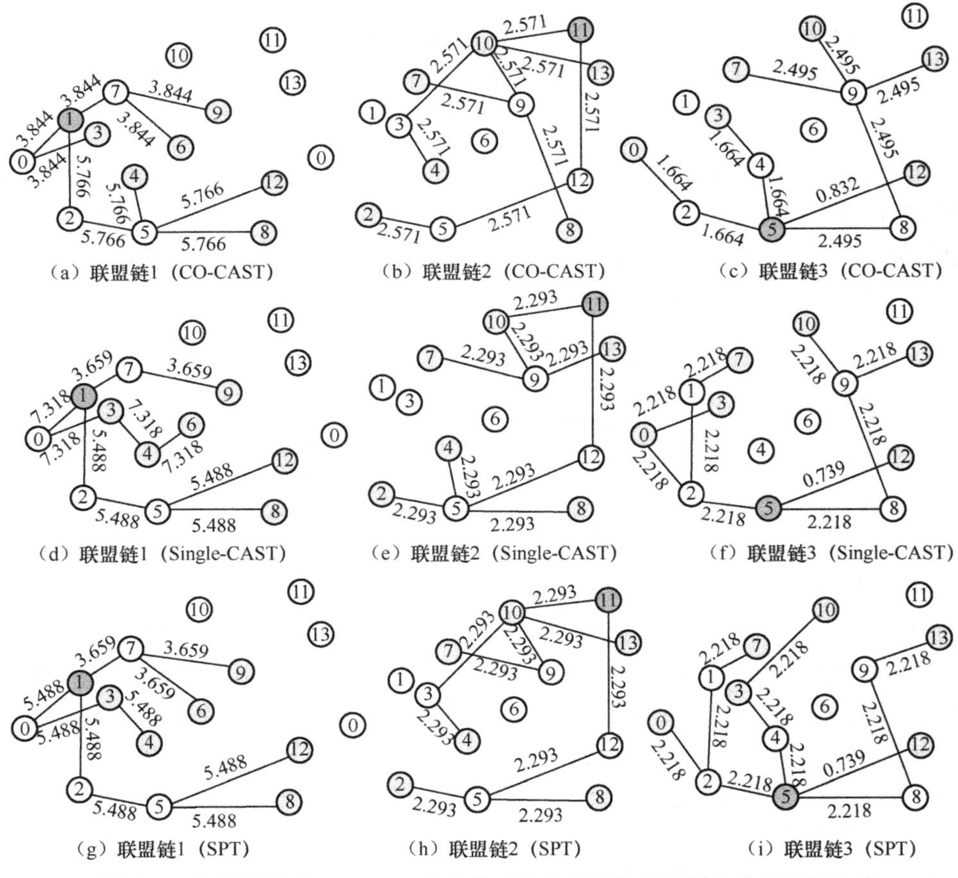

（a）联盟链1（CO-CAST） （b）联盟链2（CO-CAST） （c）联盟链3（CO-CAST）

（d）联盟链1（Single-CAST） （e）联盟链2（Single-CAST） （f）联盟链3（Single-CAST）

（g）联盟链1（SPT） （h）联盟链2（SPT） （i）联盟链3（SPT）

图 5-5　重载情况下 CO-CAST 方案及对比方案的路由规划和带宽资源分配

表 5-7　各联盟链区块的平均传输时延

方案	平均传输时延/s		
	联盟链 1	联盟链 2	联盟链 3
SPT	0.54	1.31	1.35
Single-CAST	0.55	1.31	1.36
CO-CAST	0.52	1.17	1.20

5.4.4　不同超参数对 CO-CAST 方案性能的影响

为了探索学习率（演员网络学习率 α_a、评论家网络学习率 α_c）、L_2 正则权重系数以及神经网络隐藏层结构对 CO-CAST 方案性能的影响，本节构造了以下实验，测试的指标为区块 ACT 和 ATT。

CO-CAST 方案在不同学习率下的性能表现如图 5-6 所示，当固定其他参数设置，同时固定 $\alpha_c=10\times\alpha_a$ 时，学习率对 CO-CAST 方案的性能产生了显著影响。当智能体具有较高的学习率（$\alpha_a>5\times10^{-4}$）时，其性能表现会有明显的下降。当 $\alpha_a=5\times10^{-5}$ 时，智能体在本组实验中取得最优表现。

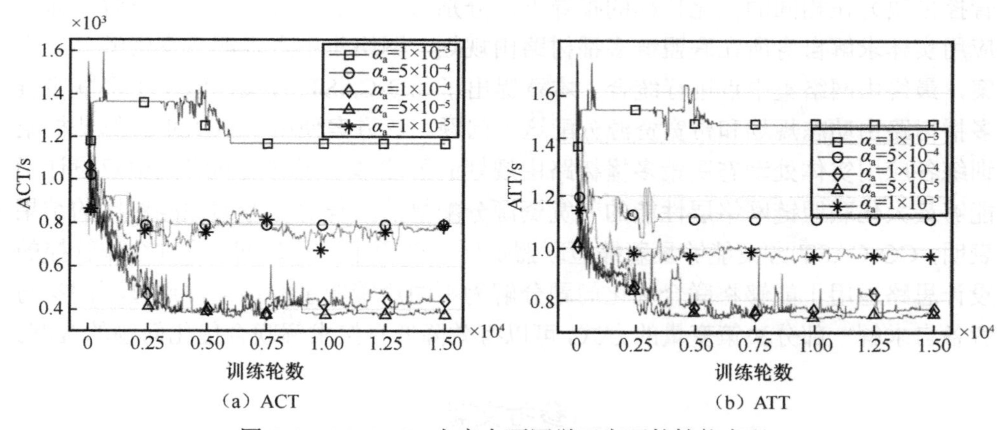

（a）ACT　　（b）ATT

图 5-6　CO-CAST 方案在不同学习率下的性能表现

直观上，更大的神经网络能够有更大的模型容量，但也因此必须面对过拟合的风险。本节对具有不同隐藏层大小的演员网络和评论家网络的 CO-CAST 方案分别进行了实验。CO-CAST 方案在不同神经网络结构下的性能表现如图 5-7 所示。中等网络规模（演员网络隐藏层神经元为512个×256个）在本组实验中具有最优性能。同时，CO-CAST 方案在评论家网络隐藏层规模较大时的性能明显优于评论家网络隐藏层规模较小的情况。

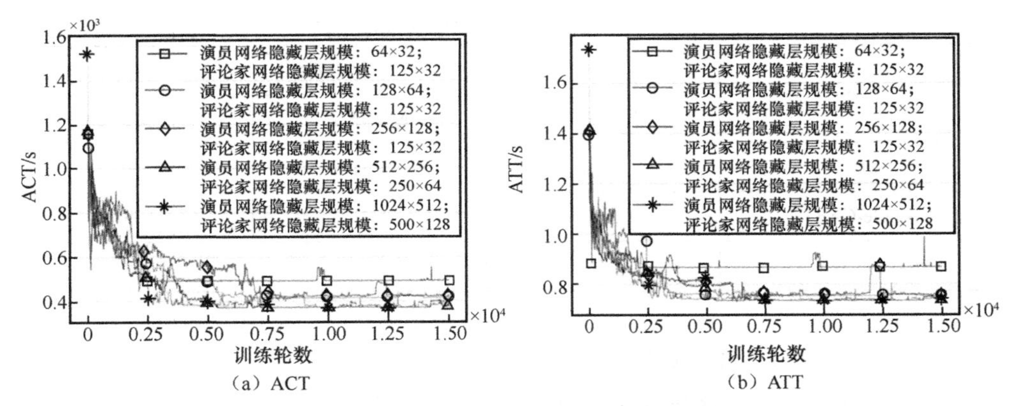

（a）ACT

（b）ATT

图 5-7　CO-CAST 方案在不同神经网络结构下的性能表现

5.5　本章小结

本章研究 BaaS 支持下的多联盟链中路由规划和带宽资源分配动态决策问题。在此场景中，各应用实体（各联盟链主节点）和网络集中点（云服务提供商资源管控模块）在相同的优化目标的指导下，分别对不同的决策变量进行求解，即各应用实体求解自身所在联盟链多播树路由规划，网络集中点求解带宽资源分配方案，最终由网络集中点进行统合。本章提出了 CO-CAST 方案，解决了多联盟链多播树路由动态规划和带宽资源分配这一问题。该方案使用 MADDPG 算法框架训练各应用实体处动态决策多播树路由规划的智能体，同时为网络集中点设计了能够最大化联盟链网络层性能的带宽资源分配算法。与对比方案性能对比的结果表明，CO-CAST 方案能够显著缩短联盟链区块的原子广播时间。这种合作管控的设计思路适用于能够将联合优化问题分解为不同决策变量的场景。通过不同参与者各自求解一部分决策变量的方式，可以有效降低直接求解联合优化问题的难度。

参考文献

[1] ZHENG Z B, XIE S A, DAI H N, et al. Blockchain challenges and opportunities: a survey[J]. International Journal of Web and Grid Services, 2018, 14(4): 352-375.

[2] LI X Q, JIANG P, CHEN T, et al. A survey on the security of blockchain systems[J]. Future Generation Computer Systems, 2020, 107: 841-853.

[3] HUYNH T T, NGUYEN T D, TAN H. A survey on security and privacy issues of blockchain technology[C]//Proceedings of 2019 International Conference on System Science and Engineering. Piscataway: IEEE Press, 2019: 362-367.

[4] MONRAT A A, SCHELEN O, ANDERSSON K. A survey of blockchain from the perspectives of applications, challenges, and opportunities[J]. IEEE Access, 2019, 7: 117134-117151.

[5] HUCKLE S, BHATTACHARYA R, WHITE M, et al. Internet of things, blockchain and shared economy applications[J]. Procedia Computer Science, 2016, 98: 461-466.

[6] HURICH P. The virtual is real: an argument for characterizing bitcoins as private property[J]. Banking & Finance Law Review, 2016, 31(3): 573.

[7] AL-JAROODI J, MOHAMED N. Blockchain in industries: a survey[J]. IEEE Access, 2019, 7: 36500-36515.

[8] EKBLAW A C. MedRec: blockchain for medical data access, permission management and trend analysis[D]. Cambridge: Massachusetts Institute of Technology, 2017.

[9] AZARIA A, EKBLAW A, VIEIRA T, et al. MedRec: using blockchain for medical data access and permission management[C]//Proceedings of the 2016 2nd International Conference on Open and Big Data (OBD). Piscataway: IEEE Press, 2016: 25-30.

[10] YUE X, WANG H J, JIN D W, et al. Healthcare data gateways: found healthcare intelligence on blockchain with novel privacy risk control[J]. Journal of Medical Systems, 2016, 40(10): 218.

[11] BAMAKAN S M H, MOTAVALI A, BONDARTI A B. A survey of blockchain consensus algorithms performance evaluation criteria[J]. Expert Systems with Applications, 2020, 154: 113385.

[12] ONGARO D, OUSTERHOUT J. In search of an understandable consensus algorithm[C]//Proceedings of the 2014 USENIX Annual Technical Conference. Berkeley: USENIX Association, 2014: 305-319.

[13] CASTRO M, LISKOV B. Practical byzantine fault tolerance[C]//Proceedings of the Third Symposium on Operating Systems Design and Implementation. [S.l.:s.n.], 1999.

[14] SAMANIEGO M, JAMSRANDORJ U, DETERS R. Blockchain as a service for IoT[C]//Proceedings of the 2016 IEEE International Conference on Internet of Things (iThings) and IEEE Green Computing and Communications (GreenCom) and IEEE Cyber, Physical and Social Computing (CPSCom) and IEEE Smart Data (SmartData). Piscataway: IEEE Press, 2016: 433-436.

[15] NGUYEN T S L, JOURJON G, POTOP-BUTUCARU M, et al. Impact of network delays on hyperledger fabric[C]//Proceedings of the IEEE Conference on Computer Communications Workshops. Piscataway: IEEE Press, 2019: 222-227.

[16] WANG W B, HOANG D T, HU P Z, et al. A survey on consensus mechanisms and mining strategy management in blockchain networks[J]. IEEE Access, 2019, 7: 22328-22370.

[17] SANKAR L S, SINDHU M, SETHUMADHAVAN M. Survey of consensus protocols on blockchain applications[C]//Proceedings of the 4th International Conference on Advanced Computing and Communication Systems. Piscataway: IEEE Press, 2017: 1-5.

[18] DI FRANCESCO MAESA D, MORI P. Blockchain 3.0 applications survey[J]. Journal of Parallel and Distributed Computing, 2020, 138: 99-114.

[19] FENG Q, HE D B, ZEADALLY S, et al. A survey on privacy protection in blockchain system[J].

Journal of Network and Computer Applications, 2019, 126: 45-58.

[20] DOTAN M, PIGNOLET Y A, SCHMID S, et al. Survey on blockchain networking: context, state-of-the-art, challenges[J]. ACM Computing Surveys, 2021, 54(5): 107.

[21] SONG J, ZHANG P Y, ALKUBATI M, et al. Research advances on blockchain-as-a-service: architectures, applications and challenges[J]. Digital Communications and Networks, 2022, 8(4): 466-475.

[22] HUANG L H, HUNG H J, LIN C C, et al. Scalable steiner tree for multicast communications in software-defined networking[J]. arXiv preprint, 2014, arXiv: 1404.3454.

[23] BIJUR G, RAMAKRISHNA M, KOTEGAR K A. Multicast tree construction algorithm for dynamic traffic on software defined networks[J]. Scientific Reports, 2021, 11(1): 23084.

[24] CHIANG S H, KUO J J, SHEN S H, et al. Online multicast traffic engineering for software-defined networks[C]//Proceedings of the IEEE Conference on Computer Communications. Piscataway: IEEE Press, 2018: 414-422.

[25] FERDOUS M S, CHOWDHURY M J M, HOQUE M A, et al. Blockchain consensus algorithms: a survey[J]. arXiv preprint, 2001, arXiv: 2001.07091.

[26] ROBINS G, ZELIKOVSKY A. Improved steiner tree approximation in graphs[C]//Proceedings of the 11th ACM-SIAM symposium on Discrete algorithms. New York: ACM Press, 2000: 770-779.

[27] LOWE R, WU Y I, TAMAR A, et al. Multi-agent actor-critic for mixed cooperative-competitive environments[C]//Advances in Neural Information Processing Systems. Cambridge: MIT Press, 2017: 30.

第 6 章 无线传感器网络中动态路由规划方案

本章将以无线传感器网络中动态路由规划问题为例，继续探讨利用深度强化学习为复杂连续决策问题提供解决方案的不同呈现方式。在此场景中，应用实体为各传感器节点，网络集中点为网关（汇聚节点）。

与第 5 章中应用实体（各联盟链主节点）为各自联盟链决策完整的多播树路由规划不同，本章中的应用实体仅向网络集中点提供便于其进行决策的"元数据"。这是由于在 WSN 场景中，各传感器节点难以获得整个网络拓扑，只能根据所掌握的局部信息判断其通信范围内的节点是否适合成为数据汇聚过程的下一跳节点，即表达对父节点的偏好。然后拥有全局信息的网络集中点（汇聚节点）将这些偏好信息进行整合，动态调整最终的路由方案。

第 6.1 节对本章的研究背景与动机进行了概述；第 6.2 节对 WSN 中优化节点能量效率的相关工作进行综述；第 6.3 节对 WSN 中的动态路由规划问题进行建模；第 6.4 节对本章所设计的多智能体协同决策下一跳路由方案（简称 CO-NEXT 方案）进行介绍；第 6.5 节对 CO-NEXT 方案进行性能评估；第 6.6 节对本章进行小结。

6.1 研究背景与动机

近年来，由于物联网（Internet of Things，IoT）这一新兴通信范式的应用，大量异质物理传感设备可以进行无缝互联，从而实现在没有人类帮助的情况下自主收集信息，处理信息并执行操作。WSN 作为物联网的基础，负责收集传感数据并将数据转发到核心网络进行进一步处理。随着无线通信技术的出现，WSN 有希望成为真正无处不在、可靠、可扩展和节能的网络结构[1]。WSN 目前在许多领域都有着广泛应用[2-8]，如交通流量监测、环境监测等。

尽管 WSN 在众多领域都有着广泛应用，但其依旧存在许多问题，如网络拥塞问题[9]、安全性问题[10]、QoS 问题[11]、覆盖范围和连通性问题[12]等。目前人们普遍认为，WSN 部署中最大的挑战是维持传感器网络长时间工作。传感器节点的电池寿命有限，且往往被部署在网络维护人员难以到达的地方，在部署后很难充电或回收替换。随着传感器节点的能量耗尽，无线传感器网络也将停止服务。因此，能量效率是衡量无线传感器网络能否有效运行的关键指标[13]。

传感器节点的能量消耗主要集中在数据转发阶段[14-15]。数据转发阶段主要涉及数据接收、数据处理、路由选择和数据发送。本章主要关注路由选择，通过选择最有效的转发路径将节点收集的数据发送给汇聚节点，提升 WSN 的能量效率和网络寿命。目前关注能量效率的 WSN 路由算法可分为基于分层的路由（Hierarchical-based Routing）协议和基于平面的路由（Flat-based Routing）协议两种方式[16]。多数已有研究属于基于分层路由的方法。这类算法通过分簇的方式将路由拆分成簇间路由和簇内路由，从而对路由方案的求解进行简化。然而，这种划分区域的做法限制了优化空间，失去了对网络能量进行精细规划的能力。而基于平面路由的研究工作较少，现有的代表性方案通常采用启发式方法[17]或对路由方案进行离线搜索[18]。启发式路由选择方案由于缺乏网络的整体信息而性能受限，所选择的路由方案通常无法对能量进行高效利用。如果进行离线搜索，由于整个路由方案的求解空间随着节点数目的增多和通信范围的增大而指数增长，搜索最优方案往往需要大量的时间和计算资源，不利于实际部署。

考虑 WSN 中传感器节点的能量分布会随着传输的进行而发生改变，网络的路由方案应随着传感器节点能量分布的变化进行调整，以保证各传感器节点能量分布均衡，因此要求设计在线的路由规划方案。WSN 场景中，在线动态路由规划问题可以被看成一个连续决策问题，可以被建模成马尔可夫决策过程。然而传统强化学习或动态规划（Dynamic Programming，DP）方法难以应对 WSN 动态路由规划问题复杂的状态和动作空间。近年来出现的深度强化学习给这种复杂问题的求解带来了转机。现有解决方案大多基于 Q-Learning 方法[19]，为每个需要进行路由决策的传感器节点部署一个深度强化学习智能体[20]，各智能体独立进行学习和决策。然而，这种部署方案中每个单智能体所处的环境是不平稳的，且从算法范型来看，这些方案中的问题建模不符合 MDP 范式。而如果使用单个智能体对整个网络的路由进行集中式决策，则会面临动作空间过大引起的维度灾难问题，即随着网络节点增加，动作空间维度将呈指数级增加，同时整个网络的状态信息也需要传感器节点消耗额外的能量进行传输。

因此，本章尝试采用多智能体深度强化学习算法解决此问题。核心思路为：在 WSN 场景中，每个传感器节点天然可以被看成一个智能体。这些智能体根据本地观测提供部分决策信息（对父节点的选择偏好），然后由网络集中点聚合这些决策信息形成最终的路由规划。这种模式在能量受限的 WSN 中可以有效地减少单个智能体的动作维度和所需传输的状态数据量，因此更具有可扩展性。

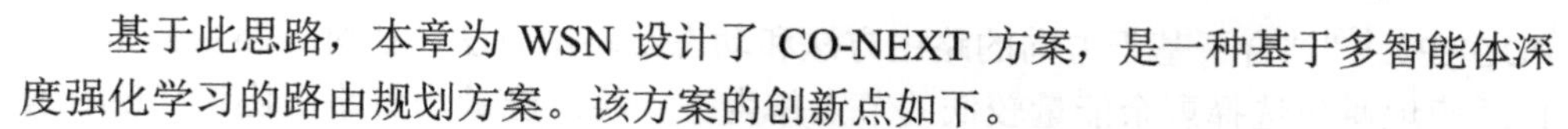

基于此思路，本章为 WSN 设计了 CO-NEXT 方案，是一种基于多智能体深度强化学习的路由规划方案。该方案的创新点如下。

（1）将 WSN 中的动态路由规划问题建模成分布式部分可观察马尔可夫决策过程，并基于平均场强化学习（Mean-Field Reinforcement Learning，MFRL）框架设计了求解方法；

（2）设计了一种具有高可扩展性的动作空间，每个智能体不直接输出路由拓扑，而是输出对下一跳节点的偏好，由网络集中点（网关）生成完整的路由方案；

（3）通过大量仿真实验验证了 CO-NEXT 方案的性能。结果显示 CO-NEXT 方案在不同场景下均可以有效提高传感器能量使用效率，延长网络存活时间。

6.2　相关工作

随着物联网的广泛应用，如何最大化 WSN 存活时间成为研究热点。目前有很多通过优化路由协议来提高传感器节点能量利用效率的工作。根据是否将节点进行分层，这些研究主要分为基于分层的路由协议和基于平面的路由协议[16]。

基于分层的路由协议通常通过分簇的方式将网络中的节点分层，将路由方案解耦为簇间路由和簇内路由，从而对路由规划问题进行简化。低功耗自适应集簇分层（Low Energy Adaptive Clustering Hierarchy，LEACH）协议[21]是该类别中的经典协议之一，其根据节点相互之间的信号强度将传感器节点分簇。每个簇选举一个簇头负责汇集、压缩和传输簇内的相关信息并转发到汇聚节点。在簇内通过簇头随机轮换的方式来保证一定程度上的能量均衡。文献[22]设计了一种能量感知的分簇算法，并进一步设计了一种分簇路由协议，以实现网络异质节点间的能量均衡。分层能量均衡多路径（Hierarchical Energy Balancing Multipath，HEBM）协议[23]综合考虑聚类范围和节点到簇头的最小能量路径来计算最佳聚类大小并对网络进行分层，进而形成一个最小能量网络拓扑结构来减少能量损耗。将网络中节点分簇的路由协议可以降低路由问题的求解难度，但同时限制了优化空间，而且算法性能依赖于分簇算法的人工设计。

在基于平面的路由协议中，能量感知路由协议（Energy Aware Routing Protocol，EARP）[24]根据路径跳数和传输距离计算每个传感器节点到汇聚节点所有路径的成本，并将其数据随机发送给具有低成本值的邻居进行转发处理。均衡能耗自适应路由协议（Balanced Energy Adaptive Routing Protocol，BEARP）[25]在节点每次需要进行数据传输时，考虑相邻节点的剩余能量和位置，并选择剩余能量高于网络平均值的节点作为下一跳的转发节点。传感器信息系统能量高效聚集协议与动态源路由优化的路由协议（PEGASIS-DSR Optimized Routing Protocol，

PDORP）[26]结合了基于方向的路由方法和动态源路由方法，在进行路由决策时，自适应地避免选择剩余能量较低的节点作为下一跳。能量均衡路由协议（Energy Balanced Routing Protocol，EBRP）[17]基于物理学中的势能概念，根据节点的深度、剩余能量和能量密度分别构建了 3 个势场，并利用这 3 个势场的叠加场的梯度进行路由选择。由于 WSN 中节点众多，单个节点难以获取网络整体信息，因此启发式算法的性能有限。同时搜索算法的求解空间过大，在实际执行中需要消耗大量的时间和计算资源，实用性较低。

以上两类工作都不是协同决策方式。由于问题复杂度高，基于分层的路由协议通过分簇的方式以牺牲优化空间为代价降低问题的求解难度，基于平面的路由协议同样难以在降低求解难度和提高路由性能上同时取得良好表现。

近年来，一些研究尝试使用强化学习算法解决 WSN 最大化网络存活时间的问题。以基于深度强化学习的拓扑控制（Deep Reinforcement Learning based Topology Control，DRL-TC）[18]为代表的一类研究，通过深度强化学习加速蒙特卡洛树搜索（Monte Carlo Tree Search，MCTS）过程，搜索得到能够最大化 WSN 存活时间的近似最优离线路由方案。但这种离线近似路由难以及时根据网络中节点的能量分布调整路由。以 Q-Routing[19]为代表的工作则采用“单向感知模式”，为每个传感器节点部署一个基于深度强化学习的智能体来进行决策。对于每个节点，Q-Routing 中的智能体为每个邻居分配一个 Q 值，表示在当前节点选择每个邻居进行数据转发的情况下，数据到达汇聚节点的预估时间成本，并根据 Q 值选择成本较低的邻居进行数据转发。而基于强化学习的路由（Reinforcement Learning based Routing，RLBR）[20]则根据历史信息和当前对网络状态的估计信息，综合考虑剩余能量、链路距离和跳数来选择转发节点。

然而由于 Q-Learning 是单智能体算法，当多个传感器节点各自使用相互独立的 Q-Learning 智能体时，对每个智能体来说环境是不平稳的，因此不符合 MDP 范式，其性能也是受限的。本书第 4 章中验证了类似情况。另外，这些算法针对每个需要发送的数据包进行独立路由决策，在缺乏全局信息的情况下，可能发生路由环路，进而需要维护大量路由信息以实现网络的正常运转。这种局限性进一步佐证了采用合作管控的必要性，在本章后续的方案设计中，通过多智能体深度强化学习框架，各传感器节点在相同目标下为网关节点提供用于及时调整路由的元数据，从而有效地降低路由求解的难度。

6.3 WSN 中动态路由规划问题建模

本节首先对 WSN 的数据转发过程进行描述，然后在此基础上以最大化网络

存活时间为目标，对 WSN 中的动态路由规划问题进行建模。

6.3.1　系统建模

考虑图 6-1 所示的 WSN 环境，该环境中包含多个传感器节点（Sensor Node）和一个汇聚节点（Sink Node）。每个传感器节点持续从环境采集数据，并将收集到的数据发送给汇聚节点。汇聚节点为整个 WSN 的唯一网关，负责与核心网进行通信，同时负责收集所有传感器节点收集到的数据，并对其进行进一步处理和转发。WSN 动态路由规划主要符号及含义如表 6-1 所示。

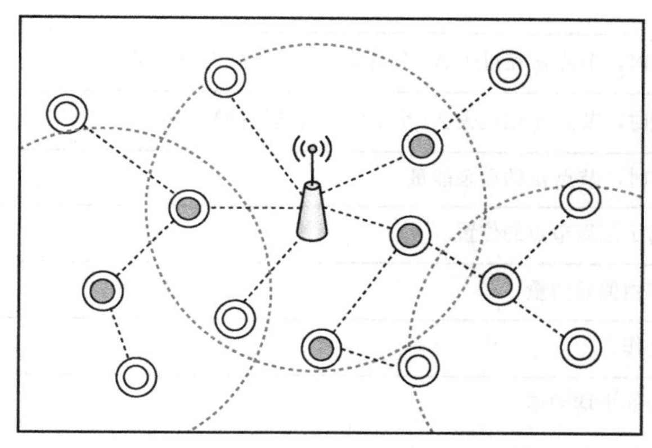

图 6-1　WSN 环境

表 6-1　WSN 动态路由规划主要符号及含义

变量	含义
$\mathcal{G}$	将 WSN 建模得到的有向图
$\mathcal{N}$	网络中的节点集合
N	网络中的节点个数，包含 1 个汇聚节点和 $N-1$ 个传感器节点
$\mathcal{E}$	通信范围内可连通节点构成的有向边集合
n_i	网络中的第 i 个节点，$i=0$ 表示汇聚节点，其余为传感器节点
Φ_i	节点 i 的通信半径
e_{n_i,n_j}	n_i 指向 n_j 的一条有向边
$\text{dis}(n_i,n_j)$	节点 n_i 和节点 n_j 之间的欧氏距离
D_{n_i}	一轮传输中节点 n_i 从环境中收集到的数据量
g_{n_i}	一轮传输中节点 n_i 传输的数据量
$C(n_i)$	节点 n_i 的上游节点集合
ρ	考虑阴影效应和大尺度衰减的预定义功率放大常数
$\omega_{n_i}^{\mathrm{P}}$	节点 n_i 信息处理的单位能量消耗

续表

变量	含义
$\omega_{n_i}^{\mathrm{Tx}}$	节点 n_i 发送信息的单位能量消耗
w_{n_i}	一轮传输中节点 n_i 消耗的总能量
W_{n_i}	节点 n_i 的初始能量
σ	传感器节点停止服务的能量阈值
x_{n_i,n_j}	决策变量，表示节点 n_i 是否将数据发送给节点 n_j
Ω	决策间隔
$C_{n_i,k}^{\mathrm{s}}$	第 k 次决策时，节点 n_i 在过去 $\mathcal{M}$ 个决策间隔收集到的数据量
$C_{n_i,k}^{\mathrm{o}}$	第 k 次决策时，节点 n_i 在过去 $\mathcal{M}$ 个决策间隔转发的数据量
$\hat{\omega}_{n_i,k}$	第 k 次决策时，节点 n_i 的剩余能量
pos_{n_i}	节点 n_i 相对于汇聚节点的位置
π_{n_i}	节点 n_i 的路由偏好向量
a_{n_i}	节点 n_i 的动作
$\bar{a}_{n_i}$	节点 n_i 邻居的平均动作
Φ_l	分层采样所使用的层半径
$\mathcal{T}$	路由生成算法所输出的生成树

将 WSN 建模为一个有向图 $\mathcal{G}=(\mathcal{N},\mathcal{E})$，$\mathcal{N}$ 表示网络中的节点集合，$\mathcal{E}$ 表示网络中的有向边集合。设 WSN 共有 $N=|\mathcal{N}|$ 个节点，包含一个汇聚节点 n_0 和 $N-1$ 个传感器节点 $\{n_1,n_2,\cdots,n_{N-1}\}$，故节点集合 $\mathcal{N}=\{n_0,n_1,\cdots,n_{N-1}\}$。除汇聚节点，每个传感器节点的发送功率有限，通信范围受限，设节点 i 的通信半径为 Φ_i，则所有节点与其通信范围内的所有其他节点构成有向边集 $\mathcal{E}=\left\{e_{n_i,n_j} \mid \forall n_i,n_j \in \mathcal{N}, \mathrm{dis}(n_i,n_j)\leqslant \Phi_i, n_i \neq n_j\right\}$，其中 e_{n_i,n_j} 表示 n_i 指向 n_j 的一条有向边，表示 n_i 可以向 n_j 发送数据，$\mathrm{dis}(n_i,n_j)$ 表示节点 n_i 和节点 n_j 之间的欧氏距离。

在每轮传输过程中，传感器节点 n_i（$i\in\{1,2,\cdots,N-1\}$）需要传输的数据量（单位为 bit）为：

$$g_{n_i}=D_{n_i}+f\left(\sum_{n_j\in C(n_i)} D_{n_j}\right) \tag{6-1}$$

其中，D_{n_i} 表示节点 n_i 从环境中收集的数据量；$\sum_{n_j\in C(n_i)} D_{n_j}$ 表示节点 n_i 帮助其他节

点转发的数据量；$C(n_i)$ 表示经过 n_i 进行数据转发的节点集合，也称上游节点集合；$f(\cdot)$ 为信息聚合函数，表示数据聚合前后数据量的映射关系。

每个节点的能量消耗包括两部分：信息处理的能耗和信息发送的能耗。其中，信息处理的能耗包括数据接收和处理的能耗。节点 n_i 处理 1 bit 数据所消耗的能量为 $\omega_{n_i}^{\mathrm{P}}$，发送 1 bit 数据所消耗的能量为 $\omega_{n_i}^{\mathrm{Tx}}$，且节点支持自适应发送功率调整，与传输距离成二次相关，有：

$$\omega_{n_i}^{\mathrm{Tx}} = \rho \cdot \mathrm{dis}(n_i, n_j)^2 \tag{6-2}$$

其中，ρ 表示考虑阴影效应和大尺度衰减的预定义功率放大常数。

因此在一轮传输中，节点 n_i 消耗的总能量 w_{n_i} 为：

$$w_{n_i} = \left(\omega_{n_i}^{\mathrm{P}} + \omega_{n_i}^{\mathrm{Tx}}\right) g_{n_i} \tag{6-3}$$

6.3.2　问题建模

WSN 中汇聚节点 n_0 一般具有外部能源供应，设其初始能量 $W_{n_0} = \infty$。传感器节点使用电池供电，能量有限。设传感器节点 n_i（$i \in \{1, 2, \cdots, N-1\}$）的初始能量为 W_{n_i}。网络中一旦有节点能量低于设定阈值，网络将停止服务。因此，WSN 的优化目标为最大化网络存活时间。按照前述建模，最大化 WSN 的存活时间可以转化为最大化网络的传输轮数，该问题可被定义为：

$$\max_{x_{n_i,n_j}} \min_{n_i \in \mathcal{N}} \frac{W_{n_i} - \sigma}{w_{n_i}} \tag{6-4}$$

约束为：

$$\sum_{\{n_i,n_j\} \in \delta(\mathcal{V})} x_{n_i,n_j} \geqslant 1, \forall \mathcal{V} \subseteq \mathcal{N} \setminus \{n_0\} \tag{6-4a}$$

$$\sum_{\{n_i,n_j\} \in \delta(\{n_i\})} x_{n_i,n_j} = 1, \forall n_i \in \mathcal{N} \setminus \{n_0\} \tag{6-4b}$$

$$x_{n_i,n_j} \in \{0,1\}, \forall n_i, n_j \in \mathcal{N} \tag{6-4c}$$

其中，集合 $\delta(\mathcal{V}) = \left\{\{a,b\} \mid \forall a, b, a \in \mathcal{V}, b \notin \mathcal{V}, e_{a,b} \in \mathcal{E}\right\}$ 表示节点 a 在集合 $\mathcal{V}$ 中但节点 b 不在集合 $\mathcal{V}$ 中的节点对集合；决策变量 $x_{n_i,n_j} = 1$ 表示 n_i 选择 n_j 作为数据转发的父节点，即 n_i 将数据发送给 n_j；σ 表示节点停止服务的能量阈值，当节点的剩余能量低于该阈值时，认为节点无法继续进行感知和传输任务。式（6-4a）保证了所有节点的连通性；式（6-4b）限制了每个节点只有一个父节点，即保证每轮传输中每个节点只向一个其他节点进行数据转发；式（6-4c）定义了决策变量为 0-1 变量。

此建模假设一轮传输中节点 n_i 消耗的总能量 w_{n_i} 已知。但实际情况中，每个节点在每轮传输时从环境中收集到的数据量 D_{n_i} 以及帮助其他节点转发的数据量 $\sum_{n_j \in C(n_i)} D_{n_j}$ 是难以预测的，因此 w_{n_i} 并不能准确获知。另外，直接求解此问题的复杂度高。如果采用启发式算法，由于 WSN 中设备数量通常较大，寻找能够最大化网络存活时间的路由方案需要处理巨大的搜索空间，无法在有限时间内搜索到最优解。最后，考虑 WSN 中传感器节点能量消耗速度不同，随着时间的推移，路由方案应该随着传感器节点能量分布的变化而及时进行调整，保证传感器节点能量分布的均衡性，延长 WSN 的存活时间。静态固定的离线路由方案无法适应这种能量分布改变的特性，想要最大化 WSN 的存活时间，需要采用在线的路由方案，这又进一步增大了解决问题的难度。

在 WSN 场景中，每个传感器节点天然可以被看成一个智能体，需要分别做出决策。因此，WSN 中动态路由规划问题可以考虑使用多智能体深度强化学习算法进行求解。下一节将详细介绍基于 MFRL 框架的路由规划方案。

6.4 CO-NEXT 方案

CO-NEXT 方案中，应用实体（WSN 传感器节点）和网络集中点（汇聚节点）协作进行路由规划。本节首先对 WSN 动态路由规划问题进行分析，讨论 CO-NEXT 方案的设计思路；然后介绍应用实体处的 DRL 智能体的设计，包括其状态空间、动作空间、奖励函数设计以及智能体的训练；接着介绍网络集中点统合各应用实体的决策进行路由规划的算法；最后给出了 CO-NEXT 方案的整体流程。

6.4.1 CO-NEXT 问题分析及设计思路

由于所有传感器节点的目的节点都是汇聚节点，因此各传感器节点到汇聚节点的路由呈现一个多跳树状结构。将聚集传感器数据的汇聚节点作为树的根节点，传感器节点在树中的父节点为传输中的下一跳节点。在 WSN 实际运行中，由于各传感器节点每段时间内采集和转发的数据量是时变的，因此其能量消耗速度也各不相同，故用于路由的树状结构需要随着传感器节点能量分布的变化进行调整。由于传感器节点仅能获得自身及周围有限范围内的状态信息，如果将所有节点的状态信息传递给网关进行集中决策，这将增加节点的能量消耗，进一步减少网络存活时间。因此一种可行的方案是，将动态路由规划问题建模为 Dec-POMDP，考虑由各个应用实体（传感器节点）进行部分决策（决策自己的下一跳节点），再将各自的决策交由网络集中点（网关），最后由网络集中点得到整体路由规划。

考虑 WSN 中节点数众多，多智能体深度强化学习的状态空间与联合动作空间会随智能体数目增多而快速增大。CO-NEXT 方案使用平均场理论，每个智能体计算与其相邻的其他智能体的平均动作，并将此平均动作作为其本地决策时所需的全局信息。在此设计下，逻辑上每个智能体仅与一个做出平均动作的虚拟智能体进行交互。相比于其他多智能体算法，由于传感器节点天然可以与邻域内的节点进行通信，在算法泛型上平均场深度强化学习更加适合 WSN 动态路由规划场景。

CO-NEXT 方案的系统框架如图 6-2 所示。CO-NEXT 方案是一种基于多智能体深度强化学习以最大化网络存活时间为目标的路由方案。在 CO-NEXT 方案中，每个传感器节点处部署一个深度强化学习智能体，所有智能体联合决策在线路由方案。传感器节点在使用当前路由方案传输一段时间后，节点的能量分布会发生变化。此时，每个智能体根据本节点收集到的数据量信息、转发数据量信息和剩余能量信息，产生路由偏好向量。为了避免成环，每个传感器节点将自己的路由偏好向量按照当前路由发送给汇聚节点。这些向量用于网络集中点决策新的路由方案。本章剩余部分将先介绍 DRL 智能体设计（第 6.4.2 节），然后介绍网络集中点路由生成算法（第 6.4.3 节），最后总结整体流程（第 6.4.4 节）。

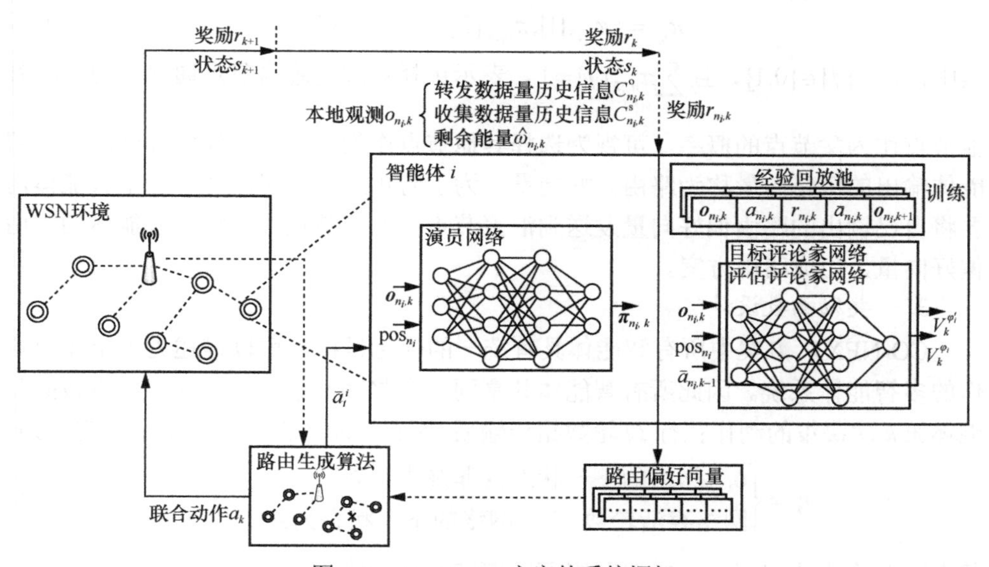

图 6-2　CO-NEXT 方案的系统框架

6.4.2　CO-NEXT 设计：DRL 智能体设计

本节将介绍基于平均场演员−评论家（Mean-Field Actor-Critic，MFAC）方法的智能体设计。在 CO-NEXT 方案中，所有深度强化学习智能体采用同步决策的方式。每间隔Ω轮传输，智能体触发一次决策行为，共同决策新的路由方案。定义每Ω轮传输称为一次决策间隔。

1. 状态空间设计

假设 WSN 中传感器节点的数量为N，系统状态信息定义为N个智能体局部观测信息的组合。传感器节点$n_i \in \mathcal{N}$在第k次决策时所获得的局部观测信息$\boldsymbol{o}_{n_i,k}$由以下 3 部分构成。

（1）$C^{\mathrm{s}}_{n_i,k} = \left\{c^{\mathrm{s}}_{n_i,k-\mathcal{M}+1},\cdots,c^{\mathrm{s}}_{n_i,k}\right\}$表示过去$\mathcal{M}$次决策间隔中节点$n_i$从环境中采集到的数据量，其中$c^{\mathrm{s}}_{n_i,k}$表示第$k-1$次决策和第$k$次决策之间的$\Omega$轮传输中，节点$n_i$从环境中采集到的数据量；

（2）$C^{\mathrm{o}}_{n_i,k} = \left\{c^{\mathrm{o}}_{n_i,k-\mathcal{M}+1},\cdots,c^{\mathrm{o}}_{n_i,k}\right\}$表示过去$\mathcal{M}$次决策间隔中节点$n_i$帮助其他节点转发的数据量，其中$c^{\mathrm{o}}_{n_i,k}$表示第$k-1$次决策和第$k$次决策之间的$\Omega$轮传输中，节点$n_i$为其他节点转发的数据量；

（3）$\hat{w}_{n_i,k}$表示传感器节点n_i在第k次决策时的剩余能量。

2. 动作空间设计

CO-NEXT 方案中智能体n_i在第k次决策时输出的路由偏好向量定义为：

$$\pi_{n_i} = \left\{\pi_{n_i,k}[1],\pi_{n_i,k}[2],\cdots,\pi_{n_i,k}[N]\right\} \tag{6-5}$$

其中，$\pi_{n_i,k}[j]\in[0,1]$，且$\sum_j \pi_{n_i,k}[j]=1$，表示选择对应传感器节点通信范围内的其他节点作为父节点的概率，可视为选择其他节点作为父节点的偏好程度。每个智能体输出的策略向量称为路由偏好向量。为了防止路由环路出现，每个智能体需要将自己输出的路由偏好向量发送到汇聚节点，汇聚节点综合每个智能体的路由偏好向量，生成路由方案。

3. 奖励函数设计

CO-NEXT 方案中所有智能体具有统一的优化目标，可以描述为一个完全合作的多智能体系统。因此所有智能体共享同一个奖励函数。各传感器节点按照智能体第k次决策的动作执行Ω轮数据传输后，所有智能体得到的奖励函数定义为：

$$r_k = \begin{cases} 0, & \text{网络的下一状态为非终止状态} \\ \text{网络存活轮数}, & \text{网络的下一状态为终止状态} \end{cases} \tag{6-6}$$

其中，非终止状态表示传感器网络可以继续运行，终止状态表示传感器网络中的某个或多个节点的剩余能量已低于阈值σ，网络停止运行。网络的存活轮数即最终的累计折扣奖励，也是一般意义上强化学习算法的最终优化目标。

4. 智能体的训练

图 6-2 所示的框架展示了如何在 WSN 中训练部署在各传感器节点上的 DRL

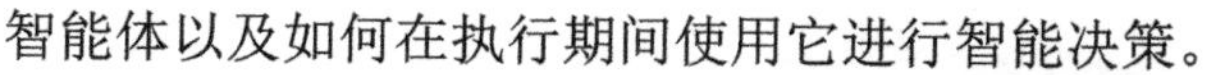

智能体以及如何在执行期间使用它进行智能决策。

为加速各智能体神经网络的训练，训练过程中各智能体共享同一个神经网络。智能体决策时额外输入表示自身身份信息的位置信息 pos_{n_i}，以与其他智能体进行区分。位置信息 pos_{n_i} 设置为传感器节点在以汇聚节点为原点的笛卡儿坐标系中的二维坐标。在第 k 次决策时，WSN 的系统状态为 s_k，部署在节点 n_i 的智能体获得其观测 $\boldsymbol{o}_{n_i,k}$，作为其演员网络的输入，输出为路由偏好向量 $\boldsymbol{\pi}_{n_i,k}$。然后每个智能体将其路由偏好向量发送至汇聚节点，汇聚节点汇总所有传感器节点的路由偏好向量后执行路由生成算法，得到每个传感器节点在新路由方案中的传输父节点，即每个智能体的动作 $a_{n_i,k}$，并将新的路由方案回传至每个传感器节点。每个节点执行新的路由方案，经过 Ω 轮传输后，系统转移至下个状态 s_{k+1}，并将奖励 $r_{n_i,k}$ 返回给每个智能体。

由于使用了 MFAC 框架，在训练阶段，每个智能体需要额外计算邻域内节点的平均动作 $\overline{a}_{n_i,k}$，以使评论家网络更好地指导演员网络的策略学习。各智能体将每次决策所获得的经验$(\boldsymbol{o}_{n_i,k}, a_{n_i,k}, r_{n_i,k}, \overline{a}_{n_i,k}, \boldsymbol{o}_{n_i,k+1})$存储在本地经验回放池中。当一轮训练过程执行完毕（网络因某个节点剩余能量小于阈值而停止工作）后，每个智能体提取经验回放池中的所有经验，使用目标评论家网络计算每个状态的 TD(0)目标值，进而对当前评论家网络进行更新，演员网络以最大化策略的优势函数值为目标进行更新。同时目标评论家网络周期性地执行软更新操作，以增强训练过程的平稳性。CO-NEXT 方案中的智能体训练过程如算法 6-1 所示。在训练期间，使用策略的熵正则、目标评论家网络的软更新和特征归一化等方法帮助智能体训练。

算法 6-1　CO-NEXT 方案中的智能体训练过程

输入：有向图 $\mathcal{G}$

输出：每个智能体 j 的决策网络 μ_{θ_j}

1. 初始化部署在每个传感器节点的智能体 j 的评论家网络 V_{ϕ_j}、目标评论家网络 $V_{\phi'_j}$、演员网络 μ_{θ_j}、平均动作 $\overline{a}_{n_j}$；

2. while 训练尚未完成 do

3. 　　while 所有节点剩余能量高于终止服务阈值 do

4. 　　　　if 已完成 Ω 轮传输 then

5. 　　　　　　每个节点 n_j 收集其本地观测向量 $\boldsymbol{o}_{n_j}$，结合自身位置信息 pos_{n_j} 输入演员网络计算路由偏好向量 $\boldsymbol{\pi}_{n_j} = \mu_{\theta_j}(\boldsymbol{o}_{n_j})$ 并传输至汇聚节点；

6. 　　　　　　汇聚节点使用算法 6-2 采样得到所有智能体的动作 $\boldsymbol{a} = \{a_{n_1}, \cdots, a_{n_{N-1}}\}$，进一步为每个智能体计算其邻居的平均动作 $\overline{\boldsymbol{a}} = \{\overline{a}_{n_1}, \cdots, \overline{a}_{n_{N-1}}\}$ 并

下发至每个传感器节点；

7. 每个智能体在环境中采用新的动作 $\boldsymbol{a}$ 继续进行 Ω 轮数据传输，得到奖励值向量 $\boldsymbol{r}=\left\{\boldsymbol{r}_{n_1},\cdots,\boldsymbol{r}_{n_{N-1}}\right\}$ 和每个传感器节点新的本地观测向量 $\boldsymbol{o}'=\left\{\boldsymbol{o}_{n_1'},\cdots,\boldsymbol{o}_{n_{N-1}'}\right\}$；

8. 将 $(\boldsymbol{o}_{n_j},a_{n_j},\overline{a}_{n_j},r_{n_j},\boldsymbol{o}'_{n_j})$ 存储至每个智能体的经验回放池 $\mathcal{D}_{n_j}$ 中；

9. end

10. end

11. for $j=1$ to $N-1$ do

12. for 缓存区 $\mathcal{D}_{n_j}$ 中的每个状态转移元组 $(\boldsymbol{o}_{n_j},a_{n_j},\overline{a}_{n_j},r_{n_j},\boldsymbol{o}'_{n_j})$ **do**

13. 使用目标评论家网络计算 TD(0)目标值：$y_{n_j}=r_{n_j}+\gamma V_{\phi_j'}(\boldsymbol{o}_{n_j'},\overline{a}_{n_j'})$；

14. 计算 TD(0)误差值：$\delta_{n_j}(\boldsymbol{o}_{n_j},a_{n_j})=y_{n_j}-V_{\phi_j}(\boldsymbol{o}_{n_j},\overline{a}_{n_j})$；

15. 通过最小化损失函数 $\mathcal{L}(\phi_j)=(\delta_{n_j})^2$ 更新评论家网络参数；

16. 计算优势函数值：$A_{n_j}(\boldsymbol{o}_{n_j},a_{n_j})=r_{n_j}+\gamma V_{\phi_j}(\boldsymbol{o}_{n_j'},\overline{a}_{n_j'})-V_{\phi_j}(\boldsymbol{o}_{n_j},\overline{a}_{n_j})$；

17. 通过策略的采样计算梯度，并更新演员网络：$\nabla_{\theta_j}\mathcal{J}(\theta_j)=\sum(\nabla_{\theta_j}\log\mu_{\theta_j}(a_{n_j}\mid\boldsymbol{o}_{n_j})A_{n_j}(\boldsymbol{o}_{n_j},a_{n_j})-\lambda\sum_{a_{n_j}}\mu_{\theta_j}(a_{n_j}\mid\boldsymbol{o}_{n_j})\log\mu_{\theta_j}(a_{n_j}\mid\boldsymbol{o}_{n_j}))$；

18. 应用软更新策略更新目标评论家网络参数：$\phi_j'=\tau\phi_j+(1-\tau)\phi_j'$；

19. end

20. 清空缓存区 $\mathcal{D}_{n_j}$；

21 end

22. end

6.4.3 CO-NEXT 设计：网络集中点路由生成算法

每个智能体进行独立决策，可能会导致路由出现环路。为了保证路由方案的可行性，每个智能体 n_i 完成决策后，将自己的路由偏好向量 $\boldsymbol{\pi}_{n_i}$ 按照当前路由发送给汇聚节点（网络集中点）。CO-NEXT 方案中的路由生成算法如算法 6-2 所示，网络集中点对各智能体的路由偏好向量进行采样，为 $\mathcal{G}$ 生成一棵生成树 $\mathcal{T}$，确定决策变量 x_{n_i,n_j} 的取值。

算法 6-2 CO-NEXT 方案中的路由生成算法

输入： 所有智能体的路由偏好 $\boldsymbol{\pi}$、分层半径 Φ_l

输出： 每个决策时刻多智能体的联合动作 $\boldsymbol{a}$

1. 初始化边集 $\mathcal{T}=\varnothing$，临时传感器节点集合 $\mathcal{S}=\{n_1,\cdots,n_{N-1}\}$，节点层次集合

向量 $\boldsymbol{l}=\varnothing$，层数计数器 $\mathrm{cnt}_l=0$；

2. while 临时传感器节点集合 $\mathcal{S}$ 非空 do
3. $\mathrm{cnt}_l=\mathrm{cnt}_l+1$；
4. for 临时传感器节点集合 $\mathcal{S}$ 中的每个节点 n_i do
5. 定义临时集合变量 $\mathrm{tmp}=\varnothing$；
6. if $\mathrm{dist}(n_0,n_i)\leqslant \mathrm{cnt}_l\times\varPhi_l$ then
7. $\mathrm{tmp}=\mathrm{tmp}\cup\{n_i\}$；
8. $\mathcal{S}=\mathcal{S}\setminus\{n_i\}$；
9. end
10. end
11. 将 tmp 插入 $\boldsymbol{l}$ 前端；
12. end
13. for 节点层次集合向量 $\boldsymbol{l}$ 中的每个层次 i do
14. while 节点层次集合 $\boldsymbol{l}[i]$ 非空 do
15. 从节点层次集合 $\boldsymbol{l}[i]$ 中随机选择一个节点 n_i；
16. 对节点 n_i 的路由偏好向量的每一维重新进行归一化 $\pi_{n_i}[j]=\dfrac{\pi_{n_i}[j]}{\sum(\pi_{n_i})}$；
17. 根据归一化后路由偏好向量 $\boldsymbol{\pi}_{n_i}$ 中的概率采样一个节点 n_j；
18. if 将边 e_{n_i,n_j} 添加到 $\mathcal{T}$ 中不会造成路由环路 then
19. 设置节点 n_i 在新路由策略中的父节点为 n_j，即将 n_i 路由偏好向量 $\boldsymbol{\pi}_{n_i}$ 中 n_j 对应位置置 1，$\pi_{n_i}[j]=1$；
20. 记录边 e_{n_i,n_j} 并加入边集 $\mathcal{T}$；
21. $\boldsymbol{l}[i]=\boldsymbol{l}[i]\setminus\{n_i\}$；
22. else
23. 将 n_i 路由偏好向量 $\boldsymbol{\pi}_{n_i}$ 中 n_j 对应位置置零，$\pi_{n_i}[j]=0$；
24. end
25. end
26. end

路由生成算法运行时首先以汇聚节点为圆心，先按照每个传感器节点与汇聚节点的距离，将传感器节点分层（预设分层半径为 $\varPhi_l$）。从最外层开始，随机选择一个传感器节点 n_i。在节点 n_i 的路由偏好向量 $\boldsymbol{\pi}_{n_i}$ 中随机采样，得到对应的邻居 n_j。尝试将边 e_{n_i,n_j} 加入 $\mathcal{T}$。如果加入后 $\mathcal{T}$ 中出现环路，则舍弃该边，并将 $\boldsymbol{\pi}_{n_i}$ 中 n_j 对应的偏好值置 0，然后将 $\boldsymbol{\pi}_{n_i}$ 重新归一化；否则，将边 e_{n_i,n_j} 加入 $\mathcal{T}$。再重新在当前分层中继续随机选择节点，但是不再选择节点n_i。直到最外层节点都为不可选中状态，继续对内层采样，直到遍历完所有层。至此，$\mathcal{T}$为新的数据汇聚过程路由。

6.4.4 CO-NEXT 方案的整体流程

算法 6-3 为 CO-NEXT 方案的整体流程。在系统刚启动时，需要对计数器和变量进行初始化，并下发初始路由方案。系统运行过程中，只要所有节点的能量都高于终止服务的能量阈值σ，则各传感器节点持续从环境中收集数据，并定时将收集到的数据按照当前路由方案发送至汇聚节点，同时更新相应的计数器。每经过Ω轮传输，各传感器节点通过计数器获取决策所需的输入信息，然后通过决策网络计算得到路由偏好向量，并将路由偏好向量发送至汇聚节点，同时更新传输路由偏好所消耗的能量。最后，汇聚节点汇总所有的路由偏好向量后通过采样的方式得到新的路由方案，并下发至每个传感器节点。

算法 6-3 CO-NEXT 方案的整体流程

输入： 有向图$\mathcal{G}$，每个智能体i预训练的决策网络μ_{θ_i}

输出： 总传输轮数cnt^{r}

1. 初始化传输计数器$\text{cnt}^{\text{r}}=0$
2. for 每个传感器节点$i=1,\cdots,N-1$ do
3. 　　初始化收集信息量计数器$\text{cnt}_{n_i}^{\text{s}}=0$，转发信息量计数器$\text{cnt}_{n_i}^{\text{o}}=0$，过去$\mathcal{M}$次决策间隔中收集到的数据量$C_{n_i}^{\text{s}}=0$，过去$\mathcal{M}$次决策间隔中转发的数据量$C_{n_i}^{\text{o}}=0$，节点的位置信息$\text{pos}_{n_i}$；
4. end
5. 在网络中部署初始路由方案；
6. while 所有传感器节点剩余能量高于停止服务的能量阈值 do
7. 　　每个传感器节点持续从环境中收集信息；
8. 　　for 每个传感器节点n_i，$i\in 1,\cdots,N-1$ do
9. 　　　　传感器节点n_i按照当前的路由方案将收集到的数据传输至汇聚节点n_0；
10. 　　　　$\text{cnt}_{n_i}^{\text{s}}=\text{cnt}_{n_i}^{\text{s}}+D_{n_i}$，$\hat{w}_{n_i}=\hat{w}_{n_i}-(\omega_{n_i}^{\text{P}}+\omega_{n_i}^{\text{Tx}})D_{n_i}$；
11. 　　　　for $C(n_i)$中的每个节点n_j do
12. 　　　　　　$\text{cnt}_{n_i}^{\text{o}}=\text{cnt}_{n_i}^{\text{o}}+f(D_{n_j})$，$\hat{w}_{n_i}=\hat{w}_{n_i}-(\omega_{n_i}^{\text{P}}+\omega_{n_i}^{\text{Tx}})f(D_{n_j})$；
13. 　　　　end
14. 　　end

15. $\text{cnt}^{\text{r}} = \text{cnt}^{\text{r}} + 1$；
16. if $\text{cnt}^{\text{r}} \% \Omega == 0$ then
17. for 每个传感器节点 n_i，$i \in 1,\cdots,N-1$ do
18. $C^{\text{s}}_{n_i} = C^{\text{s}}_{n_i}[:-1] + [\text{cnt}^{\text{s}}_{n_i}]$，$C^{\text{o}}_{n_i} = C^{\text{o}}_{n_i}[:-1] + [\text{cnt}^{\text{o}}_{n_i}]$；
19. $\text{cnt}^{\text{o}}_{n_i} = 0$，$\text{cnt}^{\text{s}}_{n_i} = 0$；
20. 计算路由偏好向量 $\boldsymbol{\pi}_{n_i} = \mu_{\theta_i}(C^{\text{s}}_{n_i}, C^{\text{o}}_{n_i}, \hat{w}_{n_i}, \text{pos}_{n_i})$；
21. 节点 n_i 按照当前路由方案将路由偏好向量 $\boldsymbol{\pi}_{n_i}$ 传输至汇聚节点 n_0；
22. 更新传输路由偏好所消耗的能量 $\hat{w}_{n_i}$；
23. end
24. 汇聚节点 n_0 使用算法 6-2 得到新的路由方案；
25. 汇聚节点 n_0 将新的路由方案下发给每个传感器节点；
26. end
27. end

6.5　CO-NEXT 方案性能评估

本节首先介绍评估中所采用的仿真环境设置以及所采用的对比方案，然后从多个角度对 CO-NEXT 方案进行性能评估。

6.5.1　仿真环境设置

仿真环境拓扑和分层图如图 6-3 所示，共有 1 个汇聚节点 n_0、19 个传感器节点 $\{n_1, n_2, \cdots, n_{19}\}$。在 CO-NEXT 方案的路由生成算法中，当分层半径 Φ_l 为 450 m 时，实验环境被分为 4 层。以汇聚节点 n_0 为中心点进行分层，第一层包含节点 n_1, n_5, n_{12}，第二层包含节点 $n_4, n_9, n_{11}, n_{13}, n_{17}$，第三层包含节点 $n_2, n_3, n_8, n_{10}, n_{15}, n_{16}$，第四层包含节点 $n_6, n_7, n_{14}, n_{18}, n_{19}$。

所有节点的通信半径均为 $\Phi_i = 750$ m。汇聚节点 n_0 直接连通电源，没有能量限制。传感器节点由电池供电，假设每个传感器节点的初始能量相同，即有 $W_{n_i} = 1\,\text{J}, \forall n_i \in \mathcal{N}, i \neq 0$。在仿真环境中，每两轮传输间隔中，每个传感器节点 n_i 从环境中收集到的数据量均服从均匀分布，有 $D_{n_i} \sim U(500, 1\,000)$ bit。智能体的决策间隔 Ω 设置为 10 轮。仿真环境参数设置如表 6-2 所示。CO-NEXT 方案中智能体训练过程使用的超参数如表 6-3 所示。

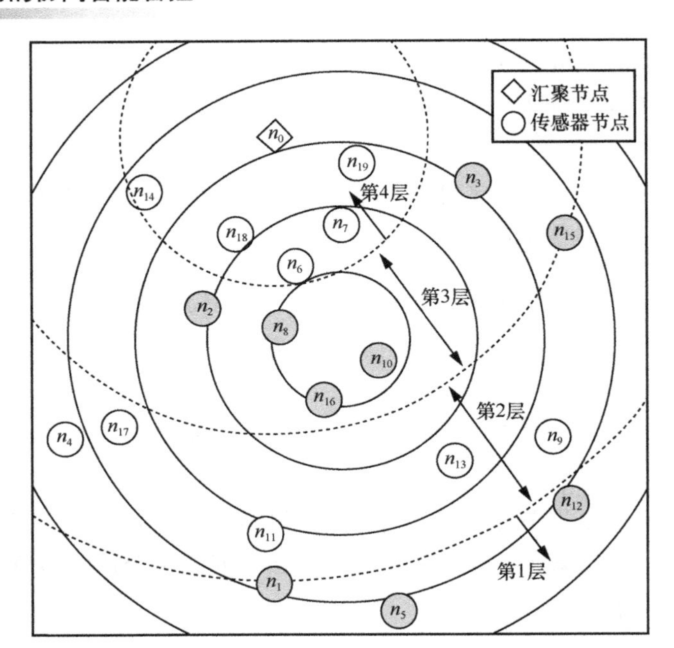

图 6-3 仿真环境拓扑和分层图

表 6-2 仿真环境参数设置

参数	含义	值
N	节点个数	20
σ	终止服务的能量阈值	1×10^{-4} J
Φ_i	节点通信半径	750 m
ρ	功率放大常数	1×10^{-12} J/(bit×m^3)
$\omega_{n_i}^{\mathrm{P}}$	信息处理的单位能量消耗	5×10^{-8} J/bit
W_{n_i}	节点初始能量	1 J
Ω	决策间隔	10

表 6-3 CO-NEXT 方案中智能体训练过程使用的超参数

参数类型	参数值
演员网络输入层神经元（包含二维位置信息）	13 个
演员网络隐藏层神经元	256 个×128 个
演员网络输出层神经元	20 个
演员网络学习率	1×10^{-5}
评论家网络输入层神经元（包含二维位置信息）	33 个
评论家网络隐藏层神经元	256 个×256 个×128 个

续表

参数类型	参数值
评论家网络输出层神经元	1 个
评论家网络学习率	5×10^{-5}
熵正则权重系数 λ	2×10^{-7}
奖励折损因子 γ	0.99
目标网络软更新参数 τ	1×10^{-3}

6.5.2　对比方案

与 CO-NEXT 方案进行对比的 6 个方案如下。

1. 最小生成树

在所有传感器完成部署后，将节点间的距离作为权重，使用克鲁斯卡尔算法生成最小生成树（MST）。然后将汇聚节点作为根节点，使用广度优先搜索方法得到路由方案，再将路由方案发送给所有传感器节点。传感器节点收到自己的路由方案后，一直按照该方案进行数据转发，直至某节点能量不足导致网络停止运行。

2. MCTS

基于 MCTS 方法[27]实现的路由搜索方案，能够对模型中的决策变量进行迭代组合搜索。在 MCTS 方案中，每个树节点表示一个由有向边构成的邻接矩阵。每一层的邻接矩阵长度相同，终止状态为邻接矩阵中的边能够使 WSN 达到全连通的状态，以保证每个传感器节点的数据都能够发送给汇聚节点。每个节点的权重值为在该状态下能够存活轮数的平均值。在所有传感器完成部署后，直接将搜索到的最优方案应用于网络，并一直按照该方案进行数据转发，直至某节点能量不足导致网络停止运行。

3. EARP

EARP[24]通过不断发送路由请求包来构建每个节点的路由表。在路由建立阶段，汇聚节点向所有需要发送数据的传感器节点广播路由请求包。各传感器节点在收到路由请求包后，可以根据跳数和传输距离来计算通过某个邻居传输到汇聚节点的路径成本，并通过成本值计算得到在路径中选择该节点的概率。在数据传输阶段，传感器节点每次需要进行数据传输或者需要对数据包进行转发时，都按照路由表中的概率采样选择数据发送的下一跳。EARP 是一种在线决策方案，且因为按照概率选择下一跳，传感器节点每次传输时都可以根据路径的成本值选择不同的传输路径。

4. EBRP

EBRP[17]借用物理学中势能的概念，在 WSN 中基于节点深度、能量密度和剩余能量构建了 3 个势场。每个节点需要定期广播自己的能量信息，同时在路由表中维护邻居节点的 3 个势场信息。需要传输数据时，每个节点根据路由表中邻居节点的 3 个势场信息梯度，将 3 个势场的梯度叠加，选择具有最大梯度方向的邻居作为下一跳节点进行传输。

该方案也是在线方案。随着数据传输，节点的剩余能量会发生变化，因此能量密度场和剩余能量场是动态场，可以根据节点的能量分布动态调整路由。每个节点定期向邻居广播自己的能量信息，以便邻居计算能量密度场和剩余能量场的梯度。而深度场是静态场，通过节点距离汇聚节点的最小跳数构建，在网络拓扑不发生变化时，该场的分布不会发生变化。

5. *基于贪心算法的* CO-NEXT-GRS

本章构造了一个贪心算法来完成多播树的生成，称为 CO-NEXT-GRS。与 CO-NEXT 方案的区别仅在于网络集中点的路由生成算法不同。在得到各传感器节点的路由偏好向量 $\boldsymbol{\pi}$ 后，按照以下步骤完成 $\mathcal{T}$ 的生成。

步骤 1：随机选择一个传感器节点 n_i 。

步骤 2：在节点 n_i 的路由偏好向量 $\boldsymbol{\pi}_{n_i}$ 中贪心地选择概率最大的邻居节点，假设为 n_j 。

步骤 3：尝试将边 e_{n_i,n_j} 加入 $\mathcal{T}$ 。如果加入后 $\mathcal{T}$ 中会出现环路，则舍弃该边，将 $\boldsymbol{\pi}_{n_i}$ 中 n_j 对应的值置 0。否则，将边 e_{n_i,n_j} 加入 $\mathcal{T}$ ，继续执行步骤 1 中的节点选择，但是不再选择节点 n_i 。

6. *基于全局采样的* CO-NEXT-GLS

CO-NEXT-GLS 是 CO-NEXT 的另一种变形方案，区别仅在于路由生成算法。在进行路由生成时，不同于 CO-NEXT-GRS 在步骤 2 贪婪地选择概率最大的邻居节点，CO-NEXT-GLS 在节点 n_i 的路由偏好向量 $\boldsymbol{\pi}_{n_i}$ 中随机采样，得到对应的邻居 n_j 。

6.5.3 对比方案性能分析

本节基于表 6-2 的设置对 CO-NEXT 方案和其他对比方案进行测试。考虑 MCTS 方案的复杂度，本节中所有节点的通信半径均设置为 $\Phi_i = 750\,\text{m}$ 。实验中 CO-NEXT 方案及其变种（包括 CO-NEXT-GRS 和 CO-NEXT-GLS）均进行了 33 万轮的训练。其中，CO-NEXT 方案路由生成算法中的分层半径 Φ_l 设置为 $450\,\text{m}$ 。不同方案的网络存活时间如表 6-4 所示。

MST 方案虽然能保证全局意义上节点间的总传输距离最小，但并不考虑传输路径的跳数。而在 WSN 中，传感器节点不仅需要发送自己的数据，还需要对其他传感器节点的数据进行转发。某传感器节点到达汇聚节点的转发跳数越多，则其转发路径上的其他节点消耗的能量也会成倍增加。且由于 MST 是不考虑节点能量消耗的静态方案，距离汇聚节点近且转发数据量多的节点的能量将被快速消耗。

实验中，MST 方案仅能完成 808 轮传输，表现较差。

表 6-4　不同方案的网络存活时间

方案	网络存活时间/轮
MST	808
MCTS	1 486
EARP	1 391
EBRP	1 872
CO-NEXT-GRS	602
CO-NEXT-GLS	1 719
CO-NEXT	2 052

同时，MCTS 方案尝试对整个路由方案的解空间进行搜索。然而，当节点的通信范围较大时，节点的邻居较多，节点的邻接边数目也会增多，进而导致 MCTS 中的树节点数目增加。由于路由方案求解空间的复杂度随着邻居数目的增加而指数增加，为了在保证搜索精度的同时进一步减小路由搜索的空间复杂度，需要对单个节点的通信范围进行限制。在实验设置的 $\Phi_i = 750\,\text{m}$ 的情况下，MCTS 方案能够完成 1 486 轮传输。

在线算法可以随着传输过程中网络能量分布的变化定期更新用于路由的策略，容易实现更高的能量利用效率，进而延长网络存活时间。然而，实验中使用 EARP 方案时，网络仅能够存活 1 391 轮，甚至不如 MCTS 的离线路由策略。这可能是因为 EARP 的设计忽略了节点的剩余能量，只考虑路径的传输成本。在 EARP 的设计中，每个节点维护所有路径的传输成本值，并基于传输成本值通过概率采样的方式随机选择一条成本值较低的路径进行数据传输，这样可以从时间维度上在每条路径上分摊传输能量。然而，忽略节点剩余能量的设计是不全面的，很难保证节点间能量分布均衡。

相比之下，EBRP 方案具有较好的性能，好于 CO-NEXT-GLS。这是因为其构造的复合场考虑了节点的深度、能量密度和剩余能量。其中，后两个与能量相关的指标可以很好地描述网络的能量分布，而深度场则可以避免选择跳数过多的路径，进一步提高网络的能量利用率。EBRP 方案得到的网络存活时间为 1 872 轮，但是与 CO-NEXT 方案之间仍有很大的性能差距。

CO-NEXT 方案在 $\Phi_i = 750\,\text{m}$ 的设定下能够完成 2 052 轮传输，相比 EBRP 方案高出约10%。后续实验中，CO-NEXT 方案的优势会随着节点的传输范围变大而进一步提高。

6.5.4 不同路由生成方案的性能对比

CO-NEXT 方案和 CO-NEXT-GRS、CO-NEXT-GLS 方案的区别仅在于网络集中点路由生成算法。CO-NEXT 先将节点按照与汇聚节点的距离分层，然后按照分层顺序选择节点进行采样成树。CO-NEXT-GRS 和 CO-NEXT-GLS 没有进行分层处理，所有节点被选择进行路由偏好的采样的优先级相同，其中 CO-NEXT-GRS 对路由偏好进行采样时使用贪心的方式，而 CO-NEXT-GLS 根据路由偏好的概率进行采样成树。不同方案的训练性能如图 6-4 所示，给出了这 3 种方案的性能，同时给出了其他对比方案（MST、MCTS、EARP 和 EBRP）的结果。因为这些对比方案是静态算法或者启发式算法，在初始条件一致的情况，运行多次的性能也是一致的。

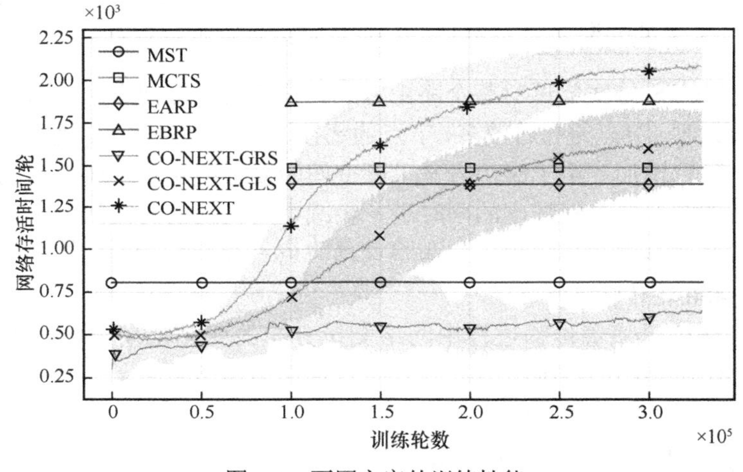

图 6-4 不同方案的训练性能

从图 6-4 可以看到，随着训练的进行，使用分层采样的 CO-NEXT 方案和全局采样的 CO-NEXT-GLS 方案的网络存活时间远远超过了 MST 方案。同时，这两种方案采用在线的解决思路，能够随着节点能量分布情况及时对路由方案进行调整。因此，随着训练轮数的增加，这两种方案的性能最终超过了 MCTS 方案及忽略了节点剩余能量的 EARP 方案。随着训练的进行，CO-NEXT 方案的性能超越 EBRP 方案，以良好的收敛性取得了最佳性能。

进一步分析，使用分层采样的 CO-NEXT 方案对智能体的决策增加了更强的先验知识。按照层数采样的限制实际上是对传输方向进行了一定限制，这样可以防止汇聚节点在采样时采用距离汇聚节点更远的边，在一定程度上减小了智能体策略空间的复杂度，更易获取最优性能。使用全局采样的 CO-NEXT-GLS 方案没有增加分层采样的先验限制，采样空间较大，使用随机策略在庞大的解空间中进行采样，很难保证性能的最优性，性能略差于使用分层采样的 CO-NEXT 方案。而使用贪婪采样的 CO-NEXT-GRS 方案在一定程度上强行将智能体的随机策略映射成固定策略，如果智能体的策略中有两个概率十分相近的动作，则策略的微小扰动可能会导致性能的巨大抖动，很难保证解的稳定性。使用贪婪采样的 CO-NEXT-GRS 方案在训练中性能增长缓慢，且波动较小。

6.5.5　分层采样中分层半径大小对性能的影响

本节对 CO-NEXT 方案路由生成算法中的分层半径进行了测试，不同分层半径下的性能如图 6-5 所示。图 6-5 中每个点分别表示对对应分层半径下训练得到的智能体进行 100 次测试的性能均值，并展示了对应的误差棒（Error Bar）。可以看到，CO-NEXT 方案在使用不同的分层半径时，若分层半径过小，则得到的层数过多，在智能体的随机策略上加入过多的先验限制，限制了智能体策略的有效性；若分层半径过大，则得到的层数过少，网络集中点此时的决策与全局采样接近，且由于智能体采用随机策略，很难避免最终选择到次优的路由方案。而且随着分层半径的增大，分层采样对智能体策略的影响逐渐变弱，随机性越来越强，在图 6-5 中表现为其误差棒的范围越来越大。

如图 6-5 所示，分层半径为 300～500 m 时，CO-NEXT 方案表现出较好的性能。在后续实验中，除非特别说明的情况，CO-NEXT 方案的分层半径均采用 $\Phi_l = 450\,\mathrm{m}$，分层情况如图 6-3 所示。

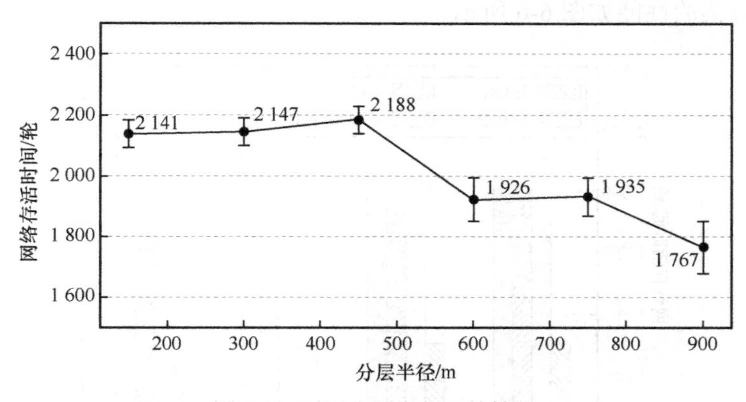

图 6-5　不同分层半径下的性能

6.5.6　不同通信范围对性能的影响

在第 6.5.4 节中，为方便与对比方案进行性能对比，CO-NEXT 方案在训练过程中对传感器节点的通信范围进行了限制，设置通信半径 $\Phi_i = 750\,\mathrm{m}$ 。在该种设定下，可能存在节点间无法直接进行通信的情形。因此在本节中，进一步补充了

不同通信范围下的性能测试。另外，为了显示节点采用不同通信范围时网络的连通性指标，对每个传感器节点的邻居数目进行了统计。不同通信范围下的节点邻居信息如表 6-5 所示，其中 $\mathrm{mean}\left(\left|N(n_i)\right|\right)$ 为每个节点邻居数的平均值，$\min\left(\left|N(n_i)\right|\right)$ 为每个节点邻居数的最小值，$\max\left(\left|N(n_i)\right|\right)$ 为每个节点邻居数的最大值，将它们的值使用节点总数进行归一化处理。

表 6-5　不同通信范围下的节点邻居信息

对比项	通信半径			
	Φ_i =750 m	Φ_i =900 m	Φ_i =1 200 m	Φ_i =1 600 m
$\mathrm{mean}\left(\left\|N(n_i)\right\|\right)$	0.42	0.58	0.79	1
$\min\left(\left\|N(n_i)\right\|\right)$	0.16	0.36	0.47	1
$\max\left(\left\|N(n_i)\right\|\right)$	0.68	0.95	1	1

对比实验中，采用了性能较好的 EARP 和 EBRP 方案作为对比方案。同时，设计了无协作的深度强化学习对比方案 CO-NEXT-s，即在训练过程中将评论家网络提供的全局信息去除，以分析相互协作的多智能体深度强化学习方案的优越性，CO-NEXT 和 CO-NEXT-s 两种方案的性能对比分析将在第 6.5.7 节中进行。CO-NEXT 和 CO-NEXT-s 方案对智能体进行了 50 万轮仿真训练，不同通信范围下各对比方案的性能如图 6-6 所示。

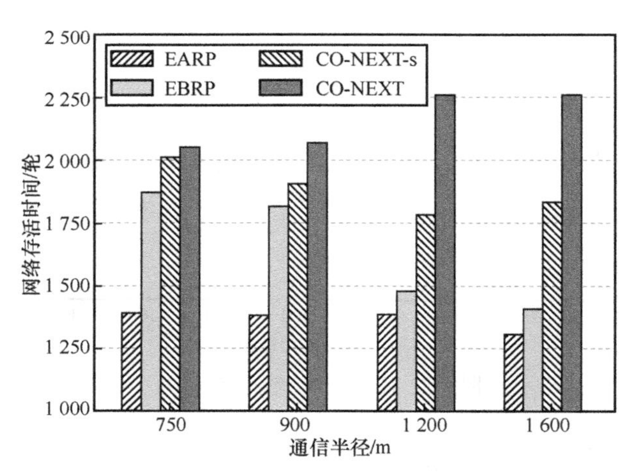

图 6-6　不同通信范围下各对比方案的性能

CO-NEXT 和 CO-NEXT-s 方案在所有情况下都优于 EARP 和 EBRP 方案，且通信范围越大，优势越明显。由于 EARP 方案通过汇聚节点的广播计算路径的传输成本，进而生成每个传感器节点选择某条传输路径的概率，而传输成本仅基于节点之间的传输距离和跳数进行计算，与传输范围无关，所以传输范围的变化对其路由方案的影响很小。

EBRP 方案基于混合场的梯度进行路由决策，包括剩余能量场、能量密度场和节点深度场。对每个节点来说，节点深度场取决于到汇聚节点的最短路径的跳数，而传输范围对最短路径的跳数有很大影响。因此，当节点的传输范围越来越大时，节点深度场的影响将变得越来越弱。而随着节点深度场作用的减弱，EBRP 方案将缺乏跳数信息的指导，只利用剩余能量场和能量密度场的知识进行路由选择，这可能导致路径跳数过多，造成大量的能量消耗。因此，EBRP 方案的性能随着通信范围的增大而下降。

6.5.7　单智能体和多智能体方案性能对比

本节通过对 CO-NEXT-s 和 CO-NEXT 方案的性能测试，分析多智能体深度强化学习协作决策的优越性。两种方案采用相同的路由生成算法，其中 $\Phi_l = 450\ \mathrm{m}$。在仿真环境中分别在不同的通信范围下各进行了 50 万轮训练，最终性能如图 6-6 所示。

当通信范围较小时，CO-NEXT-s 的性能与 CO-NEXT 的性能相似。随着通信范围的增大，CO-NEXT-s 的性能逐渐下降，而 CO-NEXT 可以稳定地保持良好性能。当通信范围增加到一定程度时，CO-NEXT 的性能将得到明显改善，大幅超过包括 CO-NEXT-s 在内的其他方案。特别是在 WSN 中所有传感器节点完全连接的情况下，即当 $\Phi_i = 1\,600\ \mathrm{m}$ 时，CO-NEXT 的性能相比 CO-NEXT-s 高出 23.5%。

随着通信范围的增大，传感器节点转发数据时，每个传感器节点的候选父节点集也会变大，有机会做出更好的父节点选择以平衡节点间的能量分布。与此同时，生成树的解空间也呈指数级增长。因此，对高性能路由的搜索更依赖于方案的搜索效率。与 CO-NEXT-s 相比，CO-NEXT 在训练过程中增加了全局信息，可以更好地指导智能体的训练过程，从而更容易找到更好的解决方案。相反，CO-NEXT-s 缺乏全局信息，当解空间变大时，其性能会下降。而且可以推断，如果网络规模进一步扩大，CO-NEXT 和 CO-NEXT-s 的性能差距会更大。

6.5.8　节点能量分析

本节对 $\Phi_i = 1600\ \mathrm{m}$ 时的不同算法的行为进行分析。其中 CO-NEXT 和 CO-NEXT-s 方案的分层半径 $\Phi_l = 450\ \mathrm{m}$，并采用训练收敛后的模型进行测试。使用 EARP、EBRP、CO-NEXT-s 和 CO-NEXT 时，WSN 分别可以完成 1 309、1 428、1 867、2 231 轮传输，每轮传输的能量消耗如图 6-7 所示，EARP、EBRP、

CO-NEXT-s、CO-NEXT 方案的节点剩余能量分别如表 6-6～表 6-9 所示。

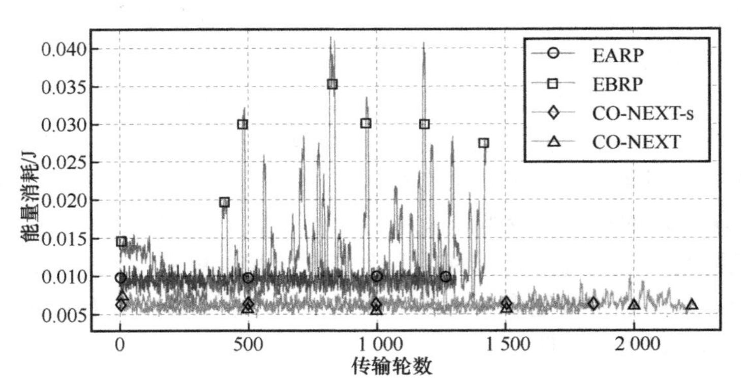

图 6-7　每轮传输的能量消耗

EARP 通过从低成本的路径中采样选择转发路径，每轮传输的能量消耗较为稳定但数值相对较高。然而 EARP 没有考虑传感器节点的剩余能量，如表 6-6 所示，随着数据传输的进行，节点之间的剩余能量差异越来越大。

EBRP 沿着混合场的梯度转发数据，通过适当的参数设置，可以迅速捕捉到具有高剩余能量的节点，并选择该节点作为数据转发的父节点，极大地保证了节点之间能量分布的均衡。如表 6-7 所示，所有节点的能量几乎同步下降。然而，这种根据梯度选择路径的方法没有考虑传输路径的成本，这可能会导致选择高能量成本的路径，在图 6-7 中可以明显看出其每轮传输的能量消耗较高且波动较大。

CO-NEXT-s 方案中智能体能够在一定程度上根据网络中传感器节点能量分布的变化及时对路由方案进行调整。在整个传输过程中，智能体根据自己观测到的信息调整对应传感器节点的传输方案，影响网络中不同传感器节点的能量消耗速度，如表 6-8 所示，其中比较明显的为节点 n_{12} 和节点 n_{10}。在整个传输过程的前期，节点 n_{12} 的能量下降速度最快，一直为能量最低的节点。随着传输进行，智能体洞察到其能量消耗过快可能会影响网络的存活时间，及时对网络的路由方案进行了调整。在传输的中后期，节点 n_{12} 的能量消耗速度明显减缓，而节点 n_{10} 的能量消耗速度明显加快。综合其他传感器节点的性能表现，CO-NEXT-s 方案中的智能体可以随着节点的能量变化对路由方案进行一定的调整优化。然而，CO-NEXT-s 方案由于缺少全局信息，智能体之间的协作完全依赖于自己的观测，对整个网络状态、节点的能量分布估计可能存在偏差。在训练过程中，CO-NEXT-s 方案的性能高度依赖智能体的探索方向，而每个智能体缺乏全局信息，无法保证探索方向的一致性，收敛后的性能表现出极高的方差。

在 CO-NEXT 方案中，除节点 $n_2,n_3,n_4,n_5,n_{14},n_{15}$ 外，其他传感器节点呈现能量交替下降的现象，如表 6-9 所示，极大地延长了网络的存活时间。同时，相比

表 6-6　EARP 方案的节点剩余能量

传输轮数	剩余能量/J																		
	n_1	n_2	n_3	n_4	n_5	n_6	n_7	n_8	n_9	n_{10}	n_{11}	n_{12}	n_{13}	n_{14}	n_{15}	n_{16}	n_{17}	n_{18}	n_{19}
100	0.965 5	0.972 0	0.975 9	0.984 4	0.968 4	0.957 9	0.961 9	0.963 7	0.953 1	0.946 6	0.953 5	0.967 3	0.959 2	0.988 3	0.986 7	0.968 6	0.959 8	0.891 8	0.946 4
200	0.928 5	0.942 2	0.951 9	0.968 9	0.935 1	0.922 7	0.912 3	0.921 5	0.904 0	0.888 2	0.903 8	0.936 6	0.917 1	0.977 0	0.975 2	0.941 8	0.915 8	0.786 1	0.892 9
300	0.892 6	0.912 8	0.928 2	0.954 9	0.901 2	0.886 8	0.866 4	0.883 9	0.854 5	0.831 5	0.858 3	0.906 0	0.878 0	0.965 2	0.963 7	0.909 0	0.870 3	0.681 6	0.840 9
400	0.858 6	0.881 7	0.903 5	0.936 3	0.865 0	0.825 9	0.809 6	0.840 7	0.807 3	0.775 6	0.812 8	0.873 8	0.839 2	0.952 6	0.951 1	0.872 8	0.821 1	0.615 5	0.779 8
500	0.826 2	0.852 5	0.879 6	0.910 4	0.830 8	0.759 3	0.758 1	0.794 2	0.758 4	0.727 9	0.764 6	0.842 1	0.800 5	0.936 1	0.940 1	0.835 5	0.772 3	0.552 9	0.720 9
600	0.794 2	0.817 2	0.852 9	0.886 0	0.795 8	0.694 4	0.704 5	0.744 1	0.713 3	0.679 6	0.719 8	0.803 6	0.759 0	0.920 0	0.925 4	0.783 8	0.722 7	0.507 7	0.666 6
700	0.759 4	0.778 8	0.820 7	0.856 5	0.760 3	0.640 9	0.665 9	0.679 6	0.661 0	0.629 3	0.676 8	0.765 4	0.724 5	0.884 4	0.911 0	0.733 8	0.674 9	0.467 0	0.620 1
800	0.722 4	0.737 1	0.780 7	0.827 8	0.725 4	0.586 6	0.626 2	0.609 8	0.611 4	0.567 2	0.633 1	0.731 9	0.683 6	0.849 5	0.899 1	0.690 5	0.628 8	0.432 1	0.583 8
900	0.691 2	0.692 0	0.737 8	0.797 3	0.699 0	0.526 6	0.593 8	0.543 8	0.566 4	0.517 2	0.586 4	0.701 6	0.636 9	0.805 0	0.887 6	0.648 7	0.576 1	0.401 2	0.550 2
1 000	0.659 3	0.637 0	0.697 4	0.766 4	0.671 1	0.460 8	0.570 5	0.484 5	0.527 0	0.469 1	0.540 9	0.660 4	0.604 7	0.752 5	0.873 3	0.603 8	0.521 6	0.375 3	0.522 1
1 100	0.629 3	0.586 3	0.653 8	0.733 4	0.640 9	0.399 8	0.551 4	0.415 4	0.481 9	0.417 6	0.494 3	0.622 9	0.566 1	0.701 9	0.857 9	0.556 7	0.466 8	0.348 1	0.494 6
1 200	0.600 8	0.540 4	0.605 0	0.683 6	0.609 4	0.349 9	0.529 7	0.367 0	0.426 3	0.357 1	0.449 1	0.592 2	0.509 0	0.655 1	0.837 0	0.497 2	0.407 6	0.320 3	0.468 0
1 300	0.551 1	0.498 5	0.559 2	0.635 8	0.555 7	0.312 3	0.510 2	0.325 2	0.356 0	0.308 5	0.379 1	0.547 1	0.433 5	0.615 0	0.807 2	0.420 7	0.327 7	0.296 9	0.441 6
1 400	0.490 6	0.448 0	0.523 8	0.586 1	0.482 6	0.277 7	0.489 0	0.282 9	0.283 9	0.266 8	0.297 0	0.476 3	0.362 5	0.575 5	0.751 9	0.352 3	0.260 8	0.273 4	0.417 0
1 500	0.423 9	0.406 5	0.487 9	0.516 3	0.386 7	0.249 6	0.461 4	0.250 0	0.187 9	0.223 2	0.204 4	0.421 8	0.302 2	0.528 6	0.695 4	0.306 4	0.200 4	0.248 6	0.392 2
1 600	0.356 2	0.367 5	0.453 2	0.445 9	0.304 3	0.223 0	0.435 9	0.216 9	0.097 2	0.179 6	0.118 8	0.360 1	0.225 5	0.488 1	0.639 1	0.251 7	0.126 0	0.225 5	0.368 5
1 700	0.285 4	0.326 1	0.416 5	0.388 6	0.213 4	0.201 0	0.395 3	0.192 2	0.012 0	0.138 9	0.036 1	0.284 0	0.134 8	0.452 4	0.580 8	0.184 6	0.051 7	0.204 7	0.347 5
1 717	0.267 5	0.320 0	0.410 5	0.374 3	0.202 8	0.197 1	0.389 0	0.187 1	0.000 4	0.132 1	0.021 5	0.265 7	0.120 5	0.446 3	0.569 6	0.177 7	0.042 5	0.200 9	0.345 1

表 6-7　EBRP 方案的节点剩余能量

传输轮数	剩余能量/J																		
	n_1	n_2	n_3	n_4	n_5	n_6	n_7	n_8	n_9	n_{10}	n_{11}	n_{12}	n_{13}	n_{14}	n_{15}	n_{16}	n_{17}	n_{18}	n_{19}
100	0.830 5	0.972 1	0.976 7	0.890 6	0.793 6	0.989 5	0.991 3	0.975 2	0.888 2	0.952 8	0.868 6	0.849 9	0.884 8	0.984 1	0.947 4	0.946 2	0.909 0	0.989 8	0.994 9
200	0.662 6	0.943 9	0.953 1	0.780 9	0.587 4	0.979 2	0.982 4	0.951 1	0.776 0	0.905 3	0.737 3	0.703 0	0.771 1	0.967 9	0.893 2	0.891 7	0.817 0	0.979 4	0.989 7
300	0.514 5	0.915 1	0.929 7	0.669 1	0.434 8	0.968 6	0.973 7	0.927 5	0.652 8	0.855 1	0.591 6	0.567 5	0.622 8	0.951 7	0.838 3	0.839 0	0.724 9	0.969 1	0.984 6
400	0.401 9	0.885 1	0.907 0	0.556 9	0.361 5	0.958 1	0.964 7	0.903 7	0.517 3	0.792 3	0.446 1	0.446 8	0.514 6	0.935 2	0.785 2	0.733 2	0.633 0	0.958 7	0.979 5
500	0.328 7	0.856 7	0.883 3	0.453 3	0.300 2	0.948 0	0.955 8	0.880 2	0.400 3	0.663 2	0.356 0	0.361 0	0.425 2	0.918 8	0.730 1	0.608 3	0.527 4	0.948 1	0.974 4
600	0.273 1	0.802 9	0.859 7	0.400 9	0.251 7	0.937 6	0.947 3	0.792 7	0.322 1	0.528 8	0.309 7	0.282 7	0.351 2	0.903 5	0.677 5	0.527 6	0.440 6	0.937 9	0.969 3
700	0.228 0	0.721 6	0.835 6	0.365 3	0.199 5	0.927 3	0.938 4	0.687 1	0.259 2	0.418 3	0.266 0	0.227 2	0.272 4	0.887 2	0.596 7	0.452 8	0.401 2	0.927 5	0.964 2
800	0.189 5	0.646 3	0.805 6	0.319 0	0.146 9	0.886 7	0.922 4	0.580 0	0.208 3	0.362 9	0.219 1	0.180 8	0.228 8	0.870 7	0.517 1	0.381 4	0.352 8	0.916 9	0.959 2
900	0.160 5	0.565 4	0.744 1	0.282 4	0.112 4	0.814 2	0.892 5	0.526 5	0.174 8	0.303 3	0.184 2	0.149 3	0.188 6	0.854 6	0.470 0	0.335 8	0.311 3	0.906 8	0.954 0
1 000	0.133 8	0.519 9	0.678 1	0.247 4	0.086 8	0.729 2	0.856 1	0.478 6	0.140 6	0.259 9	0.156 3	0.116 8	0.152 2	0.838 8	0.433 2	0.291 6	0.279 2	0.874 1	0.948 8
1 100	0.108 9	0.486 3	0.617 0	0.219 7	0.061 7	0.660 9	0.819 7	0.424 7	0.106 2	0.217 0	0.129 0	0.085 8	0.116 1	0.821 9	0.388 1	0.254 0	0.245 0	0.816 5	0.943 6
1 200	0.082 6	0.449 4	0.552 6	0.192 0	0.043 8	0.591 6	0.784 6	0.384 1	0.069 1	0.175 5	0.101 5	0.058 9	0.087 1	0.805 4	0.354 6	0.220 7	0.211 0	0.760 1	0.938 4
1 300	0.058 7	0.415 7	0.507 5	0.164 6	0.026 4	0.523 3	0.743 4	0.338 9	0.045 9	0.124 1	0.071 3	0.034 3	0.057 7	0.789 0	0.327 2	0.186 3	0.179 1	0.703 4	0.933 3
1 400	0.033 1	0.377 4	0.467 8	0.136 3	0.009 1	0.442 6	0.731 1	0.278 4	0.021 5	0.089 5	0.041 0	0.018 1	0.031 9	0.772 9	0.303 0	0.154 2	0.143 9	0.623 9	0.928 3
1 450	0.020 9	0.341 4	0.448 4	0.122 4	0.000 1	0.409 4	0.726 6	0.250 7	0.012 1	0.074 9	0.025 8	0.009 1	0.016 2	0.764 7	0.289 9	0.137 7	0.125 7	0.581 8	0.925 6

表 6-8　CO-NEXT-s 方案的节点剩余能量

传输轮数	剩余能量/J																		
	n_1	n_2	n_3	n_4	n_5	n_6	n_7	n_8	n_9	n_{10}	n_{11}	n_{12}	n_{13}	n_{14}	n_{15}	n_{16}	n_{17}	n_{18}	n_{19}
100	0.957 2	0.951 3	0.977 3	0.952 8	0.981 8	0.959 9	0.991 1	0.951 0	0.945 1	0.964 0	0.943 5	0.942 7	0.949 7	0.984 2	0.953 5	0.949 7	0.965 6	0.989 9	0.994 8
200	0.909 4	0.906 6	0.953 6	0.902 4	0.964 2	0.930 6	0.982 5	0.899 7	0.877 3	0.923 6	0.909 2	0.885 5	0.906 6	0.968 3	0.903 2	0.868 0	0.932 9	0.979 8	0.989 8
300	0.863 4	0.868 4	0.930 1	0.852 6	0.947 6	0.891 6	0.971 6	0.845 1	0.841 6	0.871 0	0.872 1	0.825 9	0.859 9	0.952 0	0.851 1	0.809 6	0.902 0	0.969 1	0.984 6
400	0.814 2	0.830 4	0.905 8	0.801 8	0.930 4	0.847 3	0.962 5	0.790 9	0.795 9	0.825 9	0.824 3	0.769 0	0.816 5	0.935 6	0.802 4	0.752 8	0.869 9	0.959 1	0.979 4
500	0.780 8	0.767 5	0.883 0	0.754 1	0.912 5	0.808 2	0.954 0	0.745 3	0.746 3	0.784 2	0.761 2	0.717 5	0.768 7	0.919 9	0.749 9	0.711 4	0.836 1	0.948 8	0.974 2
600	0.727 5	0.729 9	0.858 8	0.705 4	0.895 4	0.767 2	0.945 5	0.701 9	0.670 2	0.756 6	0.736 2	0.677 0	0.725 6	0.903 6	0.699 7	0.641 9	0.798 0	0.938 5	0.969 1
700	0.691 9	0.694 0	0.835 6	0.650 9	0.877 8	0.716 7	0.936 9	0.642 4	0.608 2	0.710 5	0.682 1	0.629 5	0.679 4	0.887 6	0.649 6	0.608 2	0.766 0	0.928 0	0.964 0
800	0.654 9	0.639 3	0.812 2	0.602 7	0.860 8	0.675 2	0.928 2	0.591 0	0.549 2	0.670 5	0.623 1	0.591 6	0.631 1	0.871 3	0.599 6	0.563 1	0.733 2	0.917 9	0.958 9
900	0.591 0	0.598 1	0.788 8	0.553 9	0.844 0	0.611 8	0.919 7	0.549 9	0.514 3	0.627 3	0.596 6	0.538 3	0.588 3	0.855 5	0.549 8	0.534 3	0.699 4	0.907 6	0.953 8
1 000	0.544 2	0.552 7	0.765 6	0.506 0	0.818 9	0.572 7	0.911 4	0.488 4	0.460 5	0.573 0	0.548 5	0.490 6	0.549 2	0.839 5	0.500 4	0.490 8	0.666 6	0.897 1	0.948 7
1 100	0.490 8	0.507 7	0.742 4	0.451 4	0.800 4	0.533 4	0.902 8	0.452 9	0.421 9	0.489 2	0.526 3	0.439 5	0.509 0	0.823 1	0.450 8	0.434 4	0.627 7	0.887 1	0.943 5
1 200	0.439 1	0.471 0	0.718 1	0.405 2	0.783 2	0.491 8	0.894 2	0.392 6	0.389 4	0.441 1	0.475 6	0.408 2	0.443 4	0.806 9	0.399 0	0.386 9	0.592 8	0.876 4	0.938 2
1 300	0.391 4	0.422 1	0.694 6	0.354 3	0.762 3	0.434 4	0.885 6	0.346 8	0.352 5	0.393 3	0.430 5	0.372 3	0.393 6	0.790 6	0.348 5	0.353 2	0.559 7	0.866 0	0.933 0
1 400	0.342 4	0.366 5	0.671 4	0.306 1	0.745 6	0.370 5	0.877 0	0.325 2	0.294 7	0.346 2	0.389 6	0.312 7	0.358 9	0.774 7	0.297 6	0.300 9	0.530 9	0.855 6	0.927 8
1 500	0.284 4	0.324 1	0.647 6	0.254 6	0.728 4	0.317 7	0.864 4	0.273 6	0.258 5	0.291 8	0.366 0	0.257 2	0.325 5	0.758 4	0.248 7	0.267 2	0.498 4	0.845 5	0.922 5
1 600	0.228 3	0.284 4	0.624 6	0.205 6	0.710 9	0.249 5	0.855 7	0.237 2	0.215 1	0.239 3	0.341 6	0.207 7	0.282 6	0.742 4	0.201 0	0.234 5	0.464 0	0.835 0	0.917 3
1 700	0.180 1	0.246 1	0.600 9	0.156 6	0.693 5	0.202 6	0.847 0	0.185 9	0.171 9	0.186 0	0.313 9	0.171 5	0.225 9	0.726 5	0.151 0	0.195 2	0.430 0	0.824 6	0.912 1
1 800	0.139 4	0.200 9	0.577 7	0.107 5	0.676 7	0.150 8	0.838 3	0.132 8	0.140 3	0.126 8	0.266 3	0.134 1	0.171 7	0.709 8	0.105 2	0.160 7	0.397 9	0.814 5	0.907 0
1 900	0.094 8	0.166 1	0.554 3	0.059 3	0.659 6	0.083 8	0.829 4	0.089 9	0.091 2	0.092 4	0.224 2	0.101 7	0.110 4	0.693 3	0.056 8	0.125 5	0.364 7	0.804 0	0.901 9
2 000	0.050 9	0.128 6	0.530 5	0.009 3	0.642 2	0.036 2	0.819 6	0.043 1	0.060 1	0.028 9	0.189 7	0.054 5	0.061 8	0.677 4	0.008 8	0.066 2	0.331 7	0.793 6	0.896 6
2 015	0.047 2	0.124 3	0.526 9	0.002 1	0.639 6	0.029 3	0.818 4	0.031 3	0.051 2	0.025 4	0.183 0	0.046 3	0.054 4	0.675 0	0.000 4	0.060 6	0.326 2	0.792 0	0.895 9

表 6-9 CO-NEXT 方案的节点剩余能量

传输轮数	剩余能量/J																		
	n_1	n_2	n_3	n_4	n_5	n_6	n_7	n_8	n_9	n_{10}	n_{11}	n_{12}	n_{13}	n_{14}	n_{15}	n_{16}	n_{17}	n_{18}	n_{19}
100	0.964 5	0.949 2	0.980 6	0.965 0	0.966 5	0.966 0	0.980 9	0.977 9	0.954 7	0.960 5	0.940 7	0.963 3	0.965 9	0.966 6	0.969 0	0.951 8	0.953 0	0.966 7	0.965 7
200	0.931 2	0.896 2	0.961 6	0.927 4	0.931 3	0.941 3	0.959 2	0.935 4	0.900 9	0.924 6	0.878 5	0.925 9	0.927 5	0.941 6	0.934 8	0.911 8	0.907 5	0.949 5	0.932 6
300	0.907 5	0.857 7	0.950 3	0.883 9	0.903 3	0.907 8	0.939 4	0.884 7	0.863 4	0.883 8	0.814 7	0.878 8	0.886 8	0.915 9	0.886 9	0.881 1	0.875 7	0.925 0	0.888 0
400	0.869 2	0.814 9	0.930 5	0.839 8	0.872 1	0.872 2	0.921 0	0.843 3	0.823 9	0.843 4	0.777 3	0.834 6	0.852 3	0.873 3	0.853 2	0.846 5	0.844 3	0.904 0	0.861 7
500	0.833 9	0.770 2	0.910 0	0.808 8	0.836 4	0.827 6	0.896 0	0.806 3	0.781 2	0.816 2	0.720 6	0.788 8	0.814 4	0.834 2	0.810 7	0.812 7	0.813 7	0.871 8	0.831 5
600	0.793 2	0.733 0	0.893 1	0.766 5	0.792 5	0.809 0	0.873 0	0.776 5	0.742 1	0.778 1	0.685 6	0.746 4	0.778 8	0.794 0	0.774 3	0.777 5	0.776 2	0.836 1	0.800 5
700	0.760 7	0.707 0	0.874 7	0.729 6	0.763 3	0.784 5	0.856 1	0.711 9	0.700 3	0.744 2	0.643 5	0.711 6	0.728 0	0.748 2	0.734 5	0.743 5	0.736 8	0.801 9	0.761 2
800	0.719 3	0.660 6	0.858 2	0.691 9	0.727 7	0.750 6	0.839 4	0.687 8	0.658 2	0.708 2	0.611 4	0.667 5	0.687 5	0.694 7	0.697 1	0.706 8	0.694 3	0.767 1	0.731 2
900	0.684 6	0.608 8	0.840 0	0.659 4	0.697 9	0.717 7	0.809 1	0.661 7	0.613 8	0.663 3	0.549 5	0.634 5	0.646 8	0.665 0	0.661 1	0.678 9	0.668 7	0.731 3	0.692 1
1 000	0.649 1	0.572 7	0.823 9	0.629 0	0.666 1	0.673 3	0.786 6	0.631 7	0.586 4	0.623 9	0.505 9	0.600 3	0.601 1	0.642 3	0.620 3	0.640 9	0.635 1	0.693 3	0.658 0
1 100	0.608 6	0.539 5	0.805 4	0.593 5	0.625 0	0.631 1	0.753 3	0.593 9	0.549 1	0.589 5	0.490 4	0.564 8	0.572 5	0.614 5	0.579 8	0.592 6	0.603 1	0.664 5	0.629 6
1 200	0.575 4	0.509 1	0.787 2	0.551 6	0.589 0	0.606 4	0.725 5	0.558 9	0.509 1	0.561 7	0.440 3	0.538 0	0.525 5	0.567 0	0.543 5	0.549 8	0.567 5	0.628 7	0.598 2
1 300	0.540 9	0.478 3	0.766 7	0.505 8	0.550 7	0.562 1	0.701 4	0.522 2	0.478 7	0.523 8	0.416 8	0.503 7	0.490 2	0.531 0	0.504 9	0.508 9	0.527 2	0.598 8	0.570 5
1 400	0.497 3	0.456 8	0.748 5	0.461 8	0.514 8	0.532 9	0.674 2	0.483 8	0.447 2	0.489 2	0.395 1	0.465 4	0.453 5	0.495 6	0.462 9	0.475 8	0.491 4	0.552 8	0.542 1
1 500	0.448 9	0.421 0	0.728 2	0.420 2	0.476 6	0.495 4	0.646 4	0.452 7	0.410 6	0.438 1	0.373 7	0.421 0	0.412 7	0.463 6	0.432 3	0.427 1	0.464 8	0.522 4	0.508 6
1 600	0.422 7	0.369 7	0.706 4	0.391 6	0.435 1	0.466 2	0.605 7	0.420 1	0.361 8	0.404 8	0.316 8	0.389 5	0.382 5	0.443 7	0.401 5	0.399 8	0.421 9	0.479 3	0.485 8
1 700	0.371 4	0.343 9	0.689 5	0.350 0	0.388 5	0.427 0	0.578 1	0.375 9	0.321 3	0.375 4	0.303 6	0.354 7	0.350 0	0.401 1	0.371 4	0.376 2	0.379 7	0.441 9	0.462 9
1 800	0.323 5	0.289 5	0.669 1	0.313 1	0.346 3	0.395 2	0.559 2	0.342 8	0.286 4	0.341 2	0.283 9	0.314 3	0.320 0	0.361 3	0.340 7	0.354 3	0.343 7	0.400 7	0.439 3
1 900	0.303 2	0.242 6	0.652 2	0.276 0	0.308 8	0.369 6	0.534 8	0.294 3	0.254 4	0.312 2	0.224 1	0.275 5	0.281 2	0.333 1	0.291 9	0.327 1	0.296 8	0.357 3	0.405 3
2 000	0.271 1	0.209 5	0.635 6	0.240 2	0.266 0	0.334 4	0.520 9	0.256 1	0.224 7	0.279 8	0.182 5	0.235 6	0.238 7	0.298 8	0.262 1	0.293 2	0.270 8	0.308 5	0.373 2
2 100	0.227 0	0.183 9	0.620 5	0.205 0	0.228 9	0.280 3	0.505 8	0.229 3	0.186 7	0.241 4	0.163 0	0.196 4	0.199 5	0.276 4	0.225 2	0.247 8	0.243 4	0.266 2	0.347 8
2 200	0.191 6	0.132 7	0.602 2	0.177 1	0.184 7	0.236 1	0.480 9	0.210 1	0.161 1	0.205 0	0.140 1	0.162 3	0.161 3	0.260 1	0.184 4	0.197 5	0.223 7	0.222 9	0.318 4
2 300	0.152 2	0.100 9	0.583 7	0.139 1	0.144 7	0.200 3	0.453 3	0.163 4	0.135 3	0.162 7	0.115 6	0.136 0	0.127 1	0.221 0	0.146 6	0.162 8	0.192 8	0.184 1	0.285 4
2 400	0.113 5	0.071 7	0.568 0	0.104 0	0.096 6	0.158 3	0.434 1	0.118 4	0.099 2	0.132 9	0.093 7	0.103 5	0.096 7	0.194 4	0.112 8	0.131 3	0.157 3	0.141 7	0.252 6
2 500	0.074 7	0.045 8	0.552 3	0.066 8	0.060 3	0.118 6	0.398 8	0.089 2	0.070 5	0.092 6	0.069 2	0.064 4	0.066 3	0.172 9	0.076 6	0.105 8	0.131 7	0.079 1	0.221 4
2 600	0.038 2	0.019 7	0.534 0	0.036 8	0.013 8	0.072 5	0.370 9	0.060 3	0.047 6	0.057 1	0.038 8	0.031 2	0.033 5	0.149 4	0.0366	0.071 3	0.098 4	0.025 7	0.192 8
2 617	0.031 9	0.013 7	0.531 8	0.030 1	0.000 6	0.061 4	0.368 2	0.057 4	0.040 0	0.052 9	0.034 1	0.025 3	0.030 4	0.146 5	0.032 1	0.062 8	0.093 7	0.020 6	0.187 8

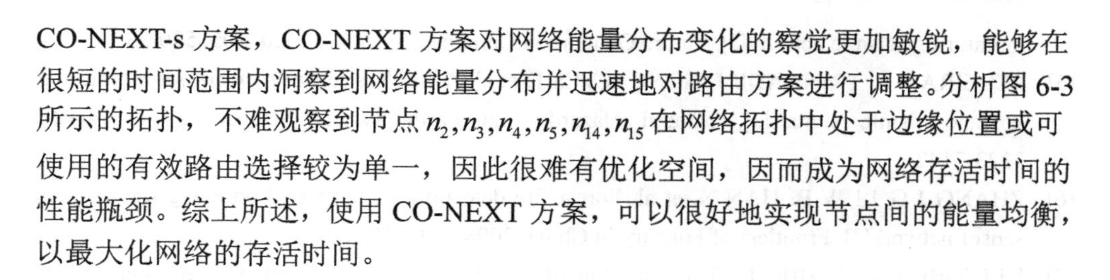

CO-NEXT-s 方案，CO-NEXT 方案对网络能量分布变化的察觉更加敏锐，能够在很短的时间范围内洞察到网络能量分布并迅速地对路由方案进行调整。分析图 6-3 所示的拓扑，不难观察到节点 $n_2, n_3, n_4, n_5, n_{14}, n_{15}$ 在网络拓扑中处于边缘位置或可使用的有效路由选择较为单一，因此很难有优化空间，因而成为网络存活时间的性能瓶颈。综上所述，使用 CO-NEXT 方案，可以很好地实现节点间的能量均衡，以最大化网络的存活时间。

6.6　本章小结

本章研究 WSN 中的动态路由规划问题，在此场景中，各应用实体（传感器节点）和网络集中点（网关）在同一优化目标的指导下，以序贯的方式对同一决策变量（即网络路由）进行决策，应用实体为网络集中点提供用于最后决策的元数据，以降低网络集中点求解优化问题的难度。

本章提出了 CO-NEXT 方案。在 WSN 场景中，各传感器节点难以获得整个网络拓扑，只能根据所掌握的局部信息判断其通信范围内的某个节点是否应该作为数据汇聚过程路由中的父节点，即表达对父节点的偏好。然后拥有全局信息的网络集中点（网关）将这些偏好信息进行整合，得到最终的路由方案。其中，为网络集中点设计了一种基于分层的路由生成算法，可以更好地利用先验知识找到更优的路由方案。通过与多个方案进行对比，CO-NEXT 方案比传统方案以及不考虑应用实体协作的方案都具有明显优势。

这种合作管控的设计思路适合于能够将对一个决策变量的求解过程分为不同步骤，一部分节点给出偏好，再由集中点进行统合的场景。这种方案充分利用各应用实体的本地观测和决策能力，同时降低网络集中点的决策复杂度。

参考文献

[1] PALATTELLA M R, DOHLER M, GRIECO A, et al. Internet of things in the 5G era: enablers, architecture, and business models[J]. IEEE Journal on Selected Areas in Communications, 2016, 34(3): 510-527.

[2] KANDRIS D, NAKAS C, VOMVAS D, et al. Applications of wireless sensor networks: an up-to-date survey[J]. Applied System Innovation, 2020, 3(1): 14.

[3] NELLORE K, HANCKE G P. A survey on urban traffic management system using wireless sensor networks[J]. Sensors, 2016, 16(2): 157.

[4] KHEDO K K, BISSESSUR Y, GOOLAUB D S. An inland wireless sensor network system for

monitoring seismic activity[J]. Future Generation Computer Systems, 2020, 105: 520-532.

[5] PEREIRA R L, TRINDADE J, GONÇALVES F, et al. A wireless sensor network for monitoring volcano-seismic signals[J]. Natural Hazards and Earth System Science, 2014, 14(12): 3123-3142.

[6] ZHANG J G, LI W B, HAN N, et al. Forest fire detection system based on a ZigBee wireless sensor network[J]. Frontiers of Forestry in China, 2008, 3(3): 369-374.

[7] KLINGBEIL L, WARK T. Demonstration of a wireless sensor network for real-time indoor localisation and motion monitoring[C]//Proceedings of the 2008 IEEE International Conference on Information Processing in Sensor Networks. Piscataway: IEEE Press, 2008.

[8] LIM H B, MA D, WANG B, et al. A soldier health monitoring system for military applications[C]//Proceedings of the 2010 IEEE International Conference on Body Sensor Networks. Piscataway: IEEE Press, 2010: 246-249.

[9] PLOUMIS S E, SGORA A, KANDRIS D, et al. Congestion avoidance in wireless sensor networks: a survey[C]//Proceedings of the 2012 16th IEEE Panhellenic Conference on Informatics. Piscataway: IEEE Press, 2012: 234-239.

[10] KAVITHA T, SRIDHARAN D. Security vulnerabilities in wireless sensor networks: a survey[J]. Journal of Information Assurance and Security, 2009, 5(1): 31-44.

[11] UTHRA R A, KASMIR RAJA S V. QoS routing in wireless sensor networks—a survey[J]. ACM Computing Surveys, 2012, 45(1): 9.

[12] TRIPATHI A, GUPTA H P, DUTTA T, et al. Coverage and connectivity in WSNs: a survey, research issues and challenges[J]. IEEE Access, 2018, 6: 26971-26992.

[13] PANTAZIS N A, VERGADOS D D, MIRIDAKIS N I. et al. Power control schemes in wireless sensor networks for homecare e-health applications[C]//Proceedings of the International Conference on PErvasive Technologies Related to Assistive Environments. New York: ACM Press, 2008: 1-8.

[14] KANDRIS D, TSIOUMAS P, TZES A, et al. Hierarchical energy efficient routing in wireless sensor networks[C]//Proceedings of the IEEE Mediterranean Conference on Control and Automation. Piscataway: IEEE Press, 2008: 1856-1861.

[15] YADAV S, YADAV R S. A review on energy efficient protocols in wireless sensor networks[J]. Wireless Networks, 2016, 22(1): 335-350.

[16] NAKAS C, KANDRIS D, VISVARDIS G. Energy efficient routing in wireless sensor networks: a comprehensive survey[J]. Algorithms, 2020, 13: 72.

[17] REN F Y, ZHANG J, HE T, et al. EBRP: energy-balanced routing protocol for data gathering in wireless sensor networks[J]. IEEE Transactions on Parallel and Distributed Systems, 2011, 22(12): 2108-2125.

[18] MENG X, INALTEKIN H, KRONGOLD B. Deep reinforcement learning-based topology optimization for self-organized wireless sensor networks[C]//Proceedings of the IEEE Global Communications Conference (GLOBECOM). Piscataway: IEEE Press, 2019: 1-6.

[19] DAYAN P, WATKINS C. Q-Learning[J]. Machine Learning, 1992, 8(3): 279-292.

[20] GUO W J, YAN C R, LU T. Optimizing the lifetime of wireless sensor networks via reinforcement-learning-based routing[J]. International Journal of Distributed Sensor Networks, 2019, 15(2): 1550147719833541.

[21] HANDY M, HAASE M, TIMMERMANN D. Low energy adaptive clustering hierarchy with deterministic cluster-head selection[C]//Proceedings of the 4th International Workshop on Mobile and Wireless Communications Network. Piscataway: IEEE Press, 2002: 368-372.

[22] YU J G, QI Y Y, WANG G H, et al. A cluster-based routing protocol for wireless sensor networks with nonuniform node distribution[J]. AEU-International Journal of Electronics and Communications, 2012, 66(1): 54-61.

[23] GHERBI C, ALIOUAT Z, BENMOHAMMED M. An adaptive clustering approach to dynamic load balancing and energy efficiency in wireless sensor networks[J]. Energy, 2016, 114: 647-662.

[24] SHAH R C, RABAEY J M. Energyaware routing for low energy ad hoc sensor networks[C]//Proceedings of the IEEE Wireless Communications and Networking Conference Record. Piscataway: IEEE Press, 2002: 350-355.

[25] JAVAID N, CHEEMA S, AKBAR M, et al. Balanced energy consumption based adaptive routing for IoT enabling underwater WSNs[J]. IEEE Access, 2017, 5: 10040-10051.

[26] BRAR G S, RANI S, CHOPRA V, et al. Energy efficient direction-based PDORP routing protocol for WSN[J]. IEEE Access, 2016, 4: 3182-3194.

[27] BROWNE C B, POWLEY E, WHITEHOUSE D, et al. A survey of Monte Carlo tree search methods[J]. IEEE Transactions on Computational Intelligence and AI in Games, 2012, 4(1): 1-43.

第 7 章 总结与展望

7.1 总结

本书研究了网络及其应用如何协同进行网络资源管控。基于深度学习和深度强化学习，依托网络集中点和应用实体，针对管控中呈现出的复杂优化问题和复杂连续决策问题，分别研究了求解方法。复杂优化问题可由集中点进行集中决策求解，复杂连续决策问题则有两种解决方法，一是由网络集中点对应用实体进行引导，二是在网络集中点的支撑下，各应用实体进行合作。本书在一些典型的网络及其应用协同场景中，取得了以下研究进展。

（1）当应用实体具有合作意愿，并且不需要拥有自己的策略时，网络集中点可以进行集中决策。网络集中点所面对的协同资源管控问题一般呈现为最优化问题，具有 MINLP 等复杂形式，需要求解的问题中同时具有离散和连续决策变量，同时需要快速的求解方法。本书为采用集中决策方式的这类资源管控问题提供了一种基于监督学习的快速求解方案，并在第 2 章和第 3 章将其应用于不同的决策问题。其中，第 2 章中原始问题的输入可以直接对应神经网络的输入，利用基于深度学习的监督学习方法，为 DASH 业务设计了 FAIR-AREA 方案，能够快速求解多 DASH 客户端视频码率调整和带宽资源分配联合优化问题。第 3 章中 FAST-RAM 方案将不同类的离散决策变量整合到一个神经网络能够处理的多分类问题中，快速求解任务卸载和 MEC 服务器计算资源分配的联合优化问题；而 ARM 方案为 MEC 场景中在服务器所能处理任务类型受限的情况下，利用两个级联的神经网络快速求解服务器所应处理的任务类型和任务的卸载策略。以上 3 种方案的研究框架所采用的研究思路可概括为：首先解决数据集生成问题，然后对原问题进行分析，提取出适合使用 DNN 进行决策的变量，继而设计合理的深度神经网络结构，最后构成整个优化问题的快速求解框架。

（2）当应用实体需要参与决策过程，但只需要简单的决策能力时，网络集中点可以对应用实体进行引导。本书利用单智能体深度强化学习方法，为 MAR 业务中 MEC 服务器的动态参数配置和计算资源分配设计了 DRAM 方案。使用该方案，MEC 服务器可以通过调整自身配置参数和为每个用户所分配的计算资源，引导 MAR 客户端自适应地调整应用层参数，最大化系统效用。DRAM 方案在状态和动作空间的设计中，充分考虑了服务器在处理 MAR 客户端请求时的行为模式，以及如何表达用户请求队列的状态，同时探讨了状态空间、动作空间和神经网络的不同设计对 DRAM 方案性能的影响。

（3）利用多智能体深度强化学习方法，探索了合作管控方式的 3 种设计思路，分别对应 3 种不同业务场景下的应用。

思路一是网络集中点利用对全局信息的掌握和丰富的计算资源，直接为各应用实体训练能够在同一系统目标下进行协同决策的智能体。在实际执行过程中，应用实体中的智能体仅需自身的观测即可做出能够满足系统整体利益的应用层决策，同时网络集中点只需关注网络层的资源分配。基于此，为 MAR 业务中多客户端协同进行应用层参数调整设计了 COLLAR 方案。使用该方案，各 MAR 客户端都以相同目标进行连续决策，最大化系统效用和用户间的公平性。在方案的研究过程中，通过实验验证了简单部署多个独立运行不加协作的 DRL 智能体对系统性能的负面影响，说明了网络集中点在多智能体环境中提供策略更新支持的重要性。

思路二是应用实体和网络集中点分别对不同的决策变量进行求解，并由网络集中点进行最后的统合。基于此，为多联盟链业务中区块广播的动态路径规划和带宽资源分配设计了 CO-CAST 方案。该方案的目标为减少区块的广播时延。在方案的执行过程中，网络及其应用各自决策一部分变量，即各联盟链独立进行应用层广播路径的规划，网络集中点基于这些规划确定每条链路的带宽资源分配方案。该方案不仅为联盟链这一新兴的应用场景提供了优化网络层性能的方法，也为多播树及带宽联合优化这一经典复杂问题提供了新的解法。

思路三是应用实体给网络集中点提供用于求解联合问题的“元数据”，从而有效地降低网络集中点直接求解联合优化问题的难度。基于此，为 WSN 中动态路由规划设计了 CO-NEXT 方案。该方案的目标为提高传感器节点的能量使用效率以最大化网络存活时间。在方案的执行过程中，网络及其应用的决策呈现出一种递进的行为，具体表现为各传感器节点提供自身对数据汇聚过程中下一跳路由的偏好信息，汇聚节点统合这些偏好动态调整自组网的路由。

从这些研究工作中可进一步总结使用深度学习技术构建资源管控决策方法的挑战，包括样本数据集的获取、多分类问题的构建和神经网络结构设计。同样地，使用深度强化学习技术构建资源管控决策方式的挑战包括 MDP 或 Dec-POMDP 模型的构建，适配资源管控问题的算法选择，状态空间、动作空间的设计，适用于不同目标的奖励函数设计，神经网络结构的选择和具体算法中其他超参数的选择。

7.2 展望

网络资源管控设计问题众多，新兴应用和网络形态多样，在本书研究工作的基础上，仍有很多方向值得探究，列举部分如下。

（1）网络集中点进行集中决策时，本书中使用的利用深度神经网络对复杂问题进行快速求解的思路可归类为一种“黑盒方法”，直接对问题实例和对应解之间的关联进行学习。后续研究可以考虑采用“灰盒方法”，研究对现有解法中复杂和耗时的步骤进行加速，以结合两者的优点。

（2）网络集中点和应用实体进行合作管控时，本书研究了应用实体和网络集中点的目标一致的场景。而两者不一致的情况也大量存在，如何应对诸如半合作和纯竞争等复杂场景也是值得探索的方向。

（3）将视角从深度学习的应用转向其自身，探索神经网络的可解释性也是当下的研究热点。在本书所使用和训练的神经网络基础上，可探索将神经网络所代表的求解方案或智能策略用更为简单的方式实现，如缩小神经网络规模，以便在算力和内存受限的设备上进行部署，或利用决策树等更为直观的算法范式，便于使用者对算法行为进行观察。

名词索引

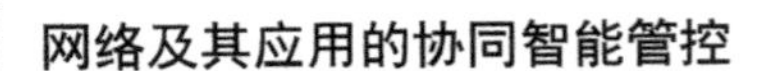